改革开放以来
中国生态文明制度建设
发展历程研究

Study on the Development Course of China's System for Developing an Ecological
Civilization Since the Beginning of Reform and Opening Up in 1978

秦书生　著

人民出版社

国家社科基金后期资助项目
出版说明

后期资助项目是国家社科基金设立的一类重要项目，旨在鼓励广大社科研究者潜心治学，支持基础研究多出优秀成果。它是经过严格评审，从接近完成的科研成果中遴选立项的。为扩大后期资助项目的影响，更好地推动学术发展，促进成果转化，全国哲学社会科学工作办公室按照"统一设计、统一标识、统一版式、形成系列"的总体要求，组织出版国家社科基金后期资助项目成果。

全国哲学社会科学工作办公室

目　录

序　言

在全面深化改革的过程中,党的十八届三中全会创造性地提出了实现国家治理体系和治理能力现代化的任务。习近平总书记指出:"国家治理体系和治理能力是一个国家制度和制度执行能力的集中体现。国家治理体系是在党领导下管理国家的制度体系,包括经济、政治、文化、社会、生态文明和党的建设等各领域体制机制、法律法规安排,也就是一整套紧密相连、相互协调的国家制度;国家治理能力则是运用国家制度管理社会各方面事务的能力,包括改革发展稳定、内政外交国防、治党治国治军等各个方面。"①实现生态文明领域国家治理体系和治理能力现代化是实现国家治理现代化的应有之义。建立系统完备的生态文明制度体系既是我国生态文明建设的重要任务,又是我国生态文明建设的重要保障。

我国生态文明制度建设是一个科学探索、开拓创新的伟大过程。早在新民主主义革命时期,我们党在瑞金和延安就发布过植树造林、水利建设等方面的制度规定,体现了我们党在消灭旧世界伊始就形成了建设新世界的雄心壮志,将"破"与"立"有机地统一了起来。新中国成立之后,面对"一穷二白""百废待兴"的局面,我国将人口资源环境等方面的工作也摆在了重要位置,加强了相关的制度建设。例如,1956 年 5 月 25 日国务院全体会议第 29 次会议通过的《工厂安全卫生规程》就涉及到了气体、粉尘和危险物品、供水、个人防护用品等必须达到规定的安全卫生标准。1972 年,我国政府派出代表团出席了在瑞典斯德哥尔摩召开的人类环境会议。1973 年第一次全国环境保护会议正式提出了"全面规划,合理布局,综合利用,化害为利,依靠群众,大家动手,保护环境,造福人民"的我国环境保护工作基本方针,制定了我国环境保护史上第一个综合性法规《关于保护和改善环境的若干规定(试行草案)》。1978 年之后,在将全党和全国工作中心转移到经济建设上来的同时,我国高度重视人口资源环境等方面的工作,要求将之纳入制度建设和法制建设当中,真正地开启了系统的大规模的生态文明制度建设的历史进程。在这个过程中,我们党创造性地提出了生态文明的科学理念。尤其是党的十八大以来,在以习近平同志为核心的党中央领导

---

① 《习近平谈治国理政》,外文出版社 2014 年版,第 91 页。

下,在习近平生态文明思想的指导下,经过十年的坚持不懈的努力,久久为功,我国已经搭建起生态文明制度体系的"四梁八柱",推进了生态治理的现代化。

基于上述波澜壮阔的伟大历史进程,秦书生教授的大作《改革开放以来中国生态文明制度建设的发展历程研究》一书,完整地呈现出改革开放以来我国生态文明制度建设的发展历程、伟大成就、宝贵经验,是一本难得的研究我国生态文明制度建设的力作。该书作为2020年国家社科基金后期资助重点项目"改革开放以来中国生态文明制度建设的发展历程研究"的结项成果,实至名归。通读全书,笔者认为该书具有以下特点。

第一,政治站位正确,立场坚定。包括生态文明制度建设在内的生态文明建设,是中国共产党领导中国人民创造的伟大事业,绝不是国外绿色思潮尤其是生态中心主义思潮的翻版。在这个过程中,中国共产党坚持以生态文明理论创新引领生态文明制度创新,坚持用发展中的马克思主义指导生态文明制度建设。该书坚持从马克思主义中国化的历史进程出发,深入发掘了中国化马克思主义的生态文明建设思想尤其是生态文明制度建设思想,将之作为我国生态文明制度建设的思想基础。该书对毛泽东思想、邓小平理论、"三个代表"重要思想、科学发展观、习近平新时代中国特色社会主义思想中的生态文明思想尤其是生态文明制度建设思想的阐述,体现了马克思主义理论工作者介入生态文明议题应该有的立场、观点和方法,值得称道。其实,这是整个生态文明研究应该坚持的理论底线和政治底线。

第二,选题视角新颖,立意高远。在已有的学术研究文献中,生态文明探究的理论成果较为丰富,但从历史视角尤其是从"改革开放史"的视角研究生态文明制度建设的理论成果并不多见,仅有的也只是散见的一些单篇论文。该书系统梳理了改革开放以来我国生态文明制度建设的发展历程,将之划分为初步发展期、丰富发展期、深化发展期和系统完善期四个阶段,并对每一个阶段分别从历史背景与思想基础、环境法制建设、环境政策与环境管理体制机制的建立与完善、影响因素与建设成效、基本特征与实践价值等方面进行了深入探讨,深刻揭示了改革开放以来我国生态文明制度建设的总体面貌,具有补白的意义。该书立意高远,深刻揭示了中国生态文明制度建设形成的历史和逻辑的必然性,自觉坚持了习近平总书记提出的"大历史观"的要求。

第三,研究资料翔实,方法得当。该书立足于党和国家的历史文献,搜集了大量的学术文献,在此基础上展开了考察和研究,坚持论从史出,史论结合,坚持马克思主义实事求是的基本原则,坚持求真务实的科学精神。在此基础上,作者始终坚持逻辑与历史相统一的辩证思维方法,系统阐明了改革开放以来我国生态文明制度建设的发展历程是一个历史与现实相交融、理论与实践相结合的历史过程,论述了我国生态文明制度建设的逻辑与历史的相互融合,阐释了其背后的理论旨趣,从而更好地呈现我国生态文明制度建设发展的伟大历史过程。作者坚持历史分析方法,紧密结合各个时期我国的社会历史背景,阐述生态文明制度建设的发展历程,揭示了中国生态文明制度建设的发展规律,确保了研究的客观真实性。

第四,逻辑结构严谨,条理清晰。按照"必也正名乎"的逻辑要求,该书首先对生态文明制度建设相关概念进行了界定,并对新中国成立至改革开放前我国生态文明制度建设历程从历史背景、思想基础、制度建设等几个方面进行了探讨,为后文研究奠定理论基础。其次,该书将改革开放后中国生态文明制度建设划分为四个阶段,并分别阐释每一阶段的生态文明制度建设以及该阶段的制度建设的影响因素、建设成效、基本特征、实践价值。最后,作者阐释了中国生态文明制度建设的基本经验,阐明了我国生态文明制度建设中建立健全生态环境保护领导体制、深刻把握坚持和完善生态文明制度体系的主要着力点、深化改革促进生态文明体制机制优化等生态文明制度建设经验。该书对中国生态文明制度建设发展历程的逻辑分析缜密,不仅深刻揭示出各个阶段之间呈现的层层递进的逻辑关系,而且对每一阶段的生态文明制度建设的研究阐释也具有逻辑性。从每一阶段生态文明制度建设的内容到影响因素、建设成效、基本特征、实践价值分析,阐明了各个部分之间环环相扣的内在逻辑关系。

该书有助于深化对"改革开放史"的多维研究,有助于深化中国生态文明制度建设发展规律的科学认知,有助于进一步推进中国特色社会主义生态文明制度理论研究。该书既可为党政干部、社会公众、在校学生学习和把握生态文明制度提供学习材料和辅导读物,也为广大理论工作者的相关理论研究提供了学术资料和参考文献。总之,该书是一部深入研究我国生态文明制度建设发展历程的优秀作品,具有较高的学术价值和应用价值。

最后,祝愿秦书生教授在学术上取得更大进步!

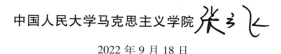

中国人民大学马克思主义学院　张云飞

2022 年 9 月 18 日

第一章　导　　论

工业文明以来,生态环境问题已成为威胁人类生存发展的严重问题。随着经济发展和社会的进步,人们越来越清醒地认识到,以污染和破坏生态环境为代价来换取一时经济繁荣是不可持续的。于是生态文明推上当今社会发展主旋律的位置,进而成为全球性的时代潮流。它预示着人类进入一个新的文明时代,即生态文明时代。

第一节　生态文明相关概念界定

翻阅人类文明的史册,人与自然的对立统一就像一条红线贯穿始终。人类文明的发展历史经历了原始文明、农业文明和工业文明三个阶段。人类在农业文明阶段对自然是畏惧、崇拜、依靠的特征,而进入工业文明时代后,人类致力于开发利用自然资源、征服驾驭自然环境。由此而产生的自然资源短缺、生态环境破坏、生存环境恶化等问题,促使人类反思工业文明,人类开始建设以人与自然和谐共生为标志的生态文明。

一、生态文明的内涵与特征

（一）生态文明概念的提出

以18世纪的产业革命为标志,资本主义生产方式改变人类历史进程,人类进入了工业文明时代。人类社会通过第一次技术革命,生产力得到极大的进步。20世纪以来,在享受工业文明成果的基础上,人类开始认识到工业文明带来的生态环境方面的负面影响。工业化和城市化进程的加快导致环境问题愈加严重,环境污染和生态危机在全球蔓延。全球性生态危机的出现,为人类敲响了警钟,促使人们对工业文明的负面影响和人与自然关系进行反思。由此,人类意识到工业文明时代的经济发展模式带来了严重环境问题,是不可持续的发展方式。工业文明模式的内在局限和缺陷,决定了它不可能从根本上解决全球性的生态危机。

工业文明带来的危机,使工业发展陷于困境。传统发展观把发展生产和发展经济作为唯一的着眼点,唯一的追求目标。这种发展观只知道索取,不择手段地对自然界进行掠夺破坏,而不考虑反哺和促其再生,这种缺乏生态思维的发展观必然引起环境污染、生态破坏、资源浪费和经济发展不平衡。人类对自然的破坏招来自然的报复后,人类才开始反思所作所为带来的后果。因此,工业文明显露的缺陷呼唤新形态文明的诞生。在新形态文明中,人类必须重新认识人与自然的关系,在工业文明基础上建设人与自然和谐共生的生态文明。

20世纪50年代以来,随着生态危机的加深,世界各地均兴起了"绿色思潮"。"绿色思潮"在总体上与生态文明思想有异曲同工之妙。从20世纪60年代起,以全球气候变暖、土地沙漠化、森林退化、臭氧层破坏、资源枯竭等为特征的生态危机日渐凸显,人们开始对工业文明社会进行多角度的深入分析和批判,并有意识地探寻人与自然之间关系的新模式,极大地促进了以可持续发展为标志的生态文明理念的形成。1962年,美国生物学家蕾切尔·卡逊花费了四年时间遍阅美国官方和民间有关杀虫剂的使用造成危害的资料,对第二次世界大战后杀虫剂和除草剂的大量使用所造成的不易被人察觉的后果发出了警告。在《寂静的春天》中卡逊对DDT等农药对土壤的污染作了翔实的描述,阐明了人类同自然环境、动植物之间的密切关系,初步揭示了污染对生态系统的影响,提出了现代生态学研究所面临的问题。这本书的问世唤醒了公众对环境问题的更多关注。它也推动了1970年的美国环境运动(地球日)及1972年的联合国人类环境会议的召开。

1972年第一次联合国人类环境会议发表的《人类环境宣言》倡导全人类共同保护和改善环境。同年,罗马俱乐部发布关于世界趋势研究的报告《增长的极限》。该报告指出了目前人口和资本增长模式的不可持续,第一次指出了经济增长的极限,继而得出了要避免因超越地球资源极限而导致世界崩溃的最好方法是限制增长的结论。这引起了世界各国对全球问题及其发展趋势的关注,生态环境问题也成为全球问题的重点。

20世纪80年代,世界环境与发展委员会发表了纲领性文件《我们共同的未来》,自此各国政府开始把生态环境保护作为一项重要的施政内容。80年代末,生态文明意识逐渐在世界不同民族和不同意识形态的国家产生。人们不再盲目追求增长,而是探求可持续发展。《我们共同的未来》对可持续发展的定义是:既满足当代的需求又不损害后代满足其需求的发展。可持续发展战略的提出,是人类文明史上的一次飞跃,它体现人类在更高层面上寻求和创建文明。在可持续发展理念日益成为全球共识之后,世界各国开始从社会舆论、政治活动、组织机构等多个方面展开行动,身体力行,切实推动环境保护的发展。90年代世界环发大会和《里约宣言》的发表,真正拉开了生态文明时代的序幕。一种尊重自然、顺应自然、保护自然的生态文明意识逐渐形成。这充分表明,生态文明顺应历史发展潮流,成为时代的呼声,变成人类共识。

（二）生态文明的内涵

生态文明与原始文明、农业文明、工业文明相对应,是人类正在探索的一种新的文明形态。生态文明不仅体现着一种文明理念和价值体系的转变,还意味着人类社会文明的重大转型。人类走向生态文明是吸取历史和当前教训的必然选择。

生态文明是一种能够实现资源可持续利用的社会状态,是人与自然和谐共生的社会形态。生态文明是以尊重自然、顺应自然、保护自然为核心理念,以实现经济社会与生态环境协调发展为基础,以绿色技术创新为动力,以实现人与自然和谐共生为目标的社会形态。生态文明能够为人民提供良好的生活环境,为居民提高生活质量和生命健康创造良好条件,让人民群众在山清、水秀、天蓝、地绿的环境中享受生态幸福。

生态文明不仅是指人对自然态度的转变,而且是在人与自然和谐背景下的人与人之间、人与社会之间的和谐与文明,是一种多向度的和谐共生。生态文明要求实现人类经济社会系统与自然生态系统之间的动态平衡,不但要关注人的发展状况,主张通过改善生态环境来提升人民生活质量;同时,更加注重生态系统的平衡与稳定,主张把人与自然视为生命共同体,更加关注共同体内每位成员的权益,生态文明社会是人与自然和谐共生的社会。建设生态文明是为了解决当前社会所面临生态安全失守、环境恶化等人与自然冲突的必然选择,是追求人类社会的可持续发展的经验总结,也是促进人与自然、人与人、人与社会和谐的有效路径。

人与自然的关系问题是经济社会发展中的基本课题。人与自然和谐共生是生态文明的核心理念。"和谐"意味着人与自然和睦相处、协调平衡;"共生"意味着人与自然互利共在,一荣俱荣,更蕴含着对自然生命的尊重和敬畏、对人与自然共同发展的追求,具有动态性。"和谐共生"则是静态与动态的协调统一,是多样性要素的有机统一和对立性要素的有机结合,其要义是不同的事物之间在和谐的基础上实现共同繁荣和发展。人与自然和谐共生是人与自然相处的新型模式,既不同于一些学者主张的在人与自然关系中强调人的主体性,仅把自然作为社会历史范畴纳入人类活动范围;也不同于主张把人湮没于自然中,单纯强调自然的先决性地位。人与自然和谐共生是对人、自然及其关系的科学认识,是人与自然双向互动,将尊重自然、顺应自然、保护自然的理念融入人类主体性实践活动全过程、各领域,达到人与自然共生共荣的完满之境。人与自然和谐共生从人的尺度与物的尺度、人与自然历史的辩证统一的观点出发,突破传统伦理的局限,扩展伦理的范围,将人与自然视为生死与共的生命共同体,尊重共同体内每位成员的权利与价值。

生态文明是当代中国治国理政和国家发展十分重要的理念牵引。中国特色主义进入新时代以来,国家发展理念已经从以经济建设为中心切换为"创新、协调、绿色、开放、共享"的新发展理念。这意味着中国现代化过程中经济社会发展模式的转变,这不是对过去发展模式的优劣评价,而是基于不同发展时期提出的不同发展理念。新发展理念要求尊重自然、顺应自然、保护自然,协同推进经济高质量发展和生态环境高水平保护,走中国式现代化道路,建设人与自然和谐共生的现代化。

笔者认为,生态文明是相对于以往的原始文明、农业文明和工业文明而言,是继工业文明之后的一种新型文明形态,它的基本理念是尊重自然、顺应自然、保护自然,核心价值指向就是要建立人与自然和谐统一的关系,实现人与自然和谐共生。生态文明意味着建立起了人与自然、人与社会、人与人相协调的良性系统,人、自然和社会三者和谐共生,持续发展。生态文明是新型的文明形态,是当代中国治国理政和全面建设社会主义现代化国家发展过程中重要的理念牵引。

关于生态文明建设的内涵,有的学者实际上将生态文明的内涵与其等同、不作区分,甚至在一定程度上二者直接混用。但是,如果我们仔细对比二者,生态文明建设与生态文明的概念还是有所差异的。生态文明是生态文明建设所要达到的一种状态。生态文明建设作为解决人与自然的矛盾和摆脱生态危机的总体对策,指的是人们追求和创造生态文明成果、实现生态系统良性运行的一切活动。简单地说,用生态文明理念指导实践,创造生态文明成果的过程,就是生态文明建设。生态文明建设是指人们保护生态环境、建设生态环境,追求和创造生态文明成果,实现人与自然和谐发展的实践活动。①

与生态文明相比较,生态文明建设更侧重表达战略措施、途径、方法。一般而言,在表达人类文明、人与自然和谐共生等相关理论方面,一般用生态文明概念。例如,当阐述反思工业文明,形成一种新的文明形态,这就是生态文明。在表达生态环境保护战略措施方面,一般用生态文明建设概念。例如,当阐述中国特色社会主义"五位一体"总体布局,阐明生态环境方面

---

① 秦书生:《中国共产党生态文明思想的历史演进》,中国社会科学出版社2019年版,第16页。

的建设目标、战略部署的时候,使用生态文明建设的概念。

（三）生态文明的特征

生态文明作为一种新的文明形态,具有与工业文明迥然不同的重要特征,概括起来有以下几方面。

第一,倡导生态价值观。生态价值观在全社会得到推行,生态道德成为普遍道德并具有广泛的社会影响力。生态文明理念倡导尊重自然、顺应自然、保护自然的主流价值观,公民具有较高的生态意识素养,即具有较高生态道德意识、生态责任感和正义感、生命共同体意识。生态意识素养不仅是一种思维方式和价值观念,更是在这种思维方式和观念指导下的行为取向,公民能将人与自然和谐共生理念内化于心、外化于行,自觉履行建设生态责任,自觉爱护环境,尊重共同体内每位成员的主体性地位,像保护眼睛一样保护环境,在全社会范围内形成关爱自然、保护环境的生态文明道德新风尚。公民是生态文明建设者,普遍具有较高生态意识素养是人与自然和谐共生的基础。

第二,倡导人与自然和谐共生。人与自然是相互依存的有机整体,人与自然的关系是辩证统一的,人是自然的人,自然是人的自然。"人类可以利用自然、改造自然,但归根结底是自然的一部分,必须呵护自然,不能凌驾于自然之上。"①因此,人类应从长远角度和整体利益来重新考虑人与自然的关系,形成具有可持续性的人与自然关系。人与自然和谐共生就是要牢固树立人与自然是生命共同体的思想理念,从整体出发谋求人与自然的共同发展。坚持人与自然和谐相处,在生产生活中以自然资源环境承载能力为重要标准,拒绝损害生态环境的行为,是新时代走中国特色生态文明建设道路的必然要求。

第三,倡导资源节约与可持续利用的发展模式,倡导绿色生活。生态文明社会要求人们的生产活动符合自然规律,注重资源的可持续开发与利用,推行绿色生产,倡导绿色生活。人们生产和消费的物品应该是亲环境、亲自然的绿色产品。生态文明社会是以绿色技术为支撑消除或降低生产与消费活动对生态环境造成的负面影响,不再妄想用技术征服自然,而是力图与自然对话,倾听自然的"言说",与自然和谐共生。生态文明倡导资源节约与可持续利用的发展模式,利用先进绿色技术发展绿色产业,发展绿色经济、循环经济、低碳经济,推广清洁能源、可再生能源,最大限度地提高资源的利用率,以最少的资源消耗来支撑经济社会持续发展,使经济社会发展与自然

---

① 《习近平谈治国理政》第2卷,外文出版社2017年版,第525页。

生态系统相协调,实现人与自然和谐共生。

第四,人民享有充足的生态安全和生态幸福感。生态安全是指在人的生活、健康、基本权利、必要资源(饮用水、食物安全、空气等)、社会秩序和人类适应环境变化的能力等方面不受威胁的状态。"对于一个国家来说,生态安全是指一个国家具有能持续满足经济社会发展需要和保障人民生态权益、经济社会发展不受或少受来自资源和生态环境的制约与威胁的稳定健康的生态系统,具有应对和解决生态矛盾和生态危机的能力。"①生态幸福是人们对所处生态环境满意度的一种价值判断。进入中国特色社会主义新时代,良好的生态环境已经成为人民对美好生活需求中不可或缺的重要部分,人民是否享有生态安全和生态幸福感关系到社会的稳定与长治久安。保护生态环境,治理环境污染,发展绿色生产,打造宜居环境,满足人民对美好生态环境的需求,进而使人民充分享有生态安全和享受生态幸福是生态文明社会的基本特征。

第五,完善的生态文明制度体系。制度体系的构建不仅代表了社会和文明的进步,而且也是社会持续稳定繁荣的基础,为社会发展提供基础保障,更重要的是完善的制度可以内化为人们的道德主张和自觉行为,形成社会习惯。生态文明不仅需要树立保护生态环境的意识理念,更重要的是把理念落实于具体的行动之中。生态文明不仅需要规范性的制度引导,更需要强制性的制度保障。只有通过加强强制性的制度建设才能对社会主体的行为形成约束,更好地发挥制度的功能。生态文明制度体系的构建为生态文明建设提供了制度保障。经济社会的发展离不开制度的规范和保障。生态文明建设的各个方面的实施都需要相应的制度做依托才能得以实现。生态危机的解决不可能是"自发"的,而必须依靠政治上层建筑。只有通过有效的制度规范,才能解决好生态文明建设中各方的复杂关系,保障生态文明建设的科学方向。

二、环境保护的内涵及其与生态文明建设的关系

(一) 环境保护的内涵

环境保护简称环保,是由于工农业发展导致了严重的环境污染问题,首先引起发达国家的重视而产生的。环境保护作为一个较为明确和科学的概念,是1972年6月5日至16日由联合国发起,在瑞典斯德哥尔摩召开的"第一届联合国人类环境会议"上所提出来的。这次大会提出的《人类环境宣

---

① 方世南:《生态安全是国家安全体系重要基石》,载《中国社会科学报》2018年8月9日。

言》，是环境保护事业正式引起世界各国政府重视的开端。环境保护涉及自然科学和社会科学多个领域。一般说来，环境保护是利用环境科学的理论和方法，协调人类与环境的关系，解决各种问题，保护和改善环境的一切人类活动的总称。包括采取行政的、法律的、经济的、科学技术的等多方面的措施，合理地利用自然资源，防止环境污染和破坏，以求保持和发展生态平衡，扩大有用自然资源的再生产，保证人类社会的发展[1]。

中国在 1956 年提出了"综合利用"工业废物的方针，20 世纪 60 年代末提出了"三废"处理和回收利用的概念，到 20 世纪 70 年代，1972 年联合国人类环境会议以后，"环境保护"这一术语被广泛采用，我国改用"环境保护"这一比较科学的概念。我国的环境保护事业也是从 1972 年开始起步。1973 年召开的第一次全国环境保护会议将环保工作提到国家的议事日程，1973 年成立国家建委下设的环境保护办公室，后来改为由国务院直属的国家环境保护总局。在 2008 年"两会"后，环保总局升格为"环保部"，并对全国的环境保护实施统一的监督管理。1979 年颁布的《中华人民共和国环境保护法（试行）》使其步入法制轨道。1983 年召开的第二次全国环境保护会议，正式把环境保护确定为我国的一项基本国策。党和国家很早就重视环境保护，一直到今天都十分重视环境保护工作，各省（市、区）都有环境保护局（厅），并设立环保举报热线，接受群众举报环境污染事件。

根据《中华人民共和国环境保护法（试行）》的规定，环境保护的内容包括保护自然环境和防治污染及其他公害两个方面。也就是说，要运用现代环境科学的理论和方法，在更好地利用自然资源的同时，深入认识、掌握污染和破坏环境的根源和危害，有计划地保护环境，恢复生态，预防环境质量的恶化，控制环境污染，促进人类与环境的协调发展。[2]

（二）环境保护与生态文明建设的关系

环境保护与生态文明建设是同等层次的概念，二者侧重点有所不同。环境保护主要是从减少环境污染，解决环境问题的角度协调人与自然的关系；生态文明建设主要是从社会文明的角度协调人与自然的关系。二者具有内在的一致性。保护环境就是化解人与自然之间不和谐的因素。改善环境就是不断提升人与自然和谐相处的水平。生态文明建设的核心问题就是促进人与自然和谐共生。推进生态文明建设的过程是积极探索环境保护的道路。环境保护是生态文明建设的主阵地和根本措施。推进生态文明建

---

① 魏振枢：《环境保护概论》，化学工业出版社 2019 年版，第 19 页。
② 魏振枢：《环境保护概论》，化学工业出版社 2019 年版，第 19 页。

设,促进人与自然和谐的根本要求就是加强环境保护①。

我国的环境保护事业从 20 世纪 70 年代初起步,也可以说是生态文明建设的起步,是中国共产党生态文明建设思想的萌芽起步。

第二节　生态文明制度相关概念

生态文明建设需要制度来保障。我国的生态文明制度建设与整个社会主义建设事业同步发展。新中国成立 70 多年来,我国不断加强生态文明领域的制度建设,走出了一条中国特色社会主义生态文明制度建设道路,积累和创造了十分宝贵的历史经验。中国生态文明制度建设是一个循序渐进、不断完善创新的历史进程,为我国在不同历史时期推进生态文明建设提供可靠保障。生态文明建设不仅需要思想的先导,更重要的是制度的保障。生态文明制度是促进生态文明建设的根本手段。

一、制度概念的界定

"制度"一词是当今社会使用频率非常高的词汇。"制度"一词的含义,在不同理论学派视角下各不相同。"给诸如'制度'之类的任何概念下一个合适的定义将取决于分析的目的"②。制度学派曾在 20 世纪 20 年代的美国短暂占据经济学主导地位,代表人物康芒斯认为制度是集体行为控制个人行为的行为准则或业务规则,它们明确个人能做什么,必须做什么,不能做什么和必须不做什么。新制度学派的核心观点认为制度是影响经济增长的关键因素。其中,理性选择制度主义代表人物道格拉斯·C.诺思(Douglass.C.North)为制度下了著名定义:制度是一个社会的博弈(游戏)规则,"或者更规范一点说,它们是一些人为设计的、形塑人们互动关系的约束"③,由非正式惯例和正式法规组成;社会学制度主义学者杰普森指出,制度是约束环境中相对固定的行动的说明;历史制度主义则认为制度包括正式的组织结构及其交互关系、公共政策及其背后的基本政治体制、非正式惯例,代表人物伊默古特主张制度发挥双重作用,首先是限制和规范人的行为。马克思是对制度研究比较早的理论家,虽没有明确制度的定义,但他运用制度分析方法研究不同历史条件下的基本社会制度,认为由生产力决定

---

① 施问超、邵荣、韩香云:《环境保护通论》,北京大学出版社 2011 年版,第 16 页。

② [日]青木昌彦:《比较制度分析》,周黎安译,上海远东出版社 2001 年版,第 2 页。

③ [美]道格拉斯·C.诺思:《制度、制度变迁与经济绩效》,杭行译,上海三联书店、上海人民出版社 2008 年版,第 6 页。

的人与人之间的生产关系首先是基本经济制度,建立在基本经济制度之上的上层建筑是社会其他制度,制度的本质是人与人之间的"共同活动方式"。"虽然不同时期、不同学者对制度定义的侧重点不同,但大都认可制度是人的行为活动遵守的规范,是良好社会秩序运行的保障。"① 一般而言,制度有正式制度和非正式制度之分,正式制度指法律、法规等,非正式制度指价值信念、伦理规范、文化传统和风俗习惯以及意识形态等。正式制度可以快速做出改变,非正式制度的改变则需循序渐进。非正式制度对正式制度具有推动和约束双重作用。如果非正式制度建设滞后会进一步制约正式制度的作用,造成负面影响。

制度是人类社会的特有现象。在我国古代,制度一般指特定的礼数法度,即"规矩",引申为共同体中的成员必须遵守的规程或行动准则,是规范个体行动的特定社会结构。制度是个古老的词汇,查阅《辞海》可知,《汉书·元帝纪》中已有明确的表述:"汉家自有制度,本以霸、王道杂之。"《后汉书·光武帝纪上》也有制度一词:"制书者,帝者制度之命。"构成制度的两个字"制"字和"度"字则出现得更早。② 依据《现代汉语辞海》中的解释,制度被赋予了双重含义,即:第一,制度是指在一定历史阶段和条件下所形成的政治、经济、法律、文化等方面的体制和体系;第二,制度是指办事规章和程序规定。我国学者,对制度的定义多数基于制度的这两个方面内涵。制度的英文单词有两个:(1)system,主要的词义为系统、体系、制度、体制、方法、方式、秩序、规律等;(2)institution,主要的词义为建立、设立、制定、制度、惯例、风俗、公共机构、协会、学校等。一般来说,这两个英文词汇各有侧重,它们所包含的词义比中文制度的词义要宽泛。这两个单词虽然在词义上有一定区别,但是有一点较为相同的是,它们本身都有制度的词义,其他方面的词义也和制度的内容或特点有关。如果展开来分析,则可有以下几方面的理解,如制度是一种系统、体系、体制或一种方法、方式、秩序、规律等;制度与建立、设立、制定或惯例、风俗、公共机构、协会、学校等有关。③ 国内通常采用 institution 的译意,是各种法规、条例、章程、体制、公约的总称,既包括政府机关为确保各项政策的顺利实施,依照法律政策制定的具有法律效力或者指导性与约束性的明确条例和规则,又包括社会组织和企事业单位等为顺利开展各项工作维护工作、学习、生活的秩序所制定的工作办

---

① 黄茂兴、叶琪:《生态文明制度创新与美丽中国的福建实践》,载《福建师范大学学报》(哲学社会科学版)2020 年第 3 期。
② 彭和平:《制度学概论》,国家行政学院出版社 2015 版,第 26 页。
③ 彭和平:《制度学概论》,国家行政学院出版社 2015 版,第 26—27 页。

法和行为规范。① 关于制度的概念的界定,学界一般把制度理解为一种"规则"或"规范"。制度就是一种正式的规则和行为,制度是人们为了处理社会关系、维持社会秩序而形成的规范。

制度是为了达到特定目的而设立的系统,这个系统是由一系列原则、规则、程序所组成。它们之间存在着有机联系,缺一不可,构成一个制度体系。通过制度的制定,建立起社会秩序,并在社会发展中不断改进制度,人类逐步走向文明。

在现实生活中,人们是通过某种制度形式结成社会关系的,制度是人们的社会关系的外在表现形式。在此意义上,制度的本质是社会关系的构成。② 因此,制度不能孤立存在,其主体是人民,并依赖于国家这个实践客体。制度是否健全和完善及其贯彻执行的情况是衡量一个国家政治文明的标准之一,也是国家执政党执政理念的外在表现。科学完善的制度能发挥其应有的制约作用,而许多形式存在的制度,则在实际中起不到其本应发挥的作用,直接导致了执政效率不高的不良状况。因此,应结合本国的政治、经济和社会生活的实际需要,加强制度建设力度,完善科学的制度体系。在我国,加强制度建设,主要是指在坚持社会主义制度的大前提下,以公平正义为原则,完善社会主义法律制度体系,实现依法治国。另外,建立健全监督和惩治制度体系,也是保障制度实施的有力手段。只有科学、合理、公正的制度体系,才能体现制度的优越性,保障国家的有序发展。

随着社会经济交往活动日益频繁,制度成为经济社会有序运行的保障,从根本上说,制度是为了解决经济交往活动的效率问题而产生的。人类在社会历史发展进程中,越来越能感受到制度的重要性,进入现代社会以来,社会发展的复杂性,人的需要的多重性,人与人、人与社会之间关系的冲突与协调,各方利益的不均衡,更加突显了制度建设的不可或缺性。当今世界,制度的建立健全是国家治理现代化的重要衡量标准,制度创新成为社会进步的重要保障。

二、环境保护制度的内涵

环境保护制度是指为了实现环境保护目标所采取的各种引导性、规范性和约束性规定和准则的总和,其表现形式有正式制度(原则、法律、规章、

---

① 唐坚:《制度学导论》,国家行政学院出版社 2017 版,第 1 页。
② 彭和平:《制度学概论》,国家行政学院出版社 2015 版,第 18 页。

条例等)和非正式制度(伦理、道德、习俗、惯例等)。①

环境保护制度一般指为环境保护所制定的管理制度,包括法律法规、基本管理制度、经济奖惩制度、目标考核等。最严格的环境保护制度可以是环境保护制度中最严格的一类制度,也可以是一些环境保护制度中严格的规定。目前看这些严格的规定可以是区划要求、目标与指标、标准值、执行要求等,也可以围绕全程防控—空间优化—质量导向—数量控制—实施保障等五个方面来进行界定。因此,最严格的环境保护制度可以包含最严格的全流程过程防控、空间管控、环境质量管理、总量与强度控制、制度执行保障等。②

三、生态文明制度的基本内涵

一定意义上讲,我国生态环境保护史就是一部生态环境保护制度的发展完善史。制度是上层建筑的重要组成部分,不同的发展阶段、发展水平、发展理念、发展方式和发展目标决定了不同的制度。当前,我国进入全面建设社会主义现代化国家的新征程,我国社会矛盾已经转化为人民日益增长的美好生活需要和不平衡不充分的发展之间的矛盾。建设生态文明,打造山清水秀、风景秀丽、生态良好的美丽中国不仅是满足人民日益增长的美好生活需要,也是建设人与自然和谐共生现代化的必由之路。建设生态文明,必须不断完善生态文明制度。党的十八届三中全会首次明确提出"建立系统完整的生态文明制度体系"③,开启了用制度保护生态环境的生态文明建设进程。党的十八届四中全会要求用最严格的法律制度保护生态环境。2015 年 5 月,《中共中央国务院关于加快推进生态文明建设的意见》明确建设引导、规范和约束各类开发、利用、保护自然资源行为的生态文明制度。同年 9 月公布《生态文明体制改革总体方案》要求生态文明制度建设以正确处理人与自然关系为核心,以解决生态环境领域突出问题为导向,保障国家生态安全,改善环境质量,提高资源利用效率,推动人与自然和谐发展。党的十九届四中全会提出将生态文明制度作为中国特色社会主义制度和国家治理体系中的重要内容和不可分割的有机组成部分,要求不断发展和完善科学规范、系统完备、运行有效的生态文明制度体系,促进人与自然和谐共生。党的十九届五中全会明确提出要"完善生态文明领域统筹协调机

---

① 夏光:《加快环境保护制度建设》,载《环境与可持续发展》2013 年第 6 期。
② 葛察忠、李晓亮、李婕旦、杜艳春、王青:《建立中国最严格的环境保护制度的思考》,载《中国人口·资源与环境》2014 年第 5 期。
③ 《中共中央关于全面深化改革若干重大问题的决定》,人民出版社 2013 年版,第 52 页。

制,构建生态文明体系"①;要构建自然保护地体系,健全生态保护补偿机制。严密防控环境风险,建立健全重点风险源评估预警和应急处置机制;健全有毒有害化学物质环境风险管理体制;建立生态环境突发事件后评估机制和公众健康影响评估制度。② 积极应对气候变化,完善能源消费总量和强度双控制度;实施以碳强度控制为主、碳排放总量控制为辅的制度。健全现代环境治理体系,完善河湖管理保护机制,完善中央生态环境保护督察制度,完善生态环境公益诉讼制度,完善公众监督和举报反馈机制,完善水资源刚性约束制度,完善自然资源有偿使用制度。

　　关于生态文明制度,国内一些学者从不同视角出发,给出了不同的界定。有的学者认为,生态文明制度就是关于推进生态文明建设的行为规则,是关于推进生态文化建设、生态产业发展、生态消费行为、生态环境保护、生态资源开发、生态科技创新等一系列制度的总称。包括正式制度(环境法律、规章和政策等)和非正式制度(环境方面的意识、观念、风俗、习惯和伦理等)。③ 有的学者认为,生态文明制度是指在全社会制定或形成的一切有利于支持、推动和保障生态文明建设的各种引导性、规范性和约束性规定与准则的总和,他也把制度分为法律、规章和条例等正式制度以及伦理、道德和习俗等非正式制度。④ 有的学者认为,生态文明制度建设就是要建立系统完整的、具有约束力的、符合生态文明要求的目标体系、考核办法、奖惩机制等。⑤

　　生态文明制度在形式上有正式制度和非正式制度之分。正式的生态文明制度分为三类:第一类一般指国家层面制定的关于建设生态文明的相关法律法规;第二类指国家和地方各级政府制定的保护生态环境的行动计划、政策、宣言、协议等规范性文件;第三类指由环保组织和其他社会组织制定的自治规范和自律规范。非正式制度是社会实践中自生自发的有关保护生态环境,利于生态文明建设的生态文明理念、价值观、伦理道德观以及风俗习惯等。本书中的生态文明制度指的是正式的生态文明制度。笔者认为,生态文明制度是人在与自然交往中形成的约束人类自身行为,促进生态文

① 《中华人民共和国国民经济和社会发展第十四个五年规划和 2035 年远景目标纲要》,人民出版社 2021 年版,第 110 页。
② 《中华人民共和国国民经济和社会发展第十四个五年规划和 2035 年远景目标纲要》,人民出版社 2021 年版,第 116 页。
③ 沈满洪:《生态文明制度建设:一个研究框架》,载《中共浙江省委党校学报》2016 年第 1 期。
④ 夏光:《生态文明与制度创新》,载《理论视野》2013 年第 1 期。
⑤ 黄蓉生:《我国生态文明制度体系论析》,载《改革》2015 年第 1 期。

明建设,以实现人与自然和谐共生为目的的一系列环境法律制度、环境政策规范和环境管理体制机制,是生态文明建设的重要制度保障。

四、生态文明制度各要素之间的关系

环境法律制度、环境政策规范和环境管理体制机制是生态文明制度的三个要素。环境法律制度是环境监督管理法律制度的简称,是指根据我国环境保护基本国策要求和环境法基本原则,通过立法形成的有关环境监督管理的规则、程序和保障措施,是由国家制定或认可并由国家强制力保证实施的具有普遍效力的行为规范体系,具有普适性、规范性、稳定性等特征。环境政策规范是指党和国家为了实现生态文明建设目标任务以权威形式确定的行动指导原则与准则以及采取的工作方法、具体的实施步骤等,具有普遍性、指导性、灵活性等特征。

环境法律制度与环境政策规范是加强环境保护工作的两种手段,在加快促进生态文明建设进程中,各自发挥着其独特的作用。环境法律制度与环境政策规范作为环境保护工作中的两种不同的社会政治现象,它们的区别表现在意志属性不同、规范形式不同、实施方式不同、稳定程度不同。二者的关系极为密切,它们之间相互影响、相互作用,具有功能的共同性、内容的一致性和适用的互补性。

环境法律制度与环境政策规范要依靠环境保护及相关部门的监督管理,这就涉及环境管理体制机制问题。环境管理体制机制是环境保护及相关部门以一定运作方法把环境保护工作各个部分(包括环境法律制度与环境政策规范)联络起来,使它们协调运行而发挥作用。环境管理体制机制是环境保护工作系统内部组成要素有机联系根据一定方法相互作用,实现环境管理的特定功效。

环境法律制度、环境政策规范和环境管理体制机制三者相互作用、有机联系,形成生态文明制度有机整体。

第三节 生态文明制度建设的内涵
及其历史阶段划分

我国生态文明制度建设是一个从无到有、不断完善创新的历史进程。在党的十八大之前,多使用环境保护制度、生态制度以及可持续发展体制机制等概念表达对生态环境的制度保障。党的十八届三中全会提出加快建立系统完整的生态文明制度体系,彰显了党中央对生态文明制度建设的高度

重视。之后,生态文明制度概念成为党中央文件的正式话语。

一、生态文明制度建设的内涵

生态文明制度是一个演进的过程,是一个在继承中进行创新的过程。[①]在党的十七大首次提出生态文明建设目标之前,阐述应对环境问题的时候,一般用环境保护概念,涉及制度和制度建设问题则使用环境保护制度或环境保护制度建设。自从1972年我国开创了环境保护事业,1973年我国制定了我国环保史上第一个综合性法规《关于保护和改善环境的若干规定(试行草案)》,我国环境保护制度建设开始起步,1979年颁布《中华人民共和国环境保护法(试行)》,我国环境保护制度建设步入初步形成阶段,此后我国环境保护制度建设不断加强,党的十七大提出生态文明建设目标之后,生态文明概念开始部分地代替环境保护概念。党的十八大把生态文明建设提到与经济建设、政治建设、文化建设、社会建设并列的位置,中国特色社会主义事业总体布局成为五位一体。习近平新时代中国特色社会主义思想明确中国特色社会主义事业总体布局是"五位一体",对统筹推进经济建设、政治建设、文化建设、社会建设、生态文明建设做出新的重大战略部署。

党的十八大以来,党中央提出把生态文明建设摆到突出位置,大力推进生态文明建设,生态文明写入宪法,上升为国家意志,彰显了党中央对生态文明建设的高度重视。此后,党和国家领导人讲话、报告、批示,党中央的文件大多使用生态文明、生态文明建设概念表达党的战略部署,环境保护则在具体工作或涉及解决环境污染等相关问题中部分地使用。

党的十八届三中全会提出,生态文明建设必须用制度来保证,并提出加快生态文明制度建设的重大举措。生态文明制度代替了环境保护制度概念。党的十八大以来,习近平强调,"完善生态文明制度体系。推动绿色发展,建设生态文明,重在建章立制,用最严格的制度、最严密的法治保护生态环境"[②]。完善生态文明制度体系指的是生态文明制度建设。"建设"既包括被实践证明是有效的制度继承,又包括根据新情况新形势而开展的制度创新;"建设"既包括单一制度的建设,又包括制度体系的建设;"建设"既包括制度的完善,又包括制度的加强。[③] 十八大以来,党中央关于生态文明制度的相关阐述指的是生态文明制度建设。生态文明制度建设的核心要义是

①　沈满洪:《生态文明制度的构建和优化选择》,载《环境经济》2012年第12期。
②　《习近平谈治国理政》第2卷,外文出版社2017年版,第396页。
③　沈满洪:《生态文明制度的构建和优化选择》,载《环境经济》2012年第12期。

制定或形成的一切有利于支持、推动和保障生态文明建设,促进人与自然和谐共生的各种引导性、规范性和约束性规定与准则的总和,其落脚点在于保护生态环境。完善环境法律制度和环境政策规范,构建环境管理体制机制的过程就是生态文明制度建设的过程。生态文明制度建设的目的是保护环境,对于促进人与自然的和谐共生发挥重要作用。

二、中国生态文明制度建设的历史阶段划分

新中国成立之前,中国的工业和农业基本上都还停留在封建社会的自给自足的自然经济水平上,工业化水平低,科学技术落后。因此,旧中国工业生产对环境影响较小,基本上没有造成严重的环境污染,环境问题没有成为社会问题。当然也就没有环境保护及其制度建设。新中国成立以后,随着工业化水平提高,出现了环境污染问题,同时受到国外环境保护运动的影响,我国开始重视环境保护工作。因此,从中国生态文明制度发展史来看,中国生态文明制度建设从 20 世纪 70 年代才开始起步。新中国成立以来生态文明制度建设的发展历程就是中国生态文明制度的发展历程,中国生态文明制度的发展历程是一个历史与现实相交融、理论与实践相结合的历史过程,演进历程可以划分萌芽探索期、初步发展期、丰富发展期、深化发展期和系统完善期五个阶段。

(一) 新中国成立初期至改革开放前中国生态文明制度建设萌芽探索阶段

1973 年 8 月,第一次全国环境保护会议在北京召开,制定了我国环保史上第一个综合性法规《关于保护和改善环境的若干规定(试行草案)》,这是中国环境保护史上第一个综合性的法规。不仅如此,1974 年环境保护领导小组的成立规范了我国环境保护的管理工作,是我国环境保护机构建设的起步。党中央高度重视环境保护工作,出台了一系列规章制度。在理论和实践的不断深入过程中,我国逐步建立健全我国生态文明制度。第一次全国环境保护会议是新中国环境保护工作进程中的一个重要里程碑。由于我国生态文明建设起步较晚,实践水平不高,所以,这一时期我国生态文明制度建设处于萌芽探索阶段。

(二) 改革开放后至 20 世纪 90 年代初期的初步发展阶段

改革开放后至 20 世纪 90 年代初期(1991 年),在以邓小平同志为核心的党中央领导下,我国初步建立了一系列环境保护制度,是环境保护制度体系的初步发展期。改革开放 40 多年以来,中国生态文明制度建设不是一蹴而就的,而是一个逐步深化、逐步成熟的过程。虽然生态文明制度概念是党

的十八大以后提出的,但是环境法律、环境保护制度相关概念是改革开放后陆续提出的。改革开放以后,面对经济建设中严峻的环境问题,以邓小平同志为核心的党中央经过深刻反思,意识到环境保护要走制度化、法治化道路,并初步形成了依靠法律、运用制度、强化管理的生态文明制度建设思想。在这一思想的指导下,这一时期我国环境保护法律、环境保护政策、环境管理体制机制实现了质的飞跃。

（三）20世纪90年代初期（1992年）至党的十六大召开前的丰富发展期

1992年6月,联合国环境与发展大会在巴西召开,会议通过了《21世纪议程》这一世界范围内可持续发展的行动计划,首次将"可持续发展"理念推向行动,可持续发展已经成为全球共识。国内方面,1992年10月,江泽民在党的十四大报告中指出:"要增强全民族的环境意识,保护和合理利用土地、矿藏、森林、水等自然资源,努力改善生态环境。"①1992年我国开启了社会主义市场经济体制改革的序幕,经济发展同资源环境之间的矛盾愈发显现。这一时期,基于国内经济社会发展的新形势和国际趋势,江泽民在1992年召开的党的十四届五中全会上正式提出了可持续发展战略,我国环境保护制度建设在可持续发展战略的推动下进一步加强,可持续发展战略下环境保护制度体系逐步丰富和拓展,促进我国生态文明制度建设进入丰富发展期。20世纪90年代初期至党的十六大召开前是中国生态文明制度建设丰富发展阶段。

（四）党的十六大至党的十八大召开前的深化发展阶段

党的十六大至党的十八大召开前是中国生态文明制度建设的深化发展阶段。进入新世纪以来,由于受传统发展观的影响,我国经济的快速发展使得各级地方政府形成"唯GDP论英雄"、忽视环境保护的政绩观;环境法治仍然不够健全,法律多而执法弱;环境管理体制尚未完全理顺,制度效力的发挥面临体制机制障碍等。以胡锦涛同志为总书记的党中央审时度势、分析问题,从多个方面着手制定多层次、多方位的环境保护法律制度,改革环境保护制度的运行机制,推动我国生态文明制度建设走向深化发展阶段。这一阶段,面对愈发严峻的资源环境形势,党中央相继提出科学发展观、"两型"社会建设、生态文明等重大战略理念,推动我国生态文明制度建设向构建可持续发展体制机制和促进生态文明建设的法律政策体系方向发展,着重综合运用法律、制度、经济、技术和必要的行政手段来解决环境问

---

① 《江泽民文选》第1卷,人民出版社2006年版,第240页。

题。这一时期,我国生态文明制度体系化建设明显加强,生态文明制度体系更加细化和深化,是生态文明制度建设的深化发展阶段。

（五）党的十八大至今的系统完善期

党的十八大至今是中国生态文明制度的系统完善期。党的十八大报告首次提出"加强生态文明制度建设"①,党的十八届三中全会将生态文明体制改革提上日程,要求"建立系统完整的生态文明制度体系"②,我国生态文明制度建设走向了注重顶层设计的系统构建阶段。党的十九届四中全会提出,坚持和完善生态文明制度体系,促进人与自然和谐共生③。这一论断的提出再次彰显了党中央对生态文明制度建设的高度重视。自党的十八大报告首次提出加强生态文明制度建设以来,"生态文明制度建设"、"生态文明体制改革"、"生态文明制度体系"等概念频繁出现在党和国家重要文献中。这一时期,我国开启了新一轮全面深化改革,生态文明体制改革作为全面深化改革重要领域之一全面启动,我国生态文明制度建设进入了系统完善阶段。

总之,新中国成立以来中国生态文明制度建设不断发展完善。从环保史上第一个综合性法规到新时代提出深化生态文明体制改革,系统构建生态文明制度体系,中国生态文明制度建设不断完善,有力推进了我国生态文明建设不断迈上新台阶。

第四节　中国生态文明制度建设萌芽探索阶段

新中国成立初期至改革开放前是在以毛泽东同志为核心的党中央领导下我国生态文明制度建设的萌芽探索阶段。

一、中国生态文明制度建设萌芽探索阶段的历史背景

毛泽东虽然没有提出系统的生态文明理论,但是他注意到了保护环境的重要性,相继提出了一系列有益环境保护的重要论断。以毛泽东同志为核心的党中央产生生态文明制度建设萌芽有着特殊历史因素,即这一时期中国特定的经济、政治、文化、社会等因素。

---

① 《胡锦涛文选》第3卷,人民出版社2016年版,第646页。
② 《中共中央关于全面深化改革若干重大问题的决定》,人民出版社2013年版,第52页。
③ 《中共中央关于坚持和完善中国特色社会主义制度推进国家治理体系和治理能力现代化若干重大问题的决定》,载《人民日报》2019年11月6日。

（一）资源危机、环境恶化问题引起世界各国的关注

随着资本主义生产方式的产生,18 世纪 60 年代开始了以蒸汽机的使用为标志的第一次工业革命。工业革命开始以后到 19 世纪末,人类真正进入工业社会,同时工业文明从西欧扩散到全球。工业文明时代是人类运用技术控制和改造自然并取得空前胜利的时代,人类社会通过第一次技术革命生产力得到极大的进步,发展到了以蒸汽机为标志的工业文明时代。但是,蒸汽机以煤炭为燃料,煤炭被大量开采和使用,而燃烧后的污染物未经处理直接被排放到大气中,其中含有大量的烟尘、二氧化硫、二氧化碳、一氧化碳,以及铅、锌、铜、砷等重金属,这些污染物直接造成了大气、土壤和水污染。在 20 世纪之前,环境问题仍然是局部性的,行业性的,尚未能引起人们的关注和警觉。但是到了 20 世纪,随着工业化和城市化进程的迅速发展,环境问题变得日益严重。20 世纪 30 年代兴起的以石油为动力的内燃机,给环境又带来了新的污染。化学工业以石油为原料合成了橡胶、塑料、纤维三种高分子材料,以及洗涤剂、农药等新化学品,使污染源和环境污染形式增多,环境公害事件时有发生。20 世纪 50 年代,敌敌畏等农药大量使用,在环境中广泛传播和沉积,造成了严重的环境污染。人类遭到大自然更加猛烈的"报复",环境公害事件屡屡发生。其中,影响力最大、破坏性最强的是 20 世纪 30 年代至 60 年代发生的"八大公害事件",这几次环境公害事件共造成几千人患有呼吸道疾病,数万人伤亡。这些公害事件主要表现为大气污染、水污染和固体污染。

面对日益严重的环境问题,20 世纪 60 年代,西方发达国家掀起了环境保护运动,公众、科学家、媒体、环保组织等群体不断向政府表达着控制环境污染、防止环境公害事件发生的诉求。通过环境保护运动,一定程度上唤起了人们保护生态环境的意识。1962 年,美国生物学家蕾切尔·卡逊发表了科普著作《寂静的春天》,以翔实的资料列举了第二次世界大战后杀虫剂和除草剂的大量使用对自然界的生态平衡所产生的破坏性影响,掀起了人类重新审视自然,重新思考发展模式的环保主义思想浪潮。《寂静的春天》的出版被看成是人类开始关心生态环境问题的标志。

1972 年第一次国际环保大会即联合国人类环境会议通过的《联合国人类环境会议宣言》,呼吁各国政府和人民共同保护生态环境,为子孙后代造福。这次会议引发了各国政府对环境污染问题的关注,大规模唤起了人类保护环境的意识。与此同时,1972 年罗马俱乐部提出的报告《增长的极限》指出了目前人类社会发展的不可持续及其可能的灾难性后果。该报告给人类指出了在现行政策和趋势保持不变的情况下,可能产生的灾难局面。面

对经济增长的极限,要避免因超越地球资源极限而导致世界崩溃的最好方法是限制增长,即"零增长"的结论。该报告给人们敲响了一记警钟,令人类清醒意识到目前增长模式的灾难性后果,促使人类对工业文明进行反思。

(二)社会主义建设时期环境污染随着经济发展日益凸显

新中国成立后,我国经济社会满目疮痍,百废待兴,工业基础薄弱。党中央大力推进社会主义改造,对经济社会进行恢复建设。当时我国生产力水平较低,生产关系处于调整变革的重要历史时期,由于工业化水平有限,环境污染破坏问题并不明显。当时的环境污染破坏问题大多是局部性的,且我国生态环境保护意识相对薄弱,因此生态环境问题并未引起足够重视。

新中国成立初期,经济建设和工业化是主要目标。为了完成这一目标只有通过大力发展生产力推动经济增长,转变积贫积弱的现实状况。为了尽快建立工业化的基础,我国开始在走重工业为主的社会主义建设的道路。环境问题开始随着经济的快速发展显现出来。

"大跃进"时期,我国生态环境遭遇到新中国成立以来第一次集中的污染与破坏。"大跃进"运动是为了在短期内实现中国生产力跨越式发展的一种急功近利的做法。在工业领域,仅1958年下半年全国即动员了数千万农民大炼钢铁,建成了简陋的炼铁、炼钢炉数十万个,土高炉在全国遍地开花。广东怀集县出现一种以普通锅头做底,里面放三层矿石、三层木炭,不用人工鼓风(自然通风)的小炉,烧几个小时即可"正常出铁",就像煮饭一样容易。① 这种土法炼钢技术含量低,资源利用率也低。有资料显示,在1958—1960年间,每新增1吨炼铁能力,只能新增2.2吨的铁矿开采能力和0.8吨炼焦能力,大大浪费了资源。② 由于技术落后、污染密集的小企业数量迅速增加,全国范围内工业污染日趋严重。在农业领域,全国范围内出现了毁林开荒、填湖造田现象,生态环境遭到了严重的破坏。"文化大革命"期间,强调以"阶级斗争为纲",用阶级分析的方法,去看待一切、分析一切,始终把阶级斗争置于全党工作的首位。我国持续多年以粗放型经济发展模式发展经济,直接导致了上世纪70年代部分地区环境问题日益严峻。

20世纪70年代,我国的生态危机已经十分凸显。1972年国内发生了诸如大连湾污染、北京鱼污染、松花江水系污染等几起较大的污染事件,环境问题开始恶性爆发。周恩来等党和国家领导人在十分艰难的条件下为保护生态环境做出了巨大努力,尤其是第一次全国环境保护会议的召开,揭开

① 彭建新:《广东省1958年大炼钢铁的情况及后果》,载《广东史志》1994年第2期。
② 董辅礽:《中华人民共和国经济史》上卷,经济科学出版社1999年版,第380页。

了我国环境保护事业的序幕。

1973 年,为召开第一届全国环境会议做准备,国家计委、卫生部曾经对当时我国的环境污染情况做过一次粗略的调查。调查从水体污染、城市大气污染、工业废渣污染三个方面进行。调查资料表明,在水体污染方面,渤海海域,每天沿海省份就要向海中排放工业废水 600 多万吨;长江沿岸的21 个大中城市常年排放不经任何处理的废水,导致长江自渡口以下,各段水体均检测出有毒物质;黄河的污染在兰州及包头市附近很严重,河水竟变成了黑褐色,河面漂浮有明显的油膜;北京地区地下水有毒物质含量超过饮用水标准。在城市大气污染方面,许多大中型工业城市由于工厂废气的排放已成为"烟城"、"雾区"。吉林市哈达湾地区每逢气压低时便会烟雾缭绕,到了白天行车也需要开灯的地步;鞍山市的工业区每月每平方公里降尘量高达 534 吨;成都青白江工业区每天排放有害气体 500 多万立方米。在工业废渣污染方面,辽宁省年排放工业废渣一亿八千多万吨;鞍钢多年积存废渣竟达一亿多吨,形成壮观的 50 多米高,延绵数公里的渣山。①

这一时期,我国环境污染的范围还不很大,主要集中于大中城市,污染类型属于工业生产污染,即传统的"三废"污染,即工业废水、废气、废渣对空气、水源、土壤等自然环境的污染。

二、中国生态文明制度萌芽探索阶段的思想基础

毛泽东虽然没有提出系统的生态文明理论,但是他注意到了生态文明建设的重要性,相继提出了一系列有益生态环保的重要措施。主要有:植树造林,兴修水利,治理水患,狠抓水土保持工作等,并坚持治水与改土相结合,有效地治理水土流失和旱涝灾害。这一时期党的生态文明建设思想是在特殊的政治、经济、文化背景下产生的,必然带有特定历史时期的烙印。我国生态文明建设起步较晚,实践水平不高,仍处于萌芽探索阶段。

（一）植树造林,保护林业资源

新中国成立初期,以毛泽东同志为核心的党中央就提出了绿化山川、植树造林的号召。毛泽东重视林业发展,作出了许多重要指示,谈到林业问题有近百次。1956 年,国家林业部提出了 12 年绿化全国的初步规划。同年,毛泽东向全国发出了"绿化祖国"的伟大号召,紧接着提出了"实行大地园

---

① 曲格平、彭近新:《环境觉醒:人类环境会议和中国第一次环境保护会议》,中国环境科学出版社 2010 年版,第 225—227 页。

林化"①的任务,得到了全国人民的广泛响应,极大地推动了林业发展。1957 年,共青团中央和林业部发出了《关于开展 1957 年春季造林工作的联合指示》。毛泽东针对"大跃进"破坏生态环境、毁坏森林的行为,发出了"要使我们祖国的河山全部绿化起来,要达到园林化,到处都很美丽,自然面貌要改变过来"②、"一切能够植树造林的地方都要努力植树造林,逐步绿化我们的国家,美化我国人民劳动、工作、学习和生活的环境"③的要求。1958 年,中央人民政府发布了《关于在全国大规模造林的指示》。

1963 年,国家发布了《森林保护条例》,1967 年,针对全国在山林保护方面的工作实际,毛泽东签发了《关于加强山林保护管理、制止破坏山林、树木的通知》。1971 年,召开了全国林业工作会议。1973 年,国务院发布了《关于保护和改善环境的若干规定(试行草案)》。这些规定和方针政策对保护森林资源、发展林业发挥了重要作用。

(二) 重视资源节约

以毛泽东同志为核心的党中央,坚持勤俭节约、艰苦奋斗的优良传统和作风,十分重视资源节约,尤其是生产资料的节约。毛泽东指出:"要使我国富强起来,需要几十年艰苦奋斗的时间,其中包括执行厉行节约、反对浪费这样一个勤俭建国的方针。"④在当时国家百废待兴、资源严重匮乏的状况下,毛泽东坚持勤俭节约和艰苦奋斗,把国家富强和厉行节约、反对浪费有机联系起来,并将其作为建设强大国家的方针,蕴含着以最少的资源投入获取最大的经济和社会效益的理念。这一时期虽然尚未形成比较系统的资源节约思想,但却传承了在艰苦的革命战争时期形成的勤俭节约、艰苦奋斗的理念,为党的资源节约思想的进一步发展奠定了基础。

1957 年 6 月,国务院发布《关于进一步开展增产节约运动的指示》,指示从我国的具体国情出发,根据我国人多田少、经济落后、人民生活水平低的特点,反对盲目追求现代化、机械化和高标准,力争用最少的钱办最多的事。1959 年 8 月,党的八届八中全会通过了《关于开展增产节约运动的决议》,进一步明确了全党和全国各族人民的中心任务,就是开展厉行增产节

---

① 中共中央文献研究室、国家林业局:《毛泽东论林业》,中央文献出版社 2003 年版,第 67 页。

② 中共中央文献研究室、国家林业局:《毛泽东论林业》,中央文献出版社 2003 年版,第 51 页。

③ 中共中央文献研究室、国家林业局:《毛泽东论林业》,中央文献出版社 2003 年版,第 77 页。

④ 《毛泽东文集》第 7 卷,人民出版社 1999 年版,第 240 页。

约的群众运动。在党中央的号召和领导下,全国各条战线、各个领域的增产节约运动轰轰烈烈地开展,并持续多年。①

(三) 开展综合利用治理环境污染

随着工业的不断发展,产生的有害废水、废气、废渣等越来越多,由于许多企业对工业"三废"危害认识不够,未做适当处理就任意排放,造成了对自然环境的污染。党和国家领导人深刻认识到这一点,提出开展综合利用治理环境污染。1960年4月13日,毛泽东在谈话中指出"要充分利用各种废物,如废水、废液、废气。实际都不废,好像打麻将,上家不要,下家就要"②。1970年,周恩来提出:"要综合利用,把废水、废气都回收利用""消灭废水、废气对城市的危害,并使其变为有利的东西","综合利用就变害为利,没有不可利用的东西"。③废弃物综合利用的思想是马克思和恩格斯物质循环利用思想在中国社会主义革命和建设时期与特定时代背景下经济实践相结合的产物,也是毛泽东思想的重要组成部分。开展综合利用也是周总理关于治理环境污染的重要思想。他认为工厂排出的废水、废气、废渣这些东西,如果经过适当的处理,也可以把三害变成三利。所以周恩来经常讲两句非常有名的话,叫作"化害为利,变废为宝"④。

(四) 重视兴修水利,坚持综合治理

水利建设对发展国民经济具有重要作用。毛泽东高度重视水利事业发展,他从全局出发,把治水与改土结合起来,提出了兴修水利、保持水土的口号,从改良土壤入手,狠抓水土保持工作。在革命战争时期,毛泽东就多次提及水利建设的重要性。早在1934年初,毛泽东就曾鲜明地指出:"在目前的条件之下,农业生产是我们经济建设工作的第一位……水利是农业的命脉,我们也应予以极大的注意。"⑤新中国成立后,面对我国发生的多次洪涝灾害,以毛泽东同志为核心的党中央从流域治理、水利工程规划建设入手,动员全民大兴水利。例如,1958—1960年,中央先后四次召开有关南水北调规划的会议,制定了南水北调工作计划;20世纪60年代初,毛泽东发出

---

① 陆波、方世南:《中国共产党百年生态文明建设的发展历程和宝贵经验》,载《学习论坛》2021年第5期。

② 中共中央文献研究室:《毛泽东年谱(1949—1976)》第4卷,中央文献出版社2013年版,第373页。

③ 转引自曲格平、彭近新:《环境觉醒:人类环境会议和中国第一次环境保护会议》,中国环境科学出版社2010年版,第464页。

④ 转引自曲格平:《梦想与期待——中国环境保护的过去与未来》,中国环境科学出版社2007年版,第34页。

⑤ 《毛泽东选集》第1卷,人民出版社1991年版,第131—132页。

了"一定要根治海河"的号召;1974 年,国务院批准了《关于黄河下游治理工作会议的报告》;20 世纪 70 年代,葛洲坝水利枢纽工程开工建设等等。

毛泽东坚持治水与改土相结合,狠抓水土保持工作,1956 年在修改《一九五六到一九六七年全国农业发展纲要(草案)》时提出"兴修水利,保持水土",指出:"在垦荒的时候,必须同保持水土的规划相结合,避免水土流失的危险。"①在党中央的统一领导下,全国各地以旱涝保收、高产稳产为目标,坚持治水与改土相结合,全面贯彻"八字宪法",取得显著效果。

三、中国生态文明制度建设萌芽阶段的制度建设

以毛泽东同志为核心的党中央初步意识到环境污染给经济社会发展带来的严重危害,并提出通过建立相应的环境保护政策提出解决环境污染的对策,并从国家层面出台一些有利于环境保护的相关规定、方针政策以及制度。新中国成立初期,环境法制建设发展缓慢,有关环境保护及其法律规范只零星地散见于相关的法规之中。这一时期发布的与环境有关的法律文件也相应地被归类为萌芽时期和奠基时期的环境法,为我国生态文明制度建设奠定了基础。

(一)制定植树造林和林业发展相关规定和方针政策

毛泽东高度重视制定植树造林和林业发展相关规定和方针政策。新中国成立后,毛泽东对林业制度建设依旧密切关注。1953 年中央人民政府政务院颁布了《关于发动群众开展造林、育林、护林工作的指示》。《指示》指出:造林、育林、护林能够有效地保持水土,因此,"在水土冲刷严重、风沙水旱灾害经常发生的地区,应当积极营造水源林和防护林"。针对荒山的水土流失问题,《指示》认为:"封山育林是使荒山自然成林和保持水土的最有效办法,仍应号召与领导群众进行。"②1961 年 6 月,中共中央颁布了《关于确定林权、保护山林和发展林业的若干政策规定(试行草案)》(简称"山林十八条")。1963 年 5 月 27 日,发布了《森林保护条例》。1963 年 5 月,国务院发布了《森林保护条例》。1967 年毛泽东批准下发了《中共中央、国务院、中央军委、中央文革小组关于加强山林保护管理、制止破坏山林、树木的通知》。该通知提出的"三个严禁"、"两个不准",尤其是不准毁林开荒,有很强的针对性。1973 年发布的《国务院关于保护和改善环境的若干规定(试行草案)》要求:各地区要制定绿化规划,落实有关政策,国家植树造林

---

① 《毛泽东年谱(1949—1976)》第 2 卷,中央文献出版社 2013 年版,第 507 页。
② 徐祥民:《中国环境法制建设发展报告(2010 年卷)》,人民出版社 2013 年版,第 6 页。

与群众植树造林结合起来,绿化一切可能绿化的荒山荒地。城市和工矿区还要利用一切零散空地,植树种草。① 该规定加强了对森林资源和各种防护林的管理,加强草原养护,不得任意破坏。这些制度对保护森林发挥了积极作用。②

(二) 初步制定治理工业"三废"规划和措施

1960 年 4 月,毛泽东在同中央部分领导同志谈话时,强调了"三废"的合理利用,指出:"各部门都要搞多种经营、综合利用。要充分利用各种废物,如废水、废液、废气。"③

1972 年 5 月,北京市革命委员会召开"三废"(即废水、废气、废渣)治理、烟囱除尘工作会议。会议总结和交流了"三废"治理、烟囱除尘工作的经验,研究和制定了以后"三废"治理、烟囱除尘工作的规划和措施。1971年以来,北京市对水源污染、工业废渣和锅炉情况进行了普查。对危害较大的酚、氰、酸、碱等四种毒物的情况和治理方法做了调查。初步制定了治理"三废"的基本建设和科研计划。1971 年全年从"三废"中回收各种化工原料 44 万多吨,各种金属及其化合物 1000 多吨,利用了 150 多吨工业废渣。烟囱除尘工作也初见成效,有 700 余台烟囱不再冒黑烟。但是,离中央要求还差得较远,与上海等地相比也有差距。因此,这次会议要求各单位把"三废"治理、烟囱除尘工作列入党委议事日程,加强对"三废"治理、烟囱除尘工作的管理,组织专门班子抓好工作。要定期检查,建立全市污染情况长期观察网。会后,全市各级党组织和革委会制定了具体的落实计划并加以实施。如:建立必要的组织机构,开展以治理危害较大的酚、氰、尘为中心的群众运动,改造一批锅炉、茶炉,有关电镀单位试验并推广无氰电镀,有的单位采取脉冲萃取脱酚等措施。1972 年 11 月初,市革委会又召开"三废"治理、烟囱除尘工作的经验交流会。会议强调"三废"治理、烟囱除尘工作是一种体现社会主义优越性,为人民兴利除害,为子孙后代造福的大事。要求各单位提高觉悟,排除干扰,落实政策,调动一切积极因素,认真总结经验,夺取"三废"治理、烟囱除尘工作的新胜利。1972 年 11 月,周恩来检查了北京市的"三废"治理、烟囱除尘情况。市革委会工交城建组于 11 月 18 日召开紧急会议,传达周恩来的指示,并在会议期间到民族饭店等楼顶观察周围烟尘污染情况,引起与会各工矿领导的重视。参加会议的各厂矿负责人很快把

---

① 曹前发:《毛泽东生态观》,人民出版社 2013 年版,第 6 页。
② 曹前发:《毛泽东生态观》,人民出版社 2013 年版,第 15 页。
③ 《毛泽东年谱(1949—1976)》第 4 卷,中央文献出版社 2013 年版,第 373 页。

会议情况传达到所属矿企业广大职工群众中,各个单位都在实际工作中加以落实。如:改造锅炉小组与工人们反复研究改进措施消灭黑烟,到 11 月底,据不完全统计,城近郊区共有 2700 余台锅炉改造完毕,约占全市锅炉总数的 30%。不仅如此,北京市还学习上海、沈阳等省市的先进经验,要求各区、县、局建立健全"三废"治理,消烟除尘工作的正式机构,以推动战"三废",除"三害",兴"三利"群众运动的开展。①

1973 年 8 月 5 日至 20 日,我国第一次全国环境保护会议召开,"综合利用、化害为利"写入我国第一个环境保护文件《关于保护和改善环境的若干规定》的 32 字环境保护方针中。1977 年,国务院发布了《关于治理工业"三废"开展综合利用的几项规定》,标志着我国以"三废"治理和综合利用为特征的生态文明制度建设探索进入新阶段。

（三）出台关于保护和改善环境的若干规定

新中国成立以后,百业待兴,政府和人民迫切需要发展工农业生产,改善人民生活,巩固新生政权。针对国家建设所需的森林、矿产、土地等自然资源,国家制定了一系列利用与保护这类资源的法律文件。

通过制定节约资源的相关规定保护生态环境。为防止开采矿产对于人民生产、生活环境造成损害,1951 年 4 月,中央人民政务院发布了《矿业暂行条例》,这部法律对于新中国成立初期矿产资源的开发和保护具有重要作用。《矿业暂行条例》要求"重要河流及防洪堤两侧五百公尺以内"非经"有关主管机关许可,不得划作矿区"。② 为进一步促进矿产资源的"综合勘探、综合开发和综合利用",治理浪费和破坏矿产资源的现象,1965 年 12 月,国务院批转了地质部制定的《矿产资源保护试行条例》。《条例》认为:矿产资源是不能再生的资源,应当进行保护和合理利用;要求对于矿产资源进行普查和综合勘探,并对勘探开发过程中可能发现的、易被破坏的矿产资源的保护进行了规定;要求最大限度地提高回收率、合理开发资源;规定矿山开采应当坚持"难易兼采和综合利用的原则";严禁乱挖乱采,防止矿产资源的破坏和损失。《条例》还设专章规定了地下水资源的保护,防止开采过程中破坏水资源。规定排出的污水要采取措施,以防止地下水水质污染。

针对中国日益严峻的环境问题出台环境保护的法律文件。1957 年 7 月,国务院颁布了《水土保持暂行纲要》。《纲要》要求设立防治水土流失的

---

① 中共北京市委党史研究室:《社会主义时期中共北京党史纪事》第 7 辑,人民出版社 2012 年版,第 340—341 页。
② 徐祥民:《中国环境法制建设发展报告（2010 年卷）》,人民出版社 2013 年版,第 5—6 页。

工作机构,并对各业务部门的业务范围进行了区分。针对山区水土流失严重问题,《纲要》要求将水土保持作为山区的首要工作,有计划地进行封山育林、育草;要求 25 度以上的陡坡,一般应禁止开荒,以保持水土;规定水土流失严重地区一定范围内设立禁伐林;要求从事副业生产时要防止水土流失,从事工程建设、农业生产时要做好水土保持工作。①

制定具有环境规划性质的法律文件。1956 年 5 月,国务院常务会议通过了《国务院关于新工业区和新工业城市建设工作几项问题的决定》(以下简称《决定》),对新工业区和新工业城市建设空间利用问题作出规定。《决定》要求积极开展区域规划,合理地布置新建的工业企业和居民点,将远期规划和近期规划结合起来,在初步规划完成的基础上制定总体规划。《决定》认识到工业布局集中对于环境、人民生产生活和地区经济的影响,规定:"为了避免工业的过分集中,在规模已经比较大的工业城市中应当适当限制再增建新的重大的工业企业。如果必须增建时,也应当同原来的城区保持必要的距离。"②

1972 年斯德哥尔摩召开第一次联合国人类环境会议,中国代表团出席后深入了解国际环境保护趋势。在国际普遍重视环境保护工作的情况下,1973 年 1 月国务院决定筹备召开全国环境保护会议。1973 年 8 月,第一次全国环境保护会议在北京召开,提出了"全面规划、合理布局、综合利用、化害为利、依靠群众、大家动手、保护环境、造福人民"的 32 字环境保护工作方针。会议的另一个重要贡献是制定了中国环境保护史上第一部综合性法规《关于保护和改善环境的若干规定(试行草案)》,这也是新中国环境保护立法的起点。《规定》明确提出的"三同时"原则成为我国环境管理的重要原则,此后被写入《中华人民共和国环境保护法》。还规定了发展生产和环境保护"统筹兼顾、全面安排"的原则,"三同时"制度和奖励综合利用的政策。③ 同年 11 月,国家计委、国家建委、卫生部还联合颁布了我国历史上第一个环境保护标准《工业"三废"排放试行标准》,规定了能在环境或动植物体内蓄积,对人体健康产生长远影响的 5 类有害的物质最高容许排放浓度。④ 至此,环境保护在全国范围内发展起来。第一次全国环境保护会议详细部署了环境保护工作,使人们开始意识到环境问题的严重性,并制定了第一部环境保护法律文件,揭开了中国环境保护事业的序幕,成为新中国环

---

① 徐祥民:《中国环境法制建设发展报告(2010 年卷)》,人民出版社 2013 年版,第 6—7 页。
② 徐祥民:《中国环境法制建设发展报告(2010 年卷)》,人民出版社 2013 年版,第 7 页。
③ 徐祥民:《中国环境法制建设发展报告(2010 年卷)》,人民出版社 2013 年版,第 19 页。
④ 徐祥民:《中国环境法制建设发展报告(2010 年卷)》,人民出版社 2013 年版,第 19 页。

境保护进程中的重要里程碑。

与新中国成立之初对某一领域、某一问题制定有关环境政策相比，第一次环境保护会议后制定的法律文件更加注重对于环境的保护。这一时期颁布的《关于保护和改善环境的若干规定（试行草案）》确定了全面的环境保护目标，规定了环境保护的基本方针、基本原则，奠定了中国环境保护法的基本框架，为环境法的进一步发展打下了稳固的基础。①

总的来说，这一阶段的环境保护建设深受人类环境会议召开的影响，中国开始融入世界环境保护运动，为应对全球环境问题提供重要力量。

（四）国务院环境保护领导小组正式成立

新中国成立初期，国家下达了系列保护自然资源和环境的文件，此项工作被拆解为多个部门，但是没有专门机构负责。1974 年 4 月，国家计委向国务院打报告，建议国务院成立环境保护领导小组。经过李先念和周恩来批准，10 月，国务院环境保护领导小组正式成立。由与生态环境治理密切相关的计划、工业、农业、交通、卫生等部门领导人组成。余秋里任组长，谷牧任副组长。领导小组的主要职责是：负责制定环境保护的方针、政策和规定，审定全国环境保护规划，组织协调和监督检查各地区、各部门的环境保护工作。从此，中国现代环境保护历史上有了第一个专门管理机构。之后，各省、自治区、直辖市和国务院有关部门也陆续建立起环境管理机构和环保科研、监测机构。②

---

① 徐祥民：《中国环境法制建设发展报告（2010 年卷）》，人民出版社 2013 年版，第 20 页。
② 刘建伟：《新中国成立后中国共产党认识和解决环境问题研究》，人民出版社 2017 年版，第 147 页。

第二章　中国生态文明制度
建设初步发展阶段

改革开放后至20世纪90年代初期是中国生态文明制度建设初步发展期,环境保护制度体系初步建立。改革开放后,我国面临严峻的环境问题,以邓小平同志为核心的党中央直面中国环境现实,着力解决中国环境问题,强调通过制度建设来加强环境保护监督和管理。这一时期以邓小平同志为核心的党中央在领导中国人民进行改革开放和社会主义现代化过程中认识到"环境污染是大问题",在实践中逐步形成了一系列环境保护制度,同时,建立制度和专门的机构,实行严格科学的环境管理,以科学管理推进环境保护工作。

第一节　中国生态文明制度建设初步发展
阶段的历史背景与思想基础

1978年召开的十一届三中全会,开启了中国改革开放新的发展历程,我国政治、经济由此发生深刻变化。改革开放初期,我国的经济社会建设迅速发展,而经济生产活动对生态环境造成的影响也越来越大,生态破坏与环境污染的问题有增无减。以邓小平同志为核心的党中央认识到保护环境的重要性,并通过制定一系列环境保护制度来保护生态环境,推动着中国共产党的生态文明制度建设从萌芽探索阶段走向了初步形成阶段。

一、中国生态文明制度建设初步发展阶段的历史背景

中国生态文明制度建设初步发展阶段的思想发展具有深刻的社会历史背景。这一时期,世界经济迅猛发展,而经济生产活动对生态环境造成的影响也越来越大,区域性和全球性环境问题日益突出,各国开始探寻社会可持续的发展模式。我国经济社会建设在迅速发展的同时也面临着日益严峻的环境污染与生态破坏问题,不完善的环境法律制度影响了我国环境保护工作的开展。这一时期我国开始参与环境合作与交流,并相继加入一些国际环境保护条约。

（一）　全球性危机与可持续发展理念的提出

在国外，早在我国改革开放之前，西方社会就已经普遍关注生态环境保护问题，哲学家、思想家们提出了丰富的生态文明思想，并且通过几次重要的国际会议而上升为各国政府的发展战略。在我国进行社会主义现代化建设的同时世界各国也在大力推进经济社会建设，一方面确实实现了世界经济的迅猛发展，另一方面也使得区域性和全球性环境问题变得严重起来。如：全球气候变暖、酸雨、生物多样性减少等。这使得人类的生存和发展面临着严重威胁，引起各国政府的重视，掀起了世界性的环境保护浪潮。①

面对日益严峻的生态问题，西方哲学家、思想家们提出了他们的理论学说，探析了人与自然的关系，呼吁人们保护环境，并且提出了应对环境污染与生态破坏现实问题的具体措施。1979年，加拿大学者本·阿格尔出版了他的著作《西方马克思主义概论》，首次提出了"生态学马克思主义"的重要概念，认为生态危机已经取代经济危机而成为西方资本主义社会的首要问题，并且提出了推进生产过程的分散化和非官僚化等具体措施来解决生态问题。

1986年，美国著名哲学家霍尔姆斯·罗尔斯顿出版了《哲学走向荒野》一书。在这部环境伦理学研究著作中，罗尔斯顿探讨了自然的内在价值、人与自然的相互关系等环境伦理学基础问题。1987年，联合国环境与发展委员会发布了《我们共同的未来》报告。该报告第一次提出了"可持续发展"理念，并指出环境危机、能源危机和发展危机紧密相连，有限的地球资源远远不能满足人类发展的需要，因此，必须为满足当代人和后代人的需要改变发展模式，走可持续发展道路。"可持续发展理念旨在通过协调发达国家与发展中国家之间、人类代际之间、经济发展与环境保护之间的矛盾冲突，寻求人类代际之间、代内之间以及人与自然之间的需求平衡和可持续发展。"②可持续发展理念一经提出，各国开始破解经济发展和环境保护之间的矛盾，探寻社会可持续的发展模式，这标志着人类与自然之间的和谐发展在全球范围内成为共识。

世界许多国家受到了《人类环境宣言》的影响，纷纷制定颁布了环境保护基本法。如，斯里兰卡的《国家环境法》（1980年）、新西兰的《环境法》（1986年）、加拿大的《环境保护法》（1988年）、赞比亚的《环境保护和污染

---

①　宁大同、王华东：《全球环境导论》，山东科学技术出版社1996年版，第1页。
②　杜明娥、杨英姿：《生态文明与生态现代化建设模式研究》，人民出版社2013年版，第131页。

防治法》(1990年)。中国的环境保护事业亦受到这一时代潮流的影响,我国通过对比逐渐意识到自身环境发展存在的问题。

总的来看,20世纪70年代末至90年代初,西方发达资本主义国家的经济社会建设继续发展,而且西方各国国内的生态环境不断改善,这是因为他们将高污染、高能耗的产业逐步转移到了东南亚国家、非洲国家以及拉丁美洲国家等发展中国家和地区,造成了那里的资源紧张、环境污染与生态破坏,使得环境问题在世界范围内继续扩散。举例来说,从20世纪70年代中期到80年代后期,巴西亚马孙雨林的木材砍伐量从1036万立方米增长到了2810万立方米,1980年,非洲国家加纳78%的树木都已经被砍伐了,毫无疑问这些被砍伐的树木基本上都掌握在了西方各国所主导的跨国公司手中①;而在秘鲁和哥伦比亚,国际犯罪集团为了制作毒品而大肆种植可卡因的原料作物古柯,使得秘鲁的森林砍伐面积从1964年的16360公顷增长到了1990年的200000公顷②。除了发展中国家和地区之外,不属于任何国家的深海远洋地区也遭到了世界各国的渔业掠夺,例如在新西兰以东的太平洋远洋地区,在澳大利亚塔斯马尼亚岛的周边地区,新西兰的渔民和澳大利亚的渔民都曾经大量使用深海捕捞工具来捕捉一种名为"橘棘鲷"的鱼类,其中新西兰的渔获量在20世纪80年代中期能够达到每年5万吨的水平,而这样不可持续的捕捞在十年之内也就走向了衰败,到1990年新西兰的渔获量只能保持在1.5万吨的水平了③。

(二) 我国经济快速发展与严峻的环境问题

改革开放初期,我国经济发展依然处于落后状态,中国共产党将工作重心转移到经济建设上来,提出把发展生产力摆到首要位置。改革开放极大地提高了社会生产力水平,我国经济社会获得了快速发展,然而,随之而来的却是日益严重的环境问题。西方国家发展工业的过程中出现的环境问题,短时间内集中出现在我国,环境问题日益凸显,有些地区甚至达到了严重程度,影响广大人民的劳动、工作、学习和生活,危害人民群众健康和工农业生产的发展,群众反映强烈。④ 主要表现为空气污染、水体污染、固体废

---

① [美]J.唐纳德·休斯:《世界环境史:人类在地球生命中的角色转变》,赵长凤、王宁、张爱萍译,电子工业出版社2014年版,第265页。

② [美]J.唐纳德·休斯:《世界环境史:人类在地球生命中的角色转变》,赵长凤、王宁、张爱萍译,电子工业出版社2014年版,第269页。

③ [美]J.唐纳德·休斯:《世界环境史:人类在地球生命中的角色转变》,赵长凤、王宁、张爱萍译,电子工业出版社2014年版,第286—288页。

④ 国家环境保护总局、中共中央文献研究室编:《新时期环境保护重要文献选编》,中央文献出版社、中国环境科学出版社2001年版,第2页。

弃物污染、森林资源匮乏、草原退化、荒漠化现象严重、水旱灾害、生物多样性锐减等。其中,水资源匮乏和水污染是城市环境面临的主要问题之一。1980 年,据 191 个大中城市的初步调查,有 154 个城市缺水,占比 80.6%。严重缺水的城市有天津、大连、青岛、北京等。从 70 年代起,天津几乎年年都处于用水紧张状态。由于固有的水源蓟运河遭受污染,海河来水减少、咸化及污染,使天津不得不靠北京密云水库及引黄济津来提供部分水源。①

总的来说,为应对日益严重的环境问题,可持续发展理念在国际社会中兴盛起来。面对这样的国际形势,以邓小平同志为核心的党中央积极回应环境污染与生态破坏的现实问题,推动着中国生态文明制度走向了初步发展阶段。

二、中国生态文明制度建设初步发展阶段的思想基础

改革开放到 20 世纪 90 年代初期,以邓小平同志为核心的党中央在改革开放和现代化建设过程中逐步认识到经济和环境协调发展的重要性,认识到人与自然和谐发展的重要性。这一时期我们党的生态文明思想主要有以下几个方面。

(一) 植树造林,促进人与自然和谐相处

新中国成立至改革开放前,新生的人民政权倡导大力发展重工业忽视了生态环境保护,大面积砍伐森林树木致使我国森林覆盖率急速降低。"大跃进"时期大炼钢铁,数百万座土高炉烈焰冲天,大量森林被砍伐,森林资源遭受严重破坏。这个期间覆盖率由新中国成立初期的 12.5% 下降到 1981 年的 12.0%②,这个覆盖率不及世界森林覆盖率平均水平的一半。邓小平大力提倡植树造林、科学发展林业。他在认真反思和总结一些国家和地区因开荒毁林导致风沙危害的基础上,更加强调要尊重自然规律,要将植树造林放在生态环境保护的首要位置,唯有绿化祖国山河,才能实现防风固沙、防灾减灾、保持水土、气候优良。邓小平经常外出考察,无论走到哪里都时刻强调水土保持的重要性,强调不能过分垦荒,原因在于开荒要砍伐树木。1978 年 9 月,邓小平在大庆视察时指出:"大庆要多种树。农业搞机械化,节约下的人力种树,还可以种草,发展畜牧业,要改造草原。"③1980 年 7

---

① 余文涛、袁清林、毛文永:《中国的环境保护》,科学出版社 1987 年版,第 218 页。
② 樊宝敏、董源:《中国历代森林覆盖率的探讨》,载《北京林业大学学报》2001 年第 4 期。
③ 《邓小平年谱 1975—1997》上卷,中央文献出版社 2004 年版,第 375 页。

月,他在四川游览万年寺景点时看到山坡上的森林被开垦成了田地,惋惜地说道:风景区不种树"会造成水土流失,人摔下来更不得了。不要种粮食,种树吧"①。1983年2月,邓小平前往南方多地视察,在苏州游览虎丘、留园的过程中对当地同志说:"苏州作为风景旅游城市,一定要重视绿化工作,要制定绿化规划,扩大绿地面积,发动干部群众义务植树,每年每个市民要植树二十株。"②

邓小平带头植树,激发了全国上下亿万人民植树造林、绿化祖国的热情,在全社会树立了环境保护的意识,形成了植树护绿的良好风气。植树造林不仅能够保持水土,美化环境,也可以促进国民经济的发展。1989年,在工程建设11周年之际,邓小平为三北防护林题词"绿色长城"。三北防护林工程建设使我国三北地区生态资源环境得到极大恢复和改善,生态良性循环和发展效果明显;人们从毁林开荒到植树治沙,从盲目扩大耕地面积到因地制宜顺应自然条件,以邓小平同志为核心的党中央带领三北人民创造了当代最伟大的生态治理奇迹。

(二)　尊重自然规律,制止生态破坏

改革开放初期,由于对自然规律认识不足和片面追求经济发展,导致我国环境问题日益突出。以邓小平同志为核心的党中央切实认识到长期以来生态环境保护工作存在着不足。1978年9月,邓小平在听取开荒问题汇报时指出,"搞大面积开荒得不偿失,很危险……开荒要非常慎重"③,体现了他坚持经济发展不能破坏环境的思想。1981年2月,《国务院在国民经济调整时期加强环境保护工作的决定》指出:"开发利用自然资源,一定要按照自然界的客观规律办事"④"做好农业自然资源调查和农业区划工作至关重要,必须严格遵循自然规律,充分利用调查和区划的成果,进行农业调整,促进生态系统的良性循环"⑤。为进一步规范和引导人们尊重自然规律、保护生态环境,1986年11月,国务院环境保护委员会发布了《中国自然保护纲要》,《纲要》指出:"在开发自然资源时,要在调查研究的基础上,按照不同的类型、区域和特点,制定符合实际的保护和开发规划,坚持因

① 《邓小平年谱1975—1997》上卷,中央文献出版社2004年版,第652页。
② 《邓小平年谱1975—1997》下卷,中央文献出版社2004年版,第887页。
③ 《邓小平年谱(1975—1997)》上卷,中央文献出版社2004年版,第375页。
④ 国家环境保护总局、中共中央文献研究室编:《新时期环境保护重要文献选编》,中央文献出版社、中国环境科学出版社2001年版,第22—23页。
⑤ 国家环境保护总局、中共中央文献研究室编:《新时期环境保护重要文献选编》,中央文献出版社、中国环境科学出版社2001年版,第24页。

地制宜。"①1991 年 8 月，万里同志在第七届全国人大常委会第二十一次会议上强调："人口和经济的发展，不仅要注意经济规律，同时也要注意自然规律，注意自然地理、经济地理的研究，否则就会受到客观规律的惩罚"②。可见，党中央已经意识到发展经济的同时，也要尊重自然规律，实现人与自然的协调发展。

（三）加大力度防治污染，加强环境保护

改革开放以来，我国在实现经济快速增长的同时，生态环境也遭到了破坏，严重影响了人民群众的生产与生活。面对资源危机和环境污染问题，这一时期党中央强调要注重发挥技术手段解决环境污染问题，进而促进人与自然的和谐发展。这一时期，党中央加强环境保护工作的重点是治理工业"三废"，1978 年 12 月，《环境保护工作汇报要点》指出，"要大力开展各行各业防治污染、'三废'综合利用技术的研究和环境科学基础理论的研究"③，"要加强科技成果的交流，大力推广先进的防治污染技术"④，第一次明确了加强环境保护工作的主要方向；1983 年 2 月，国务院对治理工业"三废"进一步施策，颁布了《国务院关于结合技术改造工业污染的几项规定》。通过防治污染、治理工业"三废"、降低污染物排放量，加强生态环境保护。

1983 年 12 月，第二次全国环境保护会上，环境保护被确立为基本国策。会议强调"要把环境污染和生态破坏解决于经济建设之中，进一步贯彻'以防为主，防治结合'的方针"⑤。会议的召开极大地推动了我国环境保护事业的发展。

1984 年 7 月，召开了国务院环境保护委员会第一次会议，同年 11 月，召开了国务院环境保护委员会第二次会议，会议进一步贯彻落实全国环境保护会议精神，总结目前环境保护工作的进展与经验，以及今后环境保护工作的重点方向，有力推动了我国环境保护事业的发展。会议通过了《关于防止煤烟型污染技术政策的规定》、《关于加强乡镇、街道企业环境管理的

---

① 国家环境保护总局、中共中央文献研究室编：《新时期环境保护重要文献选编》，中央文献出版社、中国环境科学出版社 2001 年版，第 93 页。

② 国家环境保护总局、中共中央文献研究室编：《新时期环境保护重要文献选编》，中央文献出版社、中国环境科学出版社 2001 年版，第 162 页。

③ 国家环境保护总局、中共中央文献研究室编：《新时期环境保护重要文献选编》，中央文献出版社、中国环境科学出版社 2001 年版，第 16 页。

④ 国家环境保护总局、中共中央文献研究室编：《新时期环境保护重要文献选编》，中央文献出版社、中国环境科学出版社 2001 年版，第 16 页。

⑤ 《环境保护是我国的一项基本国策——第二次全国环境保护会议在北京召开》，载《环境科学》1984 年第 1 期。

规定》以及《工业、企业环境保护考核指标试行办法》。1987年5月,国务院环境保护委员会发布《中国自然保护纲要》的通知,对保护自然资源和环境在社会主义现代化建设过程中的重要作用给予了充分肯定,这是我国向保护自然资源和环境发出的宣言书,同时也是我国解决自然资源和环境问题的指导书。

1989年4月,第三次全国环境保护会议召开,会议提出要加强制度建设,向环境污染宣战,协调经济与环境发展,提出了环境保护目标责任、城市环境综合整治定量考核、限期治理等制度,新老制度配套运行以推动我国环境保护工作迈上新台阶。会议通过了《1989—1992年环境保护目标和任务》和《全国2000年环境保护规划纲要》,提出"向环境污染宣战"口号,号召"努力开拓有中国特色的环境保护道路",把我国环境保护工作推上一个新台阶。此次环境保护会议初步建立了一套规范严明的环境保护政策体系,在一定程度上促进了人与自然和谐发展。

（四）倡导资源节约

改革开放之后,在以经济建设为中心的社会主义现代化建设过程中,邓小平把节约与现代化目标的实现联系在一起。他多次强调要勤俭治国,他强调,要实现社会主义现代化,必须有艰苦奋斗的过程。"我们国家大,人口多,底子薄,只有长期奋斗才能赶上发达国家的水平。"①1979年9月29日,叶剑英在讲话中指出:"一定要努力增加生产,厉行节约,扫除浪费,提高效率,革新技术,不断挖掘新的生产潜力,开辟新的生产门路,增加新的社会财富。"②1979年4月17日,邓小平在中央工作会议上指出:"所有民用锅炉,要改造一下,统一供热,一是节约燃料,二是减少污染。"③邓小平还强调:"提高产品质量是最大的节约。"④1981年2月,颁布了《国务院在国民经济调整时期加强环境保护工作的决定》指出:"管理好我国的环境,合理地开发和利用自然资源,是现代化建设的一项基本任务。"⑤

总之,改革开放到1991年期间,以邓小平同志为主要代表的中国共产党人意识到自然并非人类无节制索取的对象,而是人类需要保护的对象。人类掠夺式的开发方式必然会遭到自然界的报复,保护自然环境是人类义

①　《邓小平文选》第2卷,人民出版社1994年版,第260页。
②　《三中全会以来重要文献选编》上,人民出版社1982年版,第234页。
③　《邓小平年谱（1975—1997）》上卷,中央文献出版社2004年版,第506页。
④　《邓小平文选》第2卷,人民出版社1994年版,第30页。
⑤　国家环境保护总局、中共中央文献研究室编:《新时期环境保护重要文献选编》,中央文献出版社、中国环境科学出版社2001年版,第20页。

不容辞的责任,人与自然应当协调发展。我国必须通过制度建设来加强环境保护,要防治环境污染,特别是要治理工业"三废"。这一时期中国共产党虽然未明确提出生态文明思想,但植树造林、治理污染等环境保护思想深刻蕴含着生态文明的思想,是中国共产党对生态文明的初步认识,这一思想为这一阶段环境保护制度的形成奠定了思想基础。

第二节　中国生态文明制度建设初步发展阶段的环境法制建设

　　法律是调整人们行为关系的社会规范,它规定了人们享有的权利和应担的义务。"环境保护法规定了在环境保护方面人们享有的权利和承担的义务。环境保护立法则是使环境保护方面的技术管理经验和其他管理经验系统化和条文化,经过国家的权力机关,赋予其法律的形式。"①环境保护法律制度是生态文明制度的重要内容,法律的刚性约束是环境保护的重要支撑。

一、中国生态文明制度建设初步发展阶段党的环境法制思想

　　这一时期,党中央认识到法制对环境保护的重要作用,提出了环境保护要走法治化道路的思想。历经"大跃进"和"文革",邓小平十分重视法制对党和国家事业的重要保障作用,1978 年 12 月,邓小平在《解放思想,实事求是,团结一致向前看》的讲话中就已经提到生态环境法制建设问题,指出:"应该集中力量制定刑法、民法、诉讼法和其他各种必要的法律……经过一定的民主程序讨论通过,并且加强检察机关和司法机关,做到有法可依,有法必依,执法必严,违法必究。"②其中通过环境保护的相关法律制度建设,推进环境保护的法治化道路,是邓小平在该篇讲话中提出的重要观点之一。紧随其后,《环境保护工作汇报要点》中指出,"我国环境污染在发展,有些地区达到了严重程度,影响广大人民的劳动、工作、学习和生活……要制定消除污染、保护环境的法规"③。各地区、各部门要大力加强环境管理机构建设,认真监督检查,真正把环境保护工作管起来。中央要求各省、市、自治区和国务院等有关部门党委,在来年第一季度,把本地区、本部门环境保护

---

① 　罗典荣:《运用法律手段加强环境管理》,载《环境保护》1984 年第 3 期。
② 　《邓小平文选》第 2 卷,人民出版社 1994 年版,第 146—147 页。
③ 　国家环境保护总局、中共中央文献研究室编:《新时期环境保护重要文献选编》,中央文献出版社、中国环境科学出版社 2001 年版,第 2—3 页。

情况、规划、措施,向中央作专题报告。这对推动我国环境保护法制建设具有重要意义。1981年2月,《国务院关于在国民经济调整时期加强环境保护工作的决定》指出要认真贯彻执行《中华人民共和国环境保护法(试行)》,以积极的态度,千方百计把这项工作抓紧抓好。① 由此可见,经历过"文化大革命"的低迷期后,党和政府都充分认识到利用法律制度规范环境保护工作的重要性和必要性,这既推动了我国国家治理的法治化进程,也推动了环境保护的法治化进程。

在森林资源保护方面,邓小平主张要使义务植树成为法律。1981年2月24日,邓小平在《开展全民义务植树,保护和发展森林资源》中提出:中国的林业要上去,不采取一些有力措施不行。是否可以规定每人每年都要种几棵树,比如种三棵或五棵树,要包种包活,多种者受奖,无故不履行此项义务者受罚。可否提出个文件,由全国人民代表大会通过,或者由人大常委会通过,使它成为法律,及时施行。② 开展全民义务植树是邓小平同志提出的致力于保护和发展森林资源的初步想法,希望通过人大讨论立法,这充分证明了邓小平对于加强法律法规建设来保护森林资源的强烈意愿。1981年12月13日,第五届全国人民代表大会第四次会议通过了《关于开展全民义务植树运动的决议》。③

随着改革开放的深入和社会经济的发展,以邓小平同志为核心的党中央继续强调加强环境保护立法工作。1983年12月31日,万里在第二次全国环境保护会议开幕式上的讲话中指出:"目前我们的法规还不健全,国家需要再补充制定一些法规。"④健全环境保护法制机制,充分利用法制机制实现环境保护的监督,做到有法可依和有法必依。环境保护的法律制度思想随着环境保护意识的提高逐渐成为党和政府的工作共识。1985年10月,李鹏在全国城市环境保护工作会议上指出:"加强环境管理,要从人治走向法治。当然,省长的作用、市长的作用是很大的,但是光靠人治还不行,还得靠法治,得有一套管理制度。"⑤由此可见,环境立法是经济社会发展的

---

① 国家环境保护总局、中共中央文献研究室编:《新时期环境保护重要文献选编》,中央文献出版社、中国环境科学出版社2001年版,第20页。
② 《邓小平年谱(1975—1997)》下卷,中央文献出版社2004年版,第771页。
③ 国家环境保护总局、中共中央文献研究室编:《新时期环境保护重要文献选编》,中央文献出版社、中国环境科学出版社2001年版,第28页。
④ 国家环境保护总局、中共中央文献研究室编:《新时期环境保护重要文献选编》,中央文献出版社、中国环境科学出版社2001年版,第42页。
⑤ 国家环境保护总局、中共中央文献研究室编:《新时期环境保护重要文献选编》,中央文献出版社、中国环境科学出版社2001年版,第73页。

必然要求,这种从中央到地方的分层次环境立法思想充分体现了党和政府重视加强环境保护的法制建设,法治化轨道是环境保护工作前行的必由之路。

除强调加强环境立法外,以邓小平同志为核心的党中央也注重执法工作,强调加强监督和管理,促进相关环境保护法律的贯彻落实。1987年8月,朱镕基在全国大气污染防治工作会议上指出,"有了法规,还要坚决执行,监督检查,在这方面要充分发挥司法、环保、人大等部门的作用,其他有关部门也要负责监督本部门、本行业的环保工作"①。如果法律法规仅仅停留在书面上,那么制定再多再科学详尽的环境保护法律法规也毫无意义。环境立法只是开端,环境执法才是环境保护工作的重要链条。加强环境保护法律制度的执行和监督力度,是环境保护的重要方面。在我国环境保护的大政方针已经明确的前提下,党和政府还需要不断进行充实完善,进行强化监督,还要具体问题具体分析,针对环境保护法律制度实施执行过程中的困难对症下药。

1989年5月,李鹏在第三次全国环境保护会议上指出,"要依法治理环境,不断完善环境保护的法规,把环境保护工作秩序建立在法制的基础之上","法规制定之后,就要通过强化监督,包括发动群众进行监督,使之得以实施"②。他强调环境保护立法要立足于我国国情上,使"各级政府领导在进行决策和安排生产计划时,各企业在生产活动和经营管理中,凡是涉及环境问题,都要依照环保法规办事"③。强化监督是贯彻落实环境保护法律制度的重要内容,必须做到有法必依,执法必严,违法必究。

以邓小平同志为核心的党中央认识到加强环境保护监督和管理,强化环境保护执法和司法,与环境保护立法工作同等重要,这意味着党和政府对环境保护法律制度建设的认识不断深化,从环境立法到环境执法和司法,加强环境保护监督和管理。这是对人类社会发展规律认识的深化,是对共产党执政规律认识的深化,是对环境保护工作认识的深化。

二、中国生态文明制度建设初步发展阶段的环境立法

我国的法律是根据社会主义革命和社会主义建设事业发展的需要制定

---

① 国家环境保护总局、中共中央文献研究室编:《新时期环境保护重要文献选编》,中央文献出版社、中国环境科学出版社2001年版,第113页。
② 国家环境保护总局、中共中央文献研究室编:《新时期环境保护重要文献选编》,中央文献出版社、中国环境科学出版社2001年版,第135页。
③ 国家环境保护总局、中共中央文献研究室编:《新时期环境保护重要文献选编》,中央文献出版社、中国环境科学出版社2001年版,第135—136页。

的。相关环境保护法律的制定与实施,适应了我国社会主义建设总任务对法制建设的要求,体现了社会主义基本经济规律的要求。众所周知,自然环境是人类赖以生存和发展的物质前提,自然资源开发与利用的规模与经济发展水平息息相关。同时,自然环境污染和生态破坏的程度又与人们对自然资源开发和利用的规模密不可分。这说明人类为了获取物质生活资料,在与自然界进行物质变换的过程中,不可避免会对自然环境造成污染和对生态带来破坏,特别是一些企业在生产实践中,背离社会主义生产的目的,把发展生产与保护自然割裂开来或对立起来,不惜以损害自然资源、破坏生态平衡作代价,以期求得生产的发展,结果使我国的自然资源和生态系统遭到严重的破坏。① 改革开放后至 20 世纪 90 年代初期,以邓小平同志为核心的党中央对建立健全生态环境法律的认识逐步加深,推动我国生态环境法制建设得以起步。党中央深刻认识到,必须严肃法纪,同不遵守法令条例,不顾人民死活,任意排放有害物质,严重污染环境的违法乱纪行为作斗争。在此背景下,一些环境保护相关的法律法规相继出台。

1978 年 3 月,第五届全国人民代表大会上,环境保护首次被写入宪法。新修订的《宪法》在第十一条明确规定:“国家保护环境和自然资源,防治污染和其他公害。”②环境保护被写入宪法对新中国的生态文明建设具有里程碑意义,这个开端意味着我国环境保护立法取得突破性进展,意味着作为国家根本大法的宪法对环境保护的认可与肯定,意味着我国环境保护将开启新的法制化时代。

1979 年 9 月 13 日,《中华人民共和国环境保护法(试行)》颁布,此法是我国第一部环境基本法,在我国法制建设尚在探索的条件下揭开了环境保护法律建设的序幕,它根据宪法有关规定,立足我国实际,在吸取国外有益经验的基础上制定的。它的任务是将国家环境保护的基本方针和基本政策以法律的形式确定下来,使其具有法律的权威性。作为一个基本法,该法主要对我国环境保护工作的方针、政策、保护对象、管理体制、科研宣传、教育奖惩等作了原则规定。③ 首先,该法确立了“谁污染、谁治理”的原则。其次,该法规定了环境影响评价制度。再次,该法明确规定各级政府应该根据具体情况和现实需要设立环境保护机构。最后,该法提出“保护自然环境”

---

① 凌相权:《环境保护法与四化建设——为〈中华人民共和国环境保护法(试行)〉颁布一周年而作》,载《湖北环境保护》1980 年第 3 期。

② 李爱年、周圣佑:《我国环境保护法的发展:改革开放 40 年回顾与展望》,载《环境保护》2018 年第 20 期。

③ 陈志成:《略谈法律在环保中的作用》,载《湖北环境保护》1980 年第 3 期。

的要求并将其置于"防治污染"之前。该法的颁布是我国环境法律体系开始建立的标志,促进了我国环境保护立法工作的全面展开。此后,我国环境保护开始真正纳入法制化轨道,环境保护的法律手段也得到了进一步的强化和完善。

《中华人民共和国环境保护法(试行)》颁布后,显示出了强大威力。各行各业有章可循,有法可依,执法部门可以依法追究法律责任。如:苏州市人民法院,在我国环保法颁布之后不久,召开了公审会,依法处理了一起严重污染事件,判处了主要肇事者张长林有期徒刑两年,在当地反响震动很大,不少工厂立即采取措施治理污染,维护了《环保法》的严肃性,显示了环保法对保护环境的威力。① 同时,为了有效贯彻执行《中华人民共和国环境保护法(试行)》,各省市相继根据自己的实际制定出台了相应的法律制度等。如:浙江省为有效贯彻执行该法,在浙江省五届人大常委会第七次会议正式通过《浙江省防治环境污染暂行条例》、《浙江省排污收费和罚款暂行规定》;重庆市人大常委会第二次会议通过的《重庆市工矿企事业单位排污收费试行办法》,从 1980 年 8 月 1 日起分阶段实施。这些都是《中华人民共和国环境保护法(试行)》在我国各地区执行的具体化。

从 1979 年 9 月到 1989 年 12 月,我国环境保护一直使用该试行法。试行法颁布之时,我国环境保护工作处于起步阶段,基于当时所处的历史条件,试行法的主要目的在于确立环境保护在我国经济建设中的地位,增强全民族和全社会的环境保护意识,建立健全我国环境管理体制机制。基于此,试行法对环境保护的机构和职责,对环境保护方面的宣传教育作了若干规定。试行法颁布实施的 10 年里,我国环境保护机构逐步健全,民众的环境保护意识得到明显提升。同时,《中华人民共和国环境保护法(试行)》的颁布,促进我国步入了用法制来保护生态资源环境的新时期,环境立法也成为我国法制建设中最活跃的领域之一。

这一时期,我国先后颁布了大量环境保护法律和法规,如《中华人民共和国海洋环境保护法》(1982 年)、《中华人民共和国水污染防治法》(1984年)、《中华人民共和国森林法》(1984 年)、《中华人民共和国草原法》(1985年)、《中华人民共和国渔业法》(1986 年)、《中华人民共和国矿产资源法》(1986 年)、《中华人民共和国土地管理法》(1986 年)、《中华人民共和国大气污染防治法》(1987 年)、《中华人民共和国野生动物保护法》(1988 年)、《中华人民共和国水土保持法》(1991 年)等一系列保护环境和资源的法

---

① 陈志成:《略谈法律在环保中的作用》,载《湖北环境保护》1980 年第 3 期。

律。这一时期,国家规定的各项环境标准共 300 多项,这标志着我国环境保护的法律体系基本形成,也为我国生态文明制度建设奠定了基础。

1982 年 8 月 23 日,《中华人民共和国海洋环境保护法》颁布。此法是我国环境保护方面的一个重要法规,是保护我国海洋环境,促进我国海洋事业发展的重要措施。① 海洋是人类赖以生存的自然环境的组成部分,对海洋环境及资源进行开发和利用的过程中,需要对其进行保护,这是开创环境保护新局面的重要任务。但随着海洋资源开发的深入,以及海洋航运事业和沿海城市工业的发展,我国海洋环境也遭到了污染和破坏。我们国家逐渐意识到海洋环境的重要性。1972 年,我国开始组织大规模的综合的海洋污染调查;1974 年,国务院批准了《中华人民共和国防止沿海水域污染暂行规定》;1977 年,国务院批准成立了渤海、黄海海域保护领导小组。但从整体上来看,我国海洋环境保护工作还较为薄弱。《中华人民共和国海洋环境保护法》的颁布,标志着我国海洋环境保护的法制建设进入了一个新的时期。② 该法对海洋环境的污染损害作了较全面的规定。该法是根据我国的实际情况制定的,以保证它的各项规定能够切实执行,取得应有的社会效果③。同时,制定《海洋环境保护法》也是维护我国合法权益的需要,有利于保护和合理开发利用海洋环境和资源,对于维护我国的海洋权益和履行保护世界大洋的国际义务都具有重要意义。为贯彻执行《中华人民共和国海洋环境保护法》,部分沿海城市及省级环保部门相继召开座谈会,出台相关措施。如:辽宁省环境保护局于 1983 年 3 月 24 日至 27 日在大连市召开了会议,会议传达了城乡建设环境保护部于烟台召开的"海洋环境管理工作座谈会"精神,学习了"海洋环境保护法"。与会人员表示将共同做好监视监测、监督管理等各方面工作,以保证"海洋环境保护法"的有效实施。④ 福建省结合自身实际情况,确定了各主管部门的管辖范围⑤,并说明了当时主要解决的问题,为更好地贯彻执行《中华人民共和国海洋环境保护法》,促进该省海洋生态的发展指明了方向。

1984 年 5 月 11 日,《中华人民共和国水污染防治法》颁布,于 1984 年 11 月 1 日起施行。该法是我国水污染防治方面颁布的第一部法律,适用于

---

① 张永民:《加强立法保护我国海洋环境》,载《环境管理》1983 年第 1 期。
② 李时荣、张永民:《我国海洋环境的法律保护》,载《海洋环境科学》1982 年第 2 期。
③ 马骧聪、陈振国:《论海洋环境保护法》,载《法学研究》1983 年第 2 期。
④ 广彤、兆和:《辽宁省贯彻"海洋环境保护法"会议在大连召开》,载《海洋环境科学》1983 年第 2 期。
⑤ 王远桂:《福建省采取措施保护海洋环境》,载《环境管理》1983 年第 3 期。

我国领域内的江河、湖泊、运河等地上和低下水体的污染防治。《水污染防治法》具有鲜明的特点和丰富的内涵。首先，该法贯彻了"以防为主，防治结合"方针。这一环境保护工作方针于第二次全国环境保护会议提出，该法通篇都强调了要贯彻这一方针。主要体现在以下三方面：一是将水污染防治纳入国家计划管理轨道。二是制定和实施水环境质量标准和污染物排放标准。三是规定了国家防治水污染的管理原则和基本的管理制度和原则。其次，该法是在认真调查研究我国国情，并吸收其他国家优秀经验的基础上制定的。该法在水污染防治管理体制上强调充分发挥地方政府的作用。再次，该法明确规定了违法者应承担的法律责任，包括行政责任、民事责任和刑事责任。[①] 该法的颁布具有重要意义，一是为防治水污染、保证水资源的有效利用[②]，提供了一个强有力的法律保证。二是该法对促进我国环境保护法律体系的发展具有重要意义。以内蒙古自治区为例，《水污染防治法》颁布之后，内蒙古自治区逐步加强了水资源保护与污染防治工作力度，并取得了较好成绩。据统计分析，全区工业废水 1981 年处理量18653 万吨，占总排放量的 7.17%，1987 年处理量 5012 万吨，占总排放量的18.66%，废水处理率由 1981 年的 6.1%提高到 1987 年的 28.45%，处理率和处理量都是逐年上升的。全区 294 个湖泊，水质基本没有受到污染。[③]

1979 年 2 月 23 日，五届人大常委会六次会议通过了《森林法（试行）》，对森林的营造、采伐和管理作出原则规定。试行法实施几年后，1984 年 9月 20 日，《中华人民共和国森林法》颁布，自 1985 年 1 月 1 日施行。该法明确规定了林业建设的方针、森林的经营管理、保护、营造、采伐以及法律责任，将成熟的经验以法律的形式固定下来。制定该法的目的不仅在于有效保护森林，制止乱砍滥伐，而且在于加强经营管理，做到采育结合，永续利用。《中华人民共和国森林法》充分体现了全国人民的意志和要求，是在概括我国林业建设的历史经验的基础上，为更好地育林、护林，以适应社会主义现代化建设需要而制定的。该法充分反映了林业发展的客观规律，是保证我国林业振兴的根本大法。它的正式颁行具有十分重要的意义，一是标志着我国林业建设进入了以法治林的新阶段。二是为国民经济的顺利发展提供了重要的法律保证。三是有利于维护生态平衡保护自然生态环境。因此，《中华人民共和国森林法》的出台和实施，必将调动人民群众参与森林

①　彭守约：《略论水污染防治法》，载《环境科学与技术》1985 年第 1 期。

②　《中华人民共和国水污染防治法》，载《工业水处理》1984 年第 4 期。

③　樊元生：《加强水污染的防治》，载《内蒙古水利科技》1988 年第 4 期。

事业的积极性,加快造林绿化的速度,促进我国林业建设不断前进。该法颁布后,我国各省各地区相继提出关于认真学习贯彻《中华人民共和国森林法》的通知,促进森林保护工作的开展。湖南省人民政府认为学习宣传和贯彻执行好《森林法》,将有力推进林业改革,激发人民群众造林、护林积极性,加快农业良性循环和绿化的步伐。为此,湖南省政府提出贯彻落实的要求,指出:各级政府领导要带头认真学习《森林法》,对《森林法》进行广泛深入的宣传,①要做到有法必依、执法必严、违法必究。此外,山西省专门制定了实施《中华人民共和国森林法》的办法。还有四川、新疆、内蒙古、河南等地也相继出台了学习贯彻《森林法》的通知,促进了我国林业的发展。

1985 年 6 月 18 日,《中华人民共和国草原法》颁布,并于同年 10 月 1 日正式施行。《草原法》依据十一届三中全会以来党中央关于加强草原管理建设,发展草原畜牧业的指导方针和宪法等相关法律规定,在总结以往经验教训,参照国外草原法有益成果的基础上确立了我国草原管理的法律条款。对《草原法》的适用范围、国家和地方各级政府对草原的管理、草原使用权和所有权以及国家对集体草原的征用等方面进行了详细说明。该法的颁布实施,对于我国经济建设,特别是对于边疆牧区经济建设是一件大事。该法加强了对于草地资源的保护,广大干部和人民群众的法律意识也相应得到了提升,成功扭转了边疆牧区长期以来存在的“草原无主,破坏无罪”的错误观念,开辟了我国以法治草的新时代,该法得到了我国各族人民的热烈拥护以及国际草地学界的重视,使得“依法治草,违法必究”的观念深入人心。该法颁布以来,我国地方草原法规制定工作不断健全和发展。如内蒙古、甘肃、辽宁等省区制定了草原管理条例细则,新疆、青海、四川、等七个省区制定了地方草原法规实施细则,还有许多省(区),地(州),县(旗)又制定了人工草地,飞播牧草管理利用等方法的法规,使草原法制工作不断向纵深发展。② 另外,我国逐步建立与完善草原监理机构,草原承包责任制逐步落实与实行。我国草原建设达到一个新水平,主要表现在:人工草地稳步发展,草原围栏发展快,牧草种子生产及检验机构同步发展,饲草饲料加工业与监督检验工作紧密配合,草原保护新技术的应用,农区林区开发草业发展牧业,草原科技队伍不断壮大。③

1986 年 3 月 19 日,第六届全国人民代表大会常务委员会第十五次会

---

① 《湖南省人民政府关于认真学习贯彻〈中华人民共和国森林法〉的通知》,载《湖南政报》1984 年第 9 期。

② 王斌:《我国草原管理现状及其成效》,载《内蒙古草业》1989 年第 4 期。

③ 王斌:《我国草原管理现状及其成效》,载《内蒙古草业》1989 年第 4 期。

议通过《中华人民共和国矿产资源法》，自 1986 年 10 月 1 日起施行。这是我国地质、矿业工作中的一件大事，也是法制建设的一项新的重要成果。《矿产资源法》总结了三十多年来矿产资源工作的经验，既遵循了宪法关于矿产资源属于国家所有，保障自然资源的合理开发利用的规定，又体现了国家关于"放开，搞活，管好"的加快开发地下资源的总方针和对乡镇企业实行"积极扶持、合理规划、正确引导、加强管理"的方针。①《矿产资源法》明确规定了国营矿山、乡镇集体和个体在矿产开发中的地位与作用。在明确国营矿山是矿产开发的主体的同时，还指出国家鼓励、支持和帮助乡镇集体矿山企业的发展，国家通过行政管理，指导、帮助与监督个人依法采矿。它通过法律手段调动国营、集体、个人依法查勘察和开发矿产资源的积极性，使得矿产资源得到合理利用和保护。这对加强地质工作，振兴矿业，满足"四化"建设对矿产资源的当前和长远需求是非常必要的。

《矿产资源法》颁布实施后，结束了我国矿产勘查开发无法可依的历史，通过各级人大、政府和各有关部门的共同努力，我国矿产资源勘查开发监督管理工作取得了长足进步。首先，广泛宣传《矿产资源法》，增强了人民群众的矿业法制观念，矿产资源勘查开发方针日益明确，依法办矿日益深入人心。其次，矿产资源法规体系框架基本建立。该法颁布后，国务院以及各省、自治区、直辖市的人大和政府相继制定了相应的采矿管理的法规和规章。最后，矿产勘查开发秩序的治理整顿成效显著，并开始将工作重点逐步转向对采矿和合理利用资源进行经常性的监督管理。② 协调处理了多个重要勘查项目，有证勘查基本实现，地质勘查秩序全面好转。

1986 年 6 月 27 日，第六届全国人大常委会第十六次会议通过《中华人民共和国土地管理法》，自 1987 年 1 月 1 日施行。该法是我国土地管理方面的一部基本法，该法的颁布标志着我国的土地管理工作进入法制管理的新阶段。③ 该法将珍惜和合理利用一切土地、认真保护耕地、节约建设用地、维护我国社会主义土地公有制的指导思想和方针贯穿其中，对土地的所有权和使用权，土地的利用和保护，土地使用者的义务，土地管理的基本原则和制度，建设征用土地，土地管理机构及违法行为应负的法律责任等基本问题作出了系统全面的规定。该法为我国依法管好用好土地提供了强有力的法律依据，对保障社会主义土地所有制、合理利用土地、保证国家建设和

① 《开发宝藏有法可依——祝贺矿产资源法的诞生》，载《中国地质》1986 年第 5 期。
② 朱训：《关于〈中华人民共和国矿产资源法〉贯彻实施情况的汇报（摘要）》，载《矿产保护与利用》1992 年第 5 期。
③ 窦玉珍：《〈中华人民共和国土地管理法〉浅析》，载《西北政法学院学报》1987 年第 1 期。

乡(镇)村建设用地、促进四化建设具有重要意义。1988年12月29日,第七届全国人大常委会第五次会议通过关于修改《中华人民共和国土地管理法》的决定,修正土地管理法并重新公布施行。修正后的土地管理法立法指导思想为:珍惜和合理利用一切土地,严格保护耕地,节约建设用地,综合运用行政、经济的手段,切实加强对土地的统一管理。① 为有效贯彻落实《中华人民共和国土地管理法》,维护土地的社会主义公有制,保护、开发土地资源,四川省成立四川省国土局,同时撤销四川省土地管理局。② 湖南省结合实际情况,制定了《湖南省土地管理实施办法(草案)》并召开会议对该草案进行了说明。

1987年8月19日,朱镕基在全国大气污染防治工作会议上的讲话中指出:"做好大气污染防治工作,最根本的保证是建立健全环境保护的法规体系,使大气环境管理走上法治的轨道。"③随后,第六届全国人民代表大会常务委员会第二十二次会议上,《中华人民共和国大气污染防治法》通过。该法是在总结我国大气保护和管理的有关经验,并参照国外在大气污染和控制方面相关法律规定的基础上制定的。该法对立法目的和依据、法规适用范围、单位和个人权利与义务、标准制定等方面作了规定,具有丰富的内涵。该法的颁布实施,对我国开展大气污染防治工作起到了有力的促进作用,标志着我国进入了用法制手段保护和管理大气环境的新阶段。该法的颁布使大气污染防治工作走上法制轨道,各级人民政府加强了对大气污染防治工作的领导,推动了大气污染综合防治工作;使治理资金投入不断增加,污染发展趋势有所控制。④

1988年1月21日,《中华人民共和国水法》颁布。《水法》,是新中国成立以来第一部水的基本法。水法的颁布,标志着我国依法治水、用水、管水进入了一个新阶段。⑤《水法》对开发利用水资源,河流、水域、地下水和水工程的保护,用水管理,防汛与防洪,法律责任等各个方面都作出了明确具体的规定,为调整全社会各方面的水事相关活动提供了法律保证。该法的颁布实施,有利于保障我国对水资源的统一管理,有利于维护水管理的正常

---

① 王超英:《依法使用土地保护土地资源——〈中华人民共和国土地管理法〉简介》,载《人民司法》1989年第4期。

② 《四川省人民政府关于成立四川省国土局的通知》,载《四川政报》1987年第1期。

③ 鲁长安、盛玉全:《大气污染防治的中国经验对雾霾治理的启示》,载《云梦学刊》2017年第2期。

④ 刘孜:《认真贯彻新修订的〈中华人民共和国大气污染防治法〉推动我国环保产业的发展》,载《中国环保产业》1995年第3期。

⑤ 《依法治水、用水、管水》,载《农田水利与小水电》1988年第4期。

秩序,促进社会主义现代化建设。我国各地区积极贯彻落实《水法》,以山东省为例,在山东省委、人大、政府的领导下,山东省各级水利部门认真学习、大力宣传、深入贯彻《水法》,加强水利法制建设,依法治水管水,合理开发利用水资源,取得了显著成效。首先,山东省把宣传《水法》作为一项首要任务来抓。加强领导,广泛深入地宣传贯彻《水法》,依法治水管水的观念初步确立;其次,明确了管理水的行政主管部门,建立了水利执法体系;再次,加强立法工作,为执法提供依据严格执法。据统计,《水法》颁布三年内,山东全省清理规范性文件 370 件,其中废止 98 件,修改 137 件。同时,根据《水法》和水利部"三定"方案,会签外部门起草规章 25 件;大力查处水事违法案件,水事秩序明显好转;以实施《水法》为动力,促进抗旱防汛和农田水利基本建设,水利工作又有新进展。山东省成立了执法大检查领导小组,并抽调干部组成 8 个组,到 8 个地(市)、27 个县(市)、30 多个乡镇进行了检查。着重检查贯彻水法的情况,并通过检查共查处水事违法案件 1206 件,当场处理了 465 件。①

　　1989 年 12 月 26 日,《中华人民共和国环境保护法》颁布,该法对我国环境保护的基本原则、基本制度、法律责任等作出了指导性的规定。作为环境保护领域的基本法,该法为我国环境法律体系的完善奠定了重要基础。它的颁布体现了党和国家对环境保护的重视,体现了环境保护立法工作的与时俱进。《中华人民共和国环境保护法》共六章四十七条,较试行法有较大变化,主要体现在以下方面:第一,环境保护工作成为国民经济发展的重要组成部分。第二,在总则中,对环境保护的管理体制作了明确规定,明确划分了各部门间的职权范围,为环保工作的顺利开展,提高工作效率提供了法律保障。第三,把"环境监督管理"作为独立的一章,使监督管理手段具有法律的权威性。第四,将近年来在实践中形成的一些有益的、已成熟的制度与措施予以法律化。第五,在法律责任中,对各种违法行为应负的行政责任及作出行政决定的机关作出了明确的规定,具有较强的可操作性。② 新的环保法用法律的形式确定了我国环境保护监督管理体制和监督管理制度,对相关法律责任进行了规定,在内容与结构上都较之前的试行法更为合理科学。环境保护法的颁布掀起了学习宣传《环境保护法》的热潮。如:《环境保护法》颁布不久,重庆市人大常委会就召开了宣传贯彻座谈会,与会专家对如何在重庆市宣传、学习、贯彻《环境保护法》展开了热烈的讨论,

① 　《贯彻实施水法深化水利改革——纪念〈水法〉实施三周年》,载《治淮》1991 年第 6 期。
② 　杨延华、唐大为:《中华人民共和国环境保护法颁布、实施》,载《环境保护》1990 年第 2 期。

一致指出：该法的颁布，标志着我国环境法制建设跨入了一个新阶段，要大力提高重庆市广大干部和群众环境意识和环境法制观念，在重庆市范围内掀起一个学习、宣传、贯彻环保法的热潮，使保护环境这一基本国策家喻户晓，深入人心。①

制定这些法规、条例是我们在环境保护工作中迈出的第一步，但如何使其真正付诸实践，则是更为困难和重要的一步。严格执法无疑是必由之路，要做到有法必依、违法必究、执法必严。1990年12月5日，《国务院关于进一步加强环境保护工作的决定》中指出：各级人民政府和有关部门必须执行国家有关资源和环境保护的法律、法规，按照"谁开发谁保护，谁破坏谁恢复，谁利用谁补偿"和"开发利用与保护增值并重"的方针，认真保护和合理利用自然资源，积极开展跨部门的协作，加强资源管理和生态建设，做好自然保护工作。②

改革开放初期，我国结合本国国情，制定了许多符合我国实际的法律、条例，促使环境保护立法工作不断完善。党和政府相继制定了有关法律、法规和一系列方针、政策及与之相配套的实施措施，充分考虑我国的世情、党情、国情，解放思想，与时俱进，走出了一条具有中国特色的环境保护道路。

第三节　中国生态文明制度建设初步发展阶段的环境保护政策和管理体制机制

这一时期，以邓小平同志为核心的党中央认识到加强环境管理的重要性，建立制度和专门的机构，制订环境政策和管理制度，实行严格科学的环境管理，以科学管理推进环境保护工作。

一、中国生态文明制度建设初步发展阶段党的环境管理思想

改革开放伊始，我国进入社会主义现代化建设新时期，GDP迅速增长，生态环境问题日益显现。党中央深刻认识到，我国严峻的环境问题，除自然、历史和社会经济的原因外，主要是由于环保工作缺乏严明、科学的秩序以及管理工作不力。环境保护管理工作在环境保护工作中的地位愈来愈重要。我国政府越来越重视环境管理工作，生态环境管理工作逐渐从比较边

---

① 《重庆市人大常委会召开贯彻〈环境保护法〉座谈会》，载《重庆环境科学》1990年第1期。
② 国家环境保护总局、中共中央文献研究室编：《新时期环境保护重要文献选编》，中央文献出版社、中国环境科学出版社2001年版，第155页。

缘的地位跃升为经济发展中一项不容忽视的任务。

　　1978 年 12 月 13 日,邓小平在中共中央工作会议的闭幕式上发表了《解放思想,实事求是,团结一致向前看》重要讲话,提出要把全党的工作重点转移到社会主义现代化建设上来;1978 年 12 月 18 日至 22 日,党的十一届三中全会在北京召开,全会在政治、经济和组织方面作出了一系列的重大决策,推动我国走向了改革开放和社会主义现代化建设的新的历史时期。以邓小平同志为核心的党中央深刻意识到,保护环境是一件刻不容缓的大事,但决不能采取过去政治动员的方式,而是要建立制度和专门机构,实行严格的科学管理。

　　1981 年 2 月 24 日,国务院作出《关于在国民经济调加强环境保护工作的决定》。《决定》指出:"环境和自然资源,是人民赖以生存的基本条件,是发展生产、繁荣经济的物质源泉。管理好我国的环境,合理地开发和利用自然资源,是现代化建设的一项基本任务。"[1]这充分体现了党和政府对环境保护工作的重视。但是,由于长期以来对环境问题认识不足以及工作中的一些错误,环境保护没有得到应有的重视。为此,《决定》指出,各级政府在制定政策和规划时,必须把环境保护纳入其中。《决定》强调要加强环境监测、科研和人才的培养。环境监测是开展环境管理和科研工作的基础,环保部门要加强环境监测站的建设;此外,环境保护作为一项新兴事业,需要人才作为支撑,为此要加强环保人才队伍建设。要加强对环保工作的领导。环保相关部门需要各司其职,层层压实责任,推进环保工作。国务院环境保护领导小组及其办公室,要加强顶层设计,辅以计划指导和必要的行政干预。各级政府要把环保工作作为自己的一项重要工作,抓实抓好。

　　1983 年 1 月 12 日,邓小平在一次重要谈话中指出:要大力加强农业科学研究和人才培养,切实组织农业科学重点项目的攻关。[2] 1983 年 2 月 6日,《国务院关于结合技术改造防治工业污染的几项规定》强调:"在技术改造中搞好环境保护工作,必须一手抓治理,一手抓管理。"[3]为此,要建立健全环保的各项规章制度,明确相关部门及行业的环境保护责任。

　　1983 年 12 月,万里在第二次全国环境保护会议开幕式上指出:"对大自然的保护,对各类资源的开发和利用,对各种环境污染的防治,都要实行

---

[1]　国家环境保护总局、中共中央文献研究室编:《新时期环境保护重要文献选编》,中央文献出版社、中国环境科学出版社 2001 年版,第 20 页。

[2]　《邓小平文选》第 3 卷,人民出版社 1993 年版,第 23 页。

[3]　国家环境保护总局、中共中央文献研究室编:《新时期环境保护重要文献选编》,中央文献出版社、中国环境科学出版社 2001 年版,第 38 页。

科学管理。"①做好环境保护工作,"除制定一些政策、法规外,应当是从中央到地方都要有适当的机构和人员管理这方面的事情,还必须依照法规严格监督"②。这表明党中央形成了运用政策制度、专门机构科学管理环境问题的思想。这次会议明确提出环境保护上升为我国的基本国策,正式被确定为一件功在当代而利在千秋的伟大工程,从战略高度肯定了环保工作的重要性,反映了党中央对环保工作的重视。

1984 年 11 月 19 日,李鹏在国务院环境保护委员会第二次会议上指出,要进一步强化环境管理。环境管理是政府的一项重要职能,在经济体制改革期间应该加强。党的十二届三中全会上也强调,城市政府应集中力量做好环境的综合整治。③ 李鹏指出:强化环境管理要有两条原则:一条是新建的项目要坚决执行"三同时"。就是说,防治污染的措施要与主体工程同时设计、同时施工、同时投产。再一条原则就是"谁污染,谁治理"。④ 要认真贯彻乡镇企业环境管理和防治煤烟型污染的两项规定。一是《关于加强乡镇、街道企业环境管理的规定》,二是《关于防治煤烟型污染技术政策的规定》。⑤ 此外,这次会议上国务院决定成立国家环境保护局,这是国家强化环境保护职能的一项重要举措。

1985 年 10 月 13 日,李鹏在《全国城市环境保护工作会议闭幕式上的讲话》中指出:"许多事情只要通过管理就可以解决,就能见到实效。要加强管理,就要解决管理体制的问题。"⑥为此,环保部门需要加强环境保护的管理系统,即建立一个包括科学管理、科研和监测机构等在内的比较完整的系统。这表明党和政府对于环境保护问题的认识逐步深化,从环境法律制度到环境管理体制机制的系统建设,随着经济社会发展,环境保护也要不断与时俱进,形成系统化的环境保护法律制度和管理机制。在环境保护的管理机制方面,党和政府更是进行了诸多探索性的实践,充分利用科技进步推

---

① 国家环境保护总局、中共中央文献研究室编:《新时期环境保护重要文献选编》,中央文献出版社、中国环境科学出版社 2001 年版,第 41 页。

② 国家环境保护总局、中共中央文献研究室编:《新时期环境保护重要文献选编》,中央文献出版社、中国环境科学出版社 2001 年版,第 41—42 页。

③ 国家环境保护总局、中共中央文献研究室编:《新时期环境保护重要文献选编》,中央文献出版社、中国环境科学出版社 2001 年版,第 60 页。

④ 国家环境保护总局、中共中央文献研究室编:《新时期环境保护重要文献选编》,中央文献出版社、中国环境科学出版社 2001 年版,第 60—61 页。

⑤ 国家环境保护总局、中共中央文献研究室编:《新时期环境保护重要文献选编》,中央文献出版社、中国环境科学出版社 2001 年版,第 62 页。

⑥ 国家环境保护总局、中共中央文献研究室编:《新时期环境保护重要文献选编》,中央文献出版社、中国环境科学出版社 2001 年版,第 72 页。

进环境污染防治,利用排污税费制度促进企业转型升级推进实现绿色化发展。

1987 年 8 月 19 日,朱镕基在全国大气污染防治工作会议上发表讲话,强调做好大气管理工作要依靠科学技术,他指出:"环境科研工作要为环境管理和环境建设服务,我们不但要开展治理技术的研究,还要开展管理技术的研究。"①这次会议正确阐释了科学技术的进步对做好大气管理工作的重要性,这不仅有利于推动我国大气污染防治工作的开展,也有利于不断提高我国环境保护管理水平。

1987 年 10 月 21 日,李鹏在国务院环境保护委员会第十一次会议上的讲话中强调,"用经济杠杆推动企业治理污染,是一项正确的政策,体现了环境保护法规定的'谁污染,谁治理'原则。这项政策还为治理污染提供了一个可靠的资金来源。八年来,各个城市利用这笔资金办了不少事情,在治理污染方面取得了一定的成效。"②但是,在过去的实际工作中,征收的排污资金在使用上存在着积压、分散、挪用、效率不高等弊病,亟待改进。这次会议主要讨论了如何管好用好这笔资金,加强对企业的管理,促使企业自觉加强环保意识,推动污染治理工作。

1988 年 7 月 28 日,国务院为做好污染源治理,提高社会效益,制定并发布了《污染源治理专项基金有偿使用暂行办法》。该办法对污染源治理专项基金的贷款对象、适用范围、管理部门、申请程序、期限等进行了详细说明。为污染源的治理提供了一定的资金保障,有利于推动环境保护工作的发展。③

党和政府在环境管理机制方面殚精竭虑,不断为环境保护和资源管理问题出谋划策。在党和政府的不懈努力下,我国的环境保护法律制度和管理机制才得以不断充实完善。1988 年陈云在写给李鹏、姚依林等的一封信中指出,治理污染、保护环境,是我国的一项大的国策,要当作一件非常重要的事情来抓。这件事,一是要经常宣传,大声疾呼,引起人们重视;二是要花点钱,增加投资比例;三是要反复督促检查,并层层落实责任。④ 陈云从宣

---

① 国家环境保护总局、中共中央文献研究室编:《新时期环境保护重要文献选编》,中央文献出版社、中国环境科学出版社 2001 年版,第 114—115 页。

② 国家环境保护总局、中共中央文献研究室编:《新时期环境保护重要文献选编》,中央文献出版社、中国环境科学出版社 2001 年版,第 116 页。

③ 国家环境保护总局、中共中央文献研究室编:《新时期环境保护重要文献选编》,中央文献出版社、中国环境科学出版社 2001 年版,第 121—124 页。

④ 国家环境保护总局、中共中央文献研究室编:《新时期环境保护重要文献选编》,中央文献出版社、中国环境科学出版社 2001 年版,第 125 页。

传教育、经费投入以及监督落实三方面出发,探索环境保护管理机制的有效措施,这对于这一发展阶段我国环保管理机制构建具有重要的指引作用。

1989 年 4 月 28 日,宋健在第三次全国环境保护会议上讲话的第二部分中指出:"加强管理,向环境污染宣战。"①当时,国务院环委会决定在全国推行环境保护目标责任制,实行城市环境综合整治定量考核,执行污染物排放许可证制度,以及对污染集中控制、污染限期治理等五项制度。并强调各行各业各单位部门都要坚决执行这五项制度。此外,在中央和国家机构改革中,除保留国务院环委会外,还把国家环境保护局改为直属国务院领导。② 这些都体现了我国对环保工作的重视。这次会议正确分析了我国生态环境形势,总结了成绩和经验,提出了奋斗目标和建立环境保护工作新秩序的措施,明确强调管理在环境保护工作中的作用。这次会议再一次把我国环境保护管理工作推上一个新台阶。

1989 年 5 月 1 日,李鹏在第三次全国环境保护会议上的讲话中指出:各级领导要充分认识"把环境保护作为一项基本国策"的意义。③ 李鹏充分强调环境保护作为基本国策的重要意义,致力于通过加强环境管理来控制环境恶化的趋势,这是我国经济社会发展提出的必然要求。李鹏强调要建立环境保护工作新秩序,"中心就要是加强制度建设,强化监督管理"④,运用管理手段遏制环境恶化趋势。在此次大会中,党和政府首次明确提出加强环境保护制度建设。

改革开放初期,我国采取了一系列环境保护措施,我们环境保护工作虽然取得一定成绩,局部污染有所控制,但总体还在恶化。主要原因在于我国粗放型发展方式以及人口增长过快,资源浪费严重,因而造成环境污染蔓延、生态状况恶化。因此,党和国家领导人开始关注经济发展和环境保护之间的协调问题。从环境保护被确定为基本国策开始,就意味着党和政府已经充分认识到了经济发展和环境保护之间的协调问题,意味着我们需要探索新的解决方案化解经济发展和环境保护的矛盾。

这一时期,党和国家领导人深刻认识到为了给我们子孙后代保留永续

---

①　国家环境保护总局、中共中央文献研究室编:《新时期环境保护重要文献选编》,中央文献出版社、中国环境科学出版社 2001 年版,第 126 页。

②　国家环境保护总局、中共中央文献研究室编:《新时期环境保护重要文献选编》,中央文献出版社、中国环境科学出版社 2001 年版,第 131 页。

③　国家环境保护总局、中共中央文献研究室编:《新时期环境保护重要文献选编》,中央文献出版社、中国环境科学出版社 2001 年版,第 136 页。

④　国家环境保护总局、中共中央文献研究室编:《新时期环境保护重要文献选编》,中央文献出版社、中国环境科学出版社 2001 年版,第 135 页。

发展的自然资源和环境条件,应适当控制经济发展的速度;必须在治理整顿经济环境、深化改革中,促进经济与环境协调发展。我们必须动员全国各方面的力量,尤其是科技界的力量,为国家的生存与发展保护好我们的生态环境。

1989年12月颁布实施的《中华人民共和国环境保护法》指出,"国家鼓励环境保护科学教育事业的发展,加强环境保护科学技术的研究和开发"①,1990年11月出台的《国务院环境保护委员会关于积极发展环境保护产业的若干意见》也强调,"发展环境保护产业,必须依靠科学技术进步"②。科学技术是第一生产力,是依靠科学技术进步发展环境保护事业的重要理论基础。科学技术进步带来的强大社会影响力是其他因素难以匹敌的,因此,通过科学技术进步推进环境保护工作是中国特色社会主义生态文明体制机制构建的必然选择。党和政府从多方面出台相关政策推进环境保护工作进程,利用政策激励环境保护工作的综合平衡发展。1990年12月5日,《国务院关于进一步加强环境保护工作的决定》中指出:"要积极研究开发环境保护科学技术。"③与环保科学技术相关的研究和开发,应该放在国家发展的重要位置,对其中的重要环境保护课题应优先安排。同时,国务院各有关部门要制定有利于环境保护的经济、技术政策及能源政策。④

以邓小平同志为核心的党中央高度重视科学技术在解决环境污染与生态破坏现实问题中的重要作用,在阐发关于环境保护、污染防治、资源开发与利用、城市管理等方面的内容时都会提及科学技术、科学管理、科学知识的重要作用。因此,充分认识到科学技术是第一生产力,重视科学技术在生态环境保护中的作用成为这一历史时期中国共产党生态文明思想的重要特征之一。这一时期,在党中央的正确指导下,我国环境保护制度建设和环保机构改革都取得了重大进展。

---

①　国家环境保护总局、中共中央文献研究室编:《新时期环境保护重要文献选编》,中央文献出版社、中国环境科学出版社2001年版,第138页。

②　国家环境保护总局、中共中央文献研究室编:《新时期环境保护重要文献选编》,中央文献出版社、中国环境科学出版社2001年版,第151页。

③　国家环境保护总局、中共中央文献研究室编:《新时期环境保护重要文献选编》,中央文献出版社、中国环境科学出版社2001年版,第157页。

④　国家环境保护总局、中共中央文献研究室编:《新时期环境保护重要文献选编》,中央文献出版社、中国环境科学出版社2001年版,第158页。

二、中国生态文明制度建设初步发展阶段
环境保护政策和管理体制机制的建立

这一时期,我国召开了两次全国环境保护会议,初步构建起一套具有中国特色的环境保护政策和管理体制机制。同时,我国生态环境管理机构改革与环境保护法制化建设同步进行。早在 1973 年,国发[1973]158 号文件就要求"各地区、各部门要设立精干的环境保护机构、给他们以监督、检查的职权"。1974 年 10 月,我国成立了国务院环境保护领导小组,以便统一管理全国的环境保护工作。改革开放以来,伴随政治体制改革进程,我国环境管理机构改革取得重要进展。

可以说,随着我国经济水平的提高,党和政府越来越重视环境保护工作。1978 年 10 月,国务院环境保护领导小组办公室起草的《环境保护工作汇报要点》(以下简称《要点》),1978 年 12 月 31 日中共中央批转。《要点》指出:环境保护工作是国家经济管理工作的一项重要内容。[1] 环境保护工作更是被列为实现社会主义四个现代化的重要组成部分。党和政府将环境保护工作视为关系人民身体健康,关系子孙后代生态安全的重大战略问题。因此,党和政府切实加强对环境保护工作的领导,将环境保护工作安排纳入重要议事日程,纳入经济管理的轨道。但是,当时各地区、各部门环境保护管理的组织机构不大统一,力量比较单薄,上下左右没有形成严密有力的工作系统,必须加以整顿。[2] 为此,各部门、各地区要根据 1985 年底基本解决污染的目标,制定本部门、本地区消除污染规划,列出分年度的实施要求,分别纳入基本建设、技术措施、科学研究计划,分期分批组织实现,所需投资、材料、设备要予以保证,切实改变那种光说不做、排不上计划的现象。要正确处理发展生产与保护环境的关系……国家对各部门、各地区的污染治理计划执行情况要进行考核。环境保护部门要对污染治理计划的实施进行督促检查。[3] 同时,发动群众对环境污染进行监督,必须走群众路线,依靠群众来管这件事。

《要点》指出,要狠下决心把环境保护工作搞上去。我国环境保护的目

---

① 国家环境保护总局、中共中央文献研究室编:《新时期环境保护重要文献选编》,中央文献出版社、中国环境科学出版社 2001 年版,第 10 页。

② 国家环境保护总局、中共中央文献研究室编:《新时期环境保护重要文献选编》,中央文献出版社、中国环境科学出版社 2001 年版,第 17 页。

③ 国家环境保护总局、中共中央文献研究室编:《新时期环境保护重要文献选编》,中央文献出版社、中国环境科学出版社 2001 年版,第 10—11 页。

标是控制和治理工业污染、改善城市环境、治理水域污染、防治食品污染。①
同时为了加强工业污染、城市环境、水域污染、食品污染等方面的环境控制
和治理,实现环境控制和治理的预期目标成效,党和政府还提出从十个方面
解决问题。第一,把环境保护纳入国家经济管理的轨道;第二,大力推行奖
励综合利用的政策;第三,严格执行"三同时"规定,控制新污染源的产生;
第四,加强城市环境管理;第五,把环境保护作为企业管理的重要内容;第
六,制定环境保护法令和条例;第七,发动群众对环境污染进行监督;第八,
加强环境监测和环境科学研究;第九,环境保护战线要深入学大庆;第十,整
顿和加强各级环境保护管理机构。②

　　1981年2月24日,国务院出台《关于在国民经济调整时期加强环境保
护工作的决定》为加强环保工作作出了规定:第一,严格防止新污染的发
展;第二,抓紧解决突出的污染问题;第三,制止对自然环境的破坏。③《决
定》的出台推动了环保政策的发展,并且在理论上阐述了环保的重大意义,
指出环境和自然资源是人类生存发展的重要物质基础和基本条件。同时,
《决定》重新评估中国环境形势,对当时环境污染和生态破坏情况作出了科
学判断,对其将产生的后果进行了科学的评估。环境和自然资源的重要性
不言而喻,而面对环境和自然资源的污染破坏问题,党和政府将环境治理和
自然资源的开发利用作为现代化建设的一项基本任务。

　　1982年2月5日,我国制定出台《征收排污费暂行办法》,对征收排污
费的目的、依据和要求等作出了说明。征收排污费是用经济手段加强环境
保护的一项较好的办法,目的是促进企业、事业单位加强经营管理,节约和
综合利用资源,治理污染,改善环境。④ 首先,试行排污收费,对环境管理提
供了有效的经济手段。其次,实行排污收费,使超标排放的单位承担一定的
经济责任,这就把"三废"排放和本单位的经济利益结合起来。第三,实行
排污费,使排污单位承担治理环境污染的经济义务,有利于贯彻谁污染谁
治理的原则。⑤《征收排污费暂行办法》颁布后,各省、市、县(区)环保部门

---

① 国家环境保护总局、中共中央文献研究室编:《新时期环境保护重要文献选编》,中央文献
　　出版社、中国环境科学出版社2001年版,第9页。
② 国家环境保护总局、中共中央文献研究室编:《新时期环境保护重要文献选编》,中央文献
　　出版社、中国环境科学出版社2001年版,第8—18页。
③ 国家环境保护总局、中共中央文献研究室编:《新时期环境保护重要文献选编》,中央文献
　　出版社、中国环境科学出版社2001年版,第20—22页。
④ 国家环境保护总局、中共中央文献研究室编:《新时期环境保护重要文献选编》,中央文献
　　出版社、中国环境科学出版社2001年版,第29页。
⑤ 何瑞琦:《谈谈排污收费与环境管理》,载《重庆环境保护》1982年第3期。

陆续开展了征收排污费工作,如北京市专门制定了关于执行国务院《征收排污费暂行办法》的实施办法。

1983年12月31日至1984年1月7日,第二次全国环境保护会议召开。会议总结了我国环保工作的经验教训,确定了我国环保政策大政方针。首先,会议正式宣布环境保护成为我国一项基本国策。这充分体现了党和政府对环境保护工作的高度重视,对我国环保事业的发展产生了极其深远的影响。其次,会议系统完整地确立了环保政策战略原则,提出了"三同步、三统一",即经济建设、城乡建设和环境建设同步规划、同步实施、同步发展,实现经济效益、社会效益、环境效益相统一。再次,会议确立了以加强管理为主的工作方针。最后,会议调整了环境保护的战略目标和步骤。会议对我国的环保事业的发展具有重要意义,被视为我国环保工作的一个转折点,为此后推进环保工作奠定了思想和政策基础。可以说,在整个80年代环境政策的基本内容是"预防为主,防治结合;污染者负担;强化环境管理"。与之配套的则是制定了比较详细的工业建设布局环境政策、能源环境政策、水域环境政策和自然环境保护政策等。①

为保障环境保护和经济建设协调发展,1984年5月8日国务院发布《关于环境保护工作的决定》指出:第一,成立国务院环境保护委员会;第二,国家计委、国家经委、国家科委负责做好国民经济、社会发展计划和生产建设、科学技术发展中的环境保护综合平衡工作;工交、农林水、海洋、卫生、外贸、旅游等有关部门以及军队,要负责做好本系统的污染防治和生态保护工作;第三,各省、自治区、直辖市人民政府,各市、县人民政府,都应该安排一名同志负责管理环保工作;第四,新建、扩建、改建项目和技术改造项目,以及一切可能对环境造成污染和破坏的工程建设和自然开发项目,都必须严格执行防治污染和生态破坏的措施与主体工程同时设计、施工、投产的规定;第五,老企业的污染治理,要认真执行国务院《关于结合技术改造防治工业污染的几项规定》。对于经济效益差、污染严重的企业,环保部门要会同经济管理部门作出决定,坚决进行整治,必要时进行关停;第六,采取鼓励综合利用的政策;第七,环境保护部门为建设监测系统、科研院所和学校以及环境保护示范工程所需要的基本建设投资,按计划管理体制,分别纳入中央和地方的投资计划。②

---

① 吴晓军:《改革开放后中国生态环境保护历史评析》,载《甘肃社会科学》2004年第1期。
② 国家环境保护总局、中共中央文献研究室编:《新时期环境保护重要文献选编》,中央文献出版社、中国环境科学出版社2001年版,第44—47页。

1984 年 7 月 10 日,李鹏在环境保护委员会第一次会议上发表了《环境保护必须适合中国国情》①的讲话,强调环境监测和监督管理的重要性。李鹏从两方面阐述了加强环境监测和监督管理的必要性,一是当前的经济状况决定了党和政府没有雄厚资金投入环境保护工作,二是有很多环境问题需要通过加强管理来解决。因此,建立起一支强有力的环境监测和环境管理队伍,是通过监督管理保障环境保护工作顺利进行的重要基础。

改革开放促使我国乡镇企业迅速发展,对于我国经济社会发展具有重要意义。但是,部分乡镇企业还存在着技术落后、污染防治措施不到位、布局不合理等问题,造成了资源浪费和环境污染。1984 年 9 月 27 日,国务院发布了《关于加强乡镇、街道企业环境管理的规定》指出,我国部分乡镇、街道企业在发展中存在一些环境问题,一定要认真、及时地加以解决。第一,要调整企业发展方向;第二,合理安排企业的布局;第三,严格控制新的污染源;第四,坚决制止污染转嫁;第五,加强对乡镇、街道企业环境管理的领导;第六,各省、自治区、直辖市人民政府,结合当地情况,制定具体管理办法。②这对保护和改善我国城乡生态环境,提高人民的生活质量具有重要的促进作用。

1985 年 10 月全国城市环境保护工作会议在河南省洛阳市召开。在此之后,我国各地区更加重视城市环境保护工作,并且致力于从环境管理体制机制方面入手,构建层次性、系统性的环境管理体制机制,促进城市环境保护工作的开展。为更好地贯彻落实此次会议讲话精神,大连市环境保护工作开始由控制新污染、治理老污染转入综合整治阶段。大连市政府明确表示,城市环境综合整治是政府的一项基本职责。市长既要推进全市经济发展,也要促进环境保护。例如,1986 年 5 月,大连市政府成立了市环境保护委员会,对政府各职能部门在环境综合整治工作中的责任做了明确的分工。同时,大连市还成立了可独立行使环境综合整治监督管理权力的环保局③,并配备专业人员,这是大连市贯彻落实城市环境保护工作会议决定的重要表现。大连市相关部门的政策举措不仅促进了大连市经济的发展,也改善了大连市的生态环境。

1986 年 4 月,中华人民共和国国民经济和社会发展第七个五年计划专

---

①　国家环境保护总局、中共中央文献研究室编:《新时期环境保护重要文献选编》,中央文献出版社、中国环境科学出版社 2001 年版,第 48 页。

②　国家环境保护总局、中共中央文献研究室编:《新时期环境保护重要文献选编》,中央文献出版社、中国环境科学出版社 2001 年版,第 52—54 页。

③　《大连城市环境综合整治的情况和体会》,载《中国环境管理》1988 年第 5 期。

门用一个部分讲环境保护,提出环境保护的基本任务是防治工业污染,保护和改善生态环境,基本措施是:(1)继续实行谁污染、谁治理的原则;(2)实行"预防为主、防治结合、综合治理"的方针,鼓励资源的综合利用,限期淘汰污染严重的产品,坚决制止大城市向农村、大中型企业向小型企业转嫁污染;(3)在原有重点监测站的基础上,建设和装备国家环境监测网络;(4)逐步建立与充实各级环境管理机构和科研机构,进一步完善环境法规和标准,并健全信息系统,加强统计工作,同时,加速人才培养,组织好科学研究和攻关;(5)国家规定用于环境保护的各项资金,必须予以保证,并做到专款专用,不得挪用。①

1986 年 11 月《中国自然保护纲要》编委会编写《中国自然保护纲要》,1987 年 5 月 22 日批转发布通知,提出了中国自然保护应采取的主要对策:(1)强调向广大群众和各级领导干部进行自然保护的教育,宣传、普及自然保护知识,提高全民族对自然保护意义的认识,促进全社会对自然保护工作的重视;(2)明确制定自然保护技术经济政策的基本原则;(3)将自然保护纳入国家经济社会发展计划;(4)指出各主管部门对本部门分管或利用的自然资源应承担的保护责任;(5)各个自然保护区域,要针对本区域的主要问题进行保护治理工作;(6)建立自然保护区;(7)加强自然保护的法制建设;(8)做好自然保护的教育工作,加快培养人才;(9)加强自然保护科研工作;(10)进行自然保护的国际合作。② 这些政策有利于动员全党和全国各族人民积极做好自然保护工作,促进经济建设和自然保护协调发展。

1987 年 4 月 30 日,国务院办公厅转发《城乡建设环境保护部关于加强城市环境综合整治的报告》的通知指出,环境保护工作要广泛发动群众。群众路线是我们党的根本路线。在开展环境保护工作时,我们也必须走这条路线。因此,环境保护工作除了加强党和政府的领导作用之外,还需要公众力量的参与,充分发挥人民群众在环境保护的监督中的应有作用,形成环境管理体制机制的良性运转。同时,《报告》强调进一步加强城市环境综合整治工作,争取在"七五"期间使我国城市的环境质量进一步改善,人民的工作环境和生活环境越来越美好。第一,积极组织实现"七五"计划规定的城市环境保护的目标和要求;第二,制定城市环境综合整治年度计划;第三,按照城市的性质、规模、环境条件和功能分区,逐步合理调整城市的工业结

①　国家环境保护总局、中共中央文献研究室编:《新时期环境保护重要文献选编》,中央文献出版社、中国环境科学出版社 2001 年版,第 76—78 页。

②　国家环境保护总局、中共中央文献研究室编:《新时期环境保护重要文献选编》,中央文献出版社、中国环境科学出版社 2001 年版,第 88—95 页。

构和建设布局;第四,综合整治城市大气污染;第五,积极治理城市水源和水系污染;第六,抓紧研究解决城市垃圾的处理问题;第七,综合整治城市的各类噪声;第八,大力植树、种草;第九,切实保障城市环境综合整治的投资;第十,各级人民政府要把城市的环境综合整治作为一项重要职责,加强领导,切实抓好。①

　　这一时期,随着城市经济的发展,我国越来越重视城市生态环境问题,提出了一系列关于保护城市环境的政策、措施,各地区结合本地区实际贯彻落实,取得了良好效果。以云南省红河州为例,红河州城市环保工作依靠各级党委和政府的领导和支持,坚持预防为主、治理结合,在开展城市环境综合整治方面取得一定成效,实现了经济效益、社会效益和环境效益的统一。1987年全州社会总产值达43.71亿元(包括中央、省属单位),工业总产值15亿多元,与1982年相比,社会总产值增长69.3%,工业总产值增长67.2%。与此同期,由于加强了环境的管理,增加了环境保护投资,提高了污染防治的能力,从总体上说,城市环境逐步向良性方面发展。工业"三废"的排放量减少,"三废"综合利用率提高。在城市环境综合整治工作中,还出现一些污染处理模范企业,被称为"环境优美工厂"。②

　　1988年4月,我国进一步完善环境保护机构,启动了新一轮国家机构改革,在环境管理体制机制方面不断进行创新性尝试,以推进环境保护事业发展。城乡建设环境保护部被撤销,国务院环保委员会成为我国环保工作的最高领导机构。1989年4月,第三次全国环境保护会议召开,推出了环境管理的新的五项制度,主要包括环境保护目标责任制、城市环境综合整治定量考核制度、污染集中控制制度、排污许可证制度、污染限期治理制度。"新五项制度的推行,标志着体现在环境管理制度中的我国环境经济政策已跨入实行定量和优化管理的新阶段,为控制和改善环境质量找到了新的综合动力,为开拓和建立有中国特色的环境管理模式和道路,提供了新的框架和基础"③。

　　第三次全国环境保护会议还出台了《1989—1992年环境保护目标和任务》、《全国2000年环境保护规划纲要》两份指导性文件。首次明确提出加强环境保护制度建设、深化环境监管的总体要求,并形成了"三大环境政

①　国家环境保护总局、中共中央文献研究室编:《新时期环境保护重要文献选编》,中央文献出版社、中国环境科学出版社2001年版,第97—101页。
②　《加强环境管理搞好城市环境综合整治工作》,载《云南环保》1989年第2期。
③　张艳、潘文慧、朱影:《我国环境保护经济政策的演变及未来走向》,载《世界经济文汇》2000年第1期。

策"，即预防为主、谁污染谁治理和强化环境管理的政策。会议在总结此前实施的环保制度经验教训的基础上，提出建立环境目标责任制、污染集中控制制度、排污许可制度、限期治理制度、城市环境整治定量考核制度，形成了环境管理的"八项制度"。以"三大政策"和"八大制度"为基本框架的国家环境政策制度体系，是这一时期我国环境保护制度建设实践探索经验的总结，为我国环境保护制度的建立和完善奠定了坚实的基础。各地学习并积极贯彻落实此次会议精神，例如，哈尔滨市长表示：执政期间，花力气下功夫解决与市民相关的环境问题。为此，哈尔滨市积极进行环保大检查，狠抓落实。据统计，1984 年 7—8 月份，哈尔滨市进行了一次全市环境保护大检查。全市共检查了 3000 多个单位，并根据环境治理情况给不同的单位挂上了不同的牌子，对环境保护做得好的单位授予红牌，对环境保护做得不到位的单位进行了相应的处罚，并挂上了黑牌。这使得当地政府对环境保护的认识有所提高，促使当地一些环境问题得到有效解决。

　　1990 年 12 月，国务院办公厅转发《国务院关于进一步加强环境保护工作的决定》（以下简称《决定》），阐明了环境保护是我国一项基本国策，肯定了我国环保工作取得的进展，同时指出我国面临环境质量逐步恶化的风险，污染防治任务十分紧迫。《决定》提出八项基本要求，严格执行环境保护法律法规；依法采取有效措施防治工业污染；积极开展城市环境综合整治工作；在资源开发利用中重视生态环境的保护；利用多种形式开展环境保护宣传教育；积极研究开发环境保护科学技术；积极参与解决全球环境问题的国际合作；实行环境保护目标责任制。① 据统计，1990 年我国颁布了 16 件国家环境标准，国家环境标准已达 204 件。据 1990 年环境公报数据显示，1990 年各省、自治区、直辖市普遍实施了环境保护目标责任制，大中型建设项目环境影响报告制度执行率达到 100%，小型项目达到 95%。②

　　至此，中国环境管理制度初步确立，我国开始形成一个相对较为完整的环境管理政策实施和制度运行体系。

第四节　中国生态文明制度建设初步发展阶段的制度建设影响因素与成效

　　党的十一届三中全会以后，我国经济开始活跃，乡镇工业蓬勃兴起，促

---

① 国家环境保护总局、中共中央文献研究室编：《新时期环境保护重要文献选编》，中央文献出版社、中国环境科学出版社 2001 年版，第 153—158 页。

② 《1990 年中国环境状况公报》，载《环境保护》1991 年第 8 期。

进了经济迅速发展。这一时期,工业化和城市化是中国走向现代化的两大标志。改革开放以来,中国城市化进程明显加快,但是,随之也给环境带来了较为普遍的污染,在部分地区甚至是相当严重的污染。1983年第二次全国环境保护会议确定了环境保护与经济建设、城乡建设"三同步"的战略方针,并把深化环境管理作为环境保护工作的中心环节。这一时期,党中央已经深刻认识到加强环境保护制度建设的重要性,加强了环境立法,制定了一系列环境法律制度、政策,取得了一定成效。

一、中国生态文明制度建设初步发展阶段的制度建设影响因素

改革开放初期,当时我们集中精力发展经济,但是由于受到传统发展观的影响,我国在大力发展经济的同时,也造成了环境污染和生态破坏。这一时期,党中央意识到了保护生态环境的重要性,促进了环境保护制度建设的发展。

第一,改革开放初期严重的环境污染问题,促使我国这一时期加强环境保护制度建设。改革开放初期,我国经济发展水平低,党中央提出要把经济建设放在首要位置,要始终以经济建设为中心。为了保障社会主义现代化建设的顺利进行,我国改革开放初期大部分法律法规的制定都是围绕发展经济展开的。但是由于片面追求经济增长给生态环境造成了破坏。改革开放初期,我国经济发展主要依靠发展工业。工业的发展,产生了废气、废水、废渣等等,破坏了生态环境。这一时期,我国是世界上污染严重的国家之一。我国年排放烟尘2800万吨,燃煤排放的烟尘高达2200万吨,所占比例为78%。能源使用技术落后、能源利用率低是我国环境污染严重的重要原因。我国年排放废水340亿吨,工业废水高达257亿吨,所占比例为73.4%,废水大部分未经处理便直接排放至江河湖海;全国年产生工业废渣近5.3亿吨,废渣的综合处理率仅为23%,废渣的历年积存量达54.5亿吨,占地约5.6万公顷。我国因环境污染造成了巨大经济损失,据不完全统计仅废水一项的年经济损失竟达300亿元左右①。在80年代初的一项调查研究结果证明,环境污染所造成的经济损失占工农业总产值的14%。②

这一时期的环境问题警示我们要加强环境保护工作,呼唤环境保护制度建设,催生了环境法律、环境政策以及环境保护体制机制的建立,不仅制

---

① 杨朝飞:《增产节约、增收节支与环境保护》,载《环境保护》1987年第5期。
② 曲格平:《梦想与期待——中国环境保护的过去与未来》,中国环境科学出版社2007年版,第42页。

定出台了一系列生态环境保护法律,还将保护环境保护上升为基本国策。

第二,党和国家高度重视环境保护工作,促进了这一时期生态文明制度建设的发展。邓小平主张社会主义现代化建设要依法办事,国家治理要做到有法可依。面临经济发展过程中存在的环境问题,邓小平深刻意识到了保护环境的重要性,意识到保护环境不能只依靠自觉,还应依靠环境法律制度。因此,党和政府将环境保护问题的解决上升到了法律和制度的层面上来,推进了环境保护法制化的进程,促使环境立法工作快速发展。邓小平特别重视环境法律制度在环境保护中的作用。他认为制度建设具有根本性,必须"从制度上保证党和国家政治生活的民主化、经济管理的民主化、整个社会生活的民主化,促进现代化建设事业的顺利发展"①。党和政府还注意建立健全各项规章制度,加强环境管理工作。这一时期以邓小平同志为核心的党中央还提出将环境保护上升为国家基本国策。第二次全国环境保护会议开幕式上,时任国务院副总理、中央绿化委员会主委的万里同志做了《环境保护是我国的一项基本国策》的重要讲话。这极大地推进了我国生态文明制度建设的发展。由此可见,国家重视环境保护,促进了我国生态文明制度建设。

第三,国际社会生态环境保护大趋势对我国生态文明制度建设具有重要影响。由于冷战中的意识形态对立问题以及"文化大革命"的影响,20世纪六七十年代,我国还没能以一个开放的姿态去接受西方国家的生态环境保护思想。在改革开放之后,我国才更加积极主动地学习借鉴国外先进的生态环境治理理念,更多地参与到国际社会的生态环境保护会议之中,更多地参与到国际社会的生态环境治理机制之中,更多地参与到国际社会的生态环境保护运动之中。

20世纪80年代以来,世界环境问题有了新的变化,局部地区的环境污染和生态破坏问题打破区域和国家的疆界,演变为全球性的环境问题,环境保护成为全球共同关注的热点。在此背景下,国际社会纷纷携手合作,密集召开以环境保护为主题的各种国际会议,并在会议基础上达成各类国际环境公约和协议,保护环境和自然资源的国际环境公约和协议成为协调全球环境与发展的重要举措。

顺应国际社会的生态环境保护运动趋势,我国相继加入一些国际环境保护条约。这一时期,我国相继加入一些国际环境保护条约。具体来说,1979年,我国加入联合国"全球环境监测网"、"国际潜在有毒化学品登记中

---

① 《邓小平文选》第2卷,人民出版社1994年版,第336页。

心"与"国际环境情报资料源查询系统"项目,这为我国在环境评价、法规制度、教育培训、环境管理以及自然灾害防治等方面积极参与全球治理提供了极大便利;1980 年,我国加入《南极条约》;1987 年,环境规划署将"国际沙漠化治理研究培训中心"总部设在兰州,我国借此机会向其他国家交流传授治理土地沙化及发展生态农业的实践经验,积极开展了生态环境治理的国际合作实践活动。1989 年—1992 年,我国相继签订《关于保护臭氧层的维也纳公约》《控制危险废物越境转移及其处置巴塞尔公约》《关于消耗臭氧层物质的蒙特利尔议定书》《气候变化框架公约》。这些国际公约的签订标志着我国已开始参与国际生态环境保护交流与合作,并逐步融入到这些机制中。

我国认真作出履约承诺,以积极的姿态踊跃投身于全球环境保护事业中。我国对履行各项国际环境公约秉承严肃负责的态度,制定积极可行的计划履行国际公约。如在履行《关于消耗臭氧层物质的蒙特利尔议定书》的过程中,我国积极参与保护臭氧层的各项国际活动。1989 年,我国正式加入《关于保护臭氧层的维也纳公约》,并于第一次缔约国会议上提出"关于建立保护臭氧层多边基金"提案。1991 年,我国正式加入《关于消耗臭氧层物质的蒙特利尔议定书》伦敦修正案,并成立了中国保护臭氧层领导小组办公室,负责《关于消耗臭氧层物质的蒙特利尔议定书》组织实施工作。

二、中国生态文明制度建设初步发展阶段的制度建设成效

这一时期,我国对环境保护工作不断加强,将环境保护工作上升为基本国策,在环境法制近乎空白的基础上建立起了我国环境法律制度体系,促进了改革开放初期我国生态文明制度建设。为我国生态文明建设夯实制度基础。这一时期环境保护工作解决初见成效,奠定了我国生态文明制度的雏形。

（一）环境保护法律制度建设初见成效

改革开放伊始,当时我国环境法律制度建设不完善,部分环境法律制度甚至处于空白状态,配套法规滞后,这严重影响了环保工作的有效开展。1978 年 12 月 13 日,邓小平在中共中央工作会议闭幕会上的讲话《解放思想,实事求是,团结一致向前看》中指出:"现在的问题是法律很不完备,很多法律还没有制定出来。"①党和国家领导深刻认识到,应该制定环境保护法,做到有法可依,有法必依,执法必严,违法必究。党和国家领导人对建立

---

① 《邓小平文选》第 2 卷,人民出版社 1994 年版,第 146 页。

健全生态环境法律制度的认识不断深入,使之成为了这一时期环境保护工作的重要内容。这一时期我国环境法制建设发展初见成效。

这一时期我国相继颁布实施一系列生态环境法律法规,使环境法制建设成为了我国法律制度建设中较为活跃的领域,推动了我国环境法制体系的发展进步。1978年3月,环境保护首次被写入宪法,这奠定了我国环境保护法制体系的基础。1979年9月,新中国成立之后第一部环境保护法《中华人民共和国环境保护法(试行)》颁布,促进了我国生态环境的保护法制建设的完善,结束了我国没有环境保护法的历史。在这部法律中,明确了环境保护的范围,规定了环境保护的任务,对自然资源开发和利用也做出了相关规定。这一时期,一系列保护环境和资源的法律法规陆续出台和实施,在海洋环境保护、水污染防治、森林资源保护、土地管理、大气污染防治、草原矿产渔业等多方面陆续制定相关法律法规。

1981年2月,国务院颁布《关于在国民经济调整时期加强环境保护工作的决定》,这一决定是对《中华人民共和国环境保护法(试行)》的补充和具体化。1982年修订的《中华人民共和国宪法》确立了我国环境保护的基本框架和主要内容,成为我国环境保护立法的基础和依据。1984年,通过了《中华人民共和国水污染防治法》。

(二)环境政策逐步建立并完善

这一阶段,党和国家领导人高度重视生态环境保护工作,逐渐将环境保护工作上升成为我国的基本国策,显现了环境保护的重要性,加快了我国环境政策的建立和完善。

一是将环境保护确立为我国的一项基本国策,为走出一条适合我国国情的环境保护道路奠定了基础。早在1978年3月5日,《中华人民共和国宪法》明确指出,"国家保护环境和自然资源,防治污染和其他公害"[1],这就是要将生态环境保护工作作为一项重要的国家任务。这一法律的提出为我国环保工作奠定了法律基础。1978年12月31日,中共中央批转《环境保护工作汇报要点》的通知中明确指出,"消除污染,保护环境,是进行经济建设、实现四个现代化的一个重要组成部分"[2]。这是我们党第一次明确以党中央的名义对生态环境保护工作作出重要指示。1981年2月24日,下发的《国务院关于在国民经济调整时期加强环境保护工作的决定》指出,必

---

[1]　《改革开放中的中国环境保护事业30年》编委会:《改革开放中的中国环境保护事业30年》,中国环境科学出版社2010年版,第23页。

[2]　国家环境保护总局、中共中央文献研究室编:《新时期环境保护重要文献选编》,中央文献出版社、中国环境科学出版社2001年版,第2页。

须充分认识到,保护环境是全国人民的根本利益所在。①　此后,国务院有关部门陆续下发了《国务院关于环境保护工作的决定》《国务院关于进一步加强环境保护工作的决定》等多份重要文件来贯彻落实环境保护的基本国策,而党和国家领导人李鹏、宋健、王丙乾也先后在重要讲话中对"环境保护是我们国家的一项基本国策"进行了进一步的解读与阐发。

二是提出城市综合整治的方针。1983年12月,第二次全国环境保护会议在北京召开,会议总结制定了环境保护、经济建设、城乡建设"三同步"的战略方针与"三统一"的指导方针,并且结合当时我国存在的经济基础条件较差、科学技术水平落后的实际情况,制定了"预防为主,防治结合"、"谁污染,谁治理"和"强化环境管理"三项环境保护工作基本政策,尤其强调要加强环境管理,实施以合理开发利用自然资源为核心的生态保护战略,并且根据实际情况建立健全生态环境法律法规、加强相关的生态环境科学研究。在这次会议的开幕式上,时任国务院副总理、中央绿化委员会主委的万里作了《环境保护是我国的一项基本国策》的重要讲话,他指出:"我们要进行社会主义现代化建设,不发展经济不行,而发展经济,不改善生态环境也不行"②,我国在推进社会主义现代化建设的过程中既要建设高度发达的物质文明,也要建设高度发达的精神文明,环境的洁净、优美也是其中的目标之一,所以说"环境保护是我们国家的一项基本国策"③。对于城市环境综合整治,从制定城市总体规划入手,在确定城市的性质和规模的情况下合理制定工业布局;从改变城市能源结构和燃烧方式入手,控制大气污染;从保护和节约水资源入手,防治城市水源污染。实践证明,城市环境整治是一项正确的方针,环境城市综合整治工作也取得了一定成绩。国家对32个城市进行考核,省政府对所属城市考核。现在被定量考核的城市已达到230个。占全国城市总数的一半,几乎所有重要城市都参加了考核。由于这项制度的推行,城市对环境的投入大量增加,环境状况明显改善。④

三是重视解决乡镇企业污染问题。党的十一届三中全会后,随着党在农村经济政策的落实,乡镇企业迅速崛起发展,给改革开放和经济建设带来

---

① 国家环境保护总局、中共中央文献研究室编:《新时期环境保护重要文献选编》,中央文献出版社、中国环境科学出版社2001年版,第20页。

② 国家环境保护总局、中共中央文献研究室编:《新时期环境保护重要文献选编》,中央文献出版社、中国环境科学出版社2001年版,第41页。

③ 国家环境保护总局、中共中央文献研究室编:《新时期环境保护重要文献选编》,中央文献出版社、中国环境科学出版社2001年版,第43页。

④ 曲格平:《环境政策——中国发展政策的一个重要主题》,载《环境保护》1992年第8期。

了蓬勃生机。乡镇企业的发展，能够很好地安置农村剩余劳动力、提高人民生活水平，繁荣城乡经济。但是，由于乡镇企业缺乏规划，普遍存在经营分散、技术装备差等问题，特别是大部分企业没有防治污染的相关设施，对于资源能源浪费较大，对于农业生态环境破坏较严重。乡镇企业的环境污染问题一开始就引起了中央的高度重视。"七五"计划和全国第二次环境会议，都专门提及乡镇企业环境污染问题。20世纪80年代初，国务院环境保护工作的直接负责人李鹏几乎每次针对环境问题的讲话都会提醒注意乡镇企业的环境污染，特别是在环境保护委员会第三次会议上更是直奔主题，提出要强化乡镇企业的环境管理。在这次讲话中，他提出"把防治乡镇企业污染摆在重要议事日程上"，要综合运用行政、经济、法律和舆论手段推动环境问题的解决。① 仅1978年至1989年，就完成限期治理项目12万项，收到了显著的环境效益。② 例如，1983年6月，广东省在顺德县召开县环境保护工作经验交流会，推广顺德县经验。顺德县的经验和做法是：县委重视，加强领导；全面规划，统筹安排；建立制度，加强管理。③ 党中央要求各地区，有关部门，结合具体情况，学习和推广顺德县的经验，加强乡镇企业环境管理，做好农业经济和生态平衡。

（三）环境管理制度不断完善

这一时期，我国加强了环境管理制度建设。一是建立了排污收费制度，明确了环境责任。从1973年开展环境保护工作以来，工程和工业部门大多认为排放污染在开展工业生产中是常见现象，产生污染排放物也是理所当然的。大多数人认为治理环境污染是政府和社会的事情，而不是普通工人和百姓的责任。事实上，当时许多地区的环境管理部门已经开始对环境污染进行治理，各级环境管理部门存在"治理"、"管理"划分不清的问题。责任划分不清，难以推进环境保护事业的进一步发展。为此，在相关法律中做出了"谁污染、谁治理"的相关规定。这一思路借鉴了市场经济国家"污染者负担"的原则。这样，就划清了环境污染和治理的责任，也更加明确了环境管理部门的责任，就是依据相关法规和规划进行监督管理。这对于推动污染防治和相关资金的筹集都具有重要意义。在这条原则基础上，还规定了征收超标污染费。

1979年颁布的《中华人民共和国环境保护法（试行）》以法律形式确定

---

① 《李鹏同志关于环境保护的论述》，中国环境科学出版社1988年版，第69—70页。
② 曲格平：《环境政策——中国发展政策的一个重要主题》，载《环境保护》1992年第8期。
③ 《改革开放中的中国环境保护事业30年》编委会：《改革开放中的中国环境保护事业30年》，中国环境科学出版社2010年版，第32—33页。

了这一制度,标志着排污收费制度开始起步。随后,排污收费制度在河北省及苏州、济南、杭州、淄博等城市展开试点。至 1981 年底,全国除西藏、青海外,27 个省、自治区、直辖市陆续开展了征收排污费的试点工作,其中有 22 个省、自治区、直辖市发布了《征收排污费试行办法》。此后,排污收费制度作为一项环境管理制度一直延续下来,并不断赋予新的内容。1983 年全国第二次环境保护会议将环境保护确定为基本国策,并规定了“预防为主,防治结合”“谁污染,谁治理”和“强化环境管理”三大政策。[①] 这项制度不仅促进了污染的治理,而且对于强化环境监督管理和环境机构能力建设都发挥了重要作用,揭开了我国环境保护的新篇章。

二是制定了五项管理制度,使环境管理工作更加规范化。在 1989 年召开的第三次全国环境保护会议上,出台了五项新的管理制度:环境目标责任制度、城市环境综合整治定量考核制度、排污许可证制度、限期治理制度和污染集中控制制度。[②] 环境保护目标责任制和城市环境综合整治定量考核制度在全国实行。环境保护目标责任制是一项把环境质量要求具体落实到各级人民政府、部门负责人和企业法人的行政管理制度。它把目标、任务分解到各地、各部门和重点排污单位,以签署、下达和履行责任书的形式予以落实,是具有中国特色的环境行政管理制度。这种“行政逐级发包制”意在运用行政手段、通过指标分解的方式倒逼各社会主体重视环境治理,及时完成党和国家制定的目标任务,也是依靠行政命令治理环境的一种方式。[③]

（四）逐步理顺了环境管理体制

1978 年 10 月,《环境保护工作要点》明确指出:“目前,各地区、各部门环境保护管理的组织机构不大统一,力量比较单薄,上下左右没有形成严密有力的工作系统。[④] 其次是缺乏一支强有力的环境监管制度。万里同志指出:要搞好环境保护,不能光讲道理,还必须依照法规严格监督。”[⑤]但当时

---

① 刘建伟:《新中国成立后中国共产党认识和解决环境问题研究》,人民出版社 2017 年版,第 144 页。
② 曲格平等:《环境觉醒——人类环境会议和中国第一次环境保护会议》,中国环境科学出版社 2010 年版,第 7 页。
③ 刘建伟:《新中国成立后中国共产党认识和解决环境问题研究》,人民出版社 2017 年版,第 166 页。
④ 国家环境保护总局、中共中央文献研究室编:《新时期环境保护重要文献选编》,中央文献出版社、中国环境科学出版社 2001 年版,第 17 页。
⑤ 国家环境保护总局、中共中央文献研究室编:《新时期环境保护重要文献选编》,中央文献出版社、中国环境科学出版社 2001 年版,第 42 页。

体制弊端严重制约政府环境保护职能的发挥,统一监督管理难以实施;对地方政府监管不力,环境管理模式缺乏整合性;公众在环境保护中的主力军作用远未得到发挥。①

1982 年,全国人大决定将国家建委、国家城建总局、建工总局、国家测绘局等部门进行合并重组建立城乡建设环境保护部,环境保护局设置在其内部,"环境保护"首次出现在国家部委的名称中。与此同时,国家计委增设了与环境保护相关的国土局,形成了由环境保护局、国土局、工业、资源、卫生等部门共同负责的国家环境与资源保护行政管理体系。② 1984 年,国务院环境保护委员会成立;1988 年,国家环境保护局成为了直属国务院管理的副部级单位。1993 年 3 月,全国人大成立了环境保护委员会,次年改为全国人大环境与资源保护委员会,推进了环境立法的进程。从环境法律的产生到环境管理专门机构的成立,我国逐步理顺了环境管理体制,反映了我们党在协调资源、环境和经济发展上进入了一个法治化阶段,为我国的环境管理与环境执法提供了可靠的法律保障与组织保障。同时表明我国环境管理不断优化,由过去的一般性管理、定性管理向更加具体、更有针对性的方向迈进。

这一阶段,我国已颁布了 4 部环境保护专门法律和 8 部相关的资源法律,20 多件环境保护行政法规,231 项环境标准,初步形成了环境法规体系,环境执法也不断得到加强。从中央到省、市、县四级政府都建立了环境管理机构,人数达到 7 万多人。同时,环保系统还建立了 2039 个环境监测站,及时反映各地的环境状况。另外,大中型工业企业也都建立了自己的环境管理机构,人数达到 20 多万人。环境管理部门依照法规,严格进行环境管理,使得环境规划、制度和标准得到实施。③ 据 1989 年环境公报数据显示,1989 年各部门、各地区加强了环境管理工作。在继续推行建设项目"三同时"制度、环境影响评价制度和排污收费制度的同时,又总结出适合国情、深化环境管理的环境保护目标责任制等制度和措施,丰富和完善了各项环境管理制度,提高了环境管理水平。④

---

① 周宏春、季曦:《改革开放三十年中国环境保护政策演变》,载《南京大学学报》2009 年第 1 期。

② 《改革开放中的中国环境保护事业 30 年》编委会:《改革开放中的中国环境保护事业 30 年》,中国环境科学出版社 2010 年版,第 122 页。

③ 曲格平:《环境政策——中国发展政策的一个重要主题》,载《环境保护》1992 年第 8 期。

④ 《1989 年中国环境状况公报》,载《环境保护》1990 年第 7 期。

第五节　中国生态文明制度建设初步发展
阶段的基本特征与实践价值

改革开放以后,以邓小平同志为核心的党中央立足我国经济社会发展的时代变革,针对解决环境污染问题制定一系列环境保护制度,推动中国生态文明制度建设从萌芽探索阶段走向了初步发展阶段,具有鲜明时代特色,为生态文明建设提供了重要保障。

一、中国生态文明制度建设初步发展阶段的基本特征

与生态文明制度建设萌芽探索阶段相比,以邓小平同志为核心的党中央明确了环境保护的法治道路,推动环境立法初步奠基;改革生态环境管理体制,完善环境保护机制建构;环境保护上升为基本国策,环保政策初步建立。中国生态文明制度建设初步发展阶段的具有如下特征。

（一）环境保护写入宪法与制订单行的环境保护法相结合

党的十一届三中全会以来,中国共产党拨乱反正,将工作重心转移到经济建设上来,而要保证经济建设的顺利进行则必须加强法制建设。邓小平多次提出,"一定要两手抓,两手都要硬""一手抓经济建设,一手抓打击犯罪"。他在反思新中国成立后"左"的错误时,认为好多年没有法、没有可遵循的东西,加上法随人变的做法,最终导致领导人的意志置于法律之上,家长制得以存在。所以,改革开放以后,他强调,"要通过改革,处理好法治和人治的关系"①。从"人治"到"法制"再到"法治",字面上的变化,昭示着由改革道路决定的制度命运。党中央对法治的反思和认识也反映到认识和解决环境问题上来。可以说,强化环境治理的法律制度建设是这一时期环境保护工作的最大进步,它为推进中国环境治理的规范化奠定了基础。1981年8月,中央书记处向国家建委提出了国土整治问题的意见,专门强调"要搞立法,要规划"。②

在这一时期,我国环境法制建设蓬勃发展,许多环境法律法规出台,环境保护有了专门法,大气、水、固体废弃物等污染治理以及海洋资源、草原、土地等资源保护的具体法规出台,相关的条例、通知、规定、办法也相继颁布,环境保护真正纳入法治化轨道。1978年2月五届全国人大一次会议通

---

① 《邓小平文选》第3卷,人民出版社1993年版,第177页。
② 《国内外环境保护法规与资料选编》上册,上海市环境保护局1981年版,第69页。

过的《中华人民共和国宪法》首次对环境保护作出规定,环境立法进程随之加快。宪法第 11 条规定:"国家保护环境和自然资源,防治污染和其他公害。"①这是新中国历史上第一次在宪法层面对环境保护作出明确规定,为我国环境法制建设和环境保护事业的开展奠定了坚实的基础。1979 年 9 月 13 日,确定了我国第一部单行的环境保护的基本法律——《中华人民共和国环境保护法(试行)》颁布,是中国环境保护事业进入法治阶段的转折点,该法首次以立法形式对各级环境保护行政机构及其职能进行了明确规定,确立了三项环境管理制度,基本形成以强化环境管理为中心的环境政策体系。这是我国首次以法律形式将国家保护环境的基本方针和基本制度确定下来,标志着我国环境保护已从一般号召开始向法治化迈进,我国环境保护立法开始全面展开。该法将我国环境保护的基本方针、政策和任务以法律的形式确定下来,标志着我国环境保护开始走上法治化轨道,也开启了我国环境保护的法律建设阶段。

　　1981 年 2 月,为协调解决经济发展与环境保护二者关系问题,国务院颁发《国务院关于在国民经济调整时期加强环境保护工作的决定》,这是对1979 年《环境保护法(试行)》的补充和具体化,在环境保护领域发挥了重要作用。1982 年,第五届全国人大 5 次会议通过的第四部宪法进一步增加了环境保护内容。该宪法第 26 条规定:"国家保护和改善生活环境和生态环境,防治污染和其他公害。"第 9 条规定:"国家保障自然资源的合理利用,保护珍贵的动物和植物。禁止任何组织或者个人用任何手段侵占或者破坏自然资源。"第 10 条规定:"一切使用土地的组织和个人必须合理地利用土地。"②此外,宪法还对植树造林、保护林木作出规定。这部《宪法》确立了我国环境保护法的基本框架和主要内容,成为我国环境立法的依据。1989 年,第三次全国环境保护会议提出要建立环境保护工作的新秩序。其核心在于加强制度建设,强化监督管理;依法治理环境,不断完善环境保护法律法规,把环境保护工作新秩序建立在法制基础上。这次会议对环境法制建设提出了更高的要求。为适用改革开放新形势和环境保护发展的需要,1989 年通过《环境保护法》,这部法律将环境保护事业中积累的一些成功经验以立法形式固定下来,如增设了"环境监督管理"一章,明确地方各级人民政府对本辖区内的环境质量负责,确立了环境保护部门统一监督管

---

① 《改革开放中的中国环境保护事业 30 年》编委会:《改革开放中的中国环境保护事业 30 年》,中国环境科学出版社 2010 年版,第 23 页。

② 《改革开放中的中国环境保护事业 30 年》编委会:《改革开放中的中国环境保护事业 30 年》,中国环境科学出版社 2010 年版,第 23 页。

理与有关部门分工负责相结合的环境保护监管体制①。该法对环境保护的目标、基本原则、基本制度、法律责任等方面作了更为全面的规定,其体系和内容较《试行法》更为科学。该法的颁布标志着我国环境立法进入新的历史阶段,逐步形成了污染防治和自然资源保护为两大主干的环境立法体系②。

1979 年环境保护法制定之初,曾经设想在中国建立以"环境保护法"为基础、以单项法为骨干的环境保护立法体系,立法路径是先制定作为基本法的环境保护法,然后陆续制定防治大气、水等环境要素污染的单行法。③ 因此,国家先后颁布实施一系列重要的环境保护法规以及大量的行政法规,发布一系列环境标准,保证了对土地、海洋、森林、草原、水、大气等环境要素进行治理的需要。

在改革开放后至 20 世纪 90 年代初的这段时间,我国的环境保护写入宪法与制定单行的环境保护法相结合,使得环境与资源保护法律法规在这一时期已形成一定规模,对环境保护起到了非常重要的作用。

（二）　环境保护机制建构与加强环境管理相结合

以邓小平同志为核心的党中央重视环境管理在生态文明制度建设过程中的重要作用,他们在阐发关于环境保护、污染防治、资源开发与利用、城市管理等方面的内容时都会提及科学管理、科学知识的重要作用。因此,环境保护机制建构与加强环境管理相结合成为这一历史时期中国生态文明制度建设的重要特征之一。

十一届三中全会明确提出经济体制改革和政治体制改革的任务,强调要大力发展生产力。同时,这一阶段,我国的生态环境管理体制也在不断发展。1979 年《环境保护法(试行)》明确规定要设立环境保护行政机构,并对其职责进行了规定。1981 年 2 月国务院发布的《关于在国民经济调整时期加强环境保护工作的决定》,认识到我国环境保护和经济发展之间存在失调,认识到环境污染和自然资源、生态破坏相当严重,强调要重视对环境的保护。1982 年《宪法》明确规定国家具有保护和改善生活环境和生态环境的职能。此外,1982 年国务院环境保护领导小组撤销,其办公室并入新成立的中华人民共和国城乡建设环境保护部。1983 年第二次全国环境保

---

① 《改革开放中的中国环境保护事业 30 年》编委会:《改革开放中的中国环境保护事业 30 年》,中国环境科学出版社 2010 年版,第 105 页。
② 张梓太主编:《环境保护法》,中央广播电视大学出版社 2003 年版,第 27 页。
③ 吕忠梅、吴一冉:《中国环境法治七十年:从历史走向未来》,载《中国法律评论》2019 年第 5 期。

护会议召开,明确环境保护是我国的一项基本国策,环境保护的重要性被提高到一个新的高度。会议制定了"三同步、三统一"的环境保护战略方针,明确了"预防为主、防治结合、综合治理","谁污染、谁治理","强化环境管理"的环境保护三大政策。1984年5月国务院发布《关于环境保护工作的决定》,决定成立国务院环境保护委员会,负责研究审定有关环境保护的方针、政策,提出规划要求,领导和组织、协调全国的环境保护工作。此举提高了我国环境管理的宏观决策水平,增强了国家一级环境保护工作的综合协调能力,促进了污染防治工作,环境污染的发展趋势得到了一定程度的控制。1985年10月,第一次全国城市环境保护会议召开。此后,各城市环境综合整治工作相继展开,城市环境管理法规不断完善。1988年4月,七届全国人大第一次会议审议批准了国务院机构改革方案,我国对原有环保机构进行合并重组,建立了国家环境保护局。国家环境保护局由原城乡建设环境保护部归口管理的国家局,改为国务院直属机构。其主要任务是对全国环境保护工作进行宏观指导和监督协调。至此,经过不断变迁,环境管理有了专门的机构,"中国的环境管理机构结束了长达10多年的临时状态"①。1989年4月第三次全国环境保护工作会议召开,正式推出强化环境管理的新五项制度和措施,形成环境保护八项制度,这是我国新时期环境管理制度建设的标志性成就,对全国环境保护工作起到很大的推动作用。

此外,这一时期,我国环境监测方面也逐渐完善。1979年以后,我国开始有计划地建设全国环境监测机构,该项工作进入发展较快的时期。1981年2月发布的《国务院关于国民经济调整时期加强环境保护工作的决定》要求:"环境保护部门要抓紧各级环境监测站的建设,争取尽快把全国环境监测总站和六十四个省级、重点城市的环境监测站装备起来,形成工作能力"②。经过国家和地方的共同努力,除西藏和拉萨合并建站在"七五"期间内完成以外,其他地方都在"六五"期间先后完成了建站任务。③ 20世纪90年代初期,已初步建成国家、省、地(市)、县4级环境监测系统,国家环境质量监测网站增至200个。④ 截至1992年,全国已建成了一支拥有2131个

① 曲格平:《梦想与期待——中国环境保护的过去与未来》,中国环境科学出版社2007年版,第63页。

② 国家环境保护总局、中共中央文献研究室编:《新时期环境保护重要文献选编》,中央文献出版社、中国环境科学出版社2001年版,第25页。

③ 《改革开放中的中国环境保护事业30年》编委会:《改革开放中的中国环境保护事业30年》,中国环境科学出版社2010年版,第33页。

④ 《改革开放中的中国环境保护事业30年》编委会:《改革开放中的中国环境保护事业30年》,中国环境科学出版社2010版,第33—34页。

监测站的队伍,这支队伍专业门类比较齐全、有一定理论水平和实践经验。在这支队伍的 3 万多名监测人员中,高级职称约占 5%,中级职称约占 26%,初级职称约占 45%。①

通过对环境监测数据和信息的综合分析评价,编制月度、季度、年度环境质量报告和各专项环境监测报告,并于每年编制环境监测年鉴。1981 年,编写了《全国部分地区城市环境质量报告书》,这是我国第一部反映全国环境质量的报告书。1991 年,国家环保局制定了《全国环境监测报告制度(试行)》,并配套制定了各类环境监测报告编制技术规定,对各类环境监测报告进行了规范。②

这一时期,伴随环境保护行政机构的建立,环境保护体制机制的加强,使环境保护工作得到了重视和加强。

(三) 环境保护上升为基本国策与环境管理制度化建设相结合

1978 年 12 月召开党的十一届三中全会,拉开了改革开放的序幕,进入改革开放和社会主义现代化建设新时期。以邓小平同志为核心的党中央高度重视环境保护工作,在总结新中国成立后正反两方面经验的基础上,将环境保护工作上升为基本国策。

这一阶段,随着社会主义现代化建设的高速发展、我国人口的增长、经济的发展和人民生活水平的不断提高,环境问题也越来越严重,资源短缺和脆弱的环境面临的压力越来越大。1978 年 12 月,中共中央批准国务院环境保护领导小组关于《环境保护工作汇报要点》,强调指出,消除污染,保护环境,是进行社会主义建设、实现四个现代化的一个重要组成部分,不可以走先污染、后治理的弯路。③ 1981 年 2 月,《国务院关于在国民经济调整时期加强环境保护工作的决定》指出:"管理好我国的环境,合理地开发和利用自然资源,是现代化建设的一项基本任务。"④

1983 年 12 月,第二次全国环境保护会议郑重宣布:保护环境是我国必须长期坚持的一项基本国策。这意味着环境保护问题从一个个现实的环境破坏与污染现象和事件,逐步发展成为国家议题和关注的突出问题,进而上

---

① 《改革开放中的中国环境保护事业 30 年》编委会:《改革开放中的中国环境保护事业 30 年》,中国环境科学出版社 2010 年版,第 33 页。

② 《改革开放中的中国环境保护事业 30 年》编委会:《改革开放中的中国环境保护事业 30 年》,中国环境科学出版社 2010 年版,第 34 页。

③ 吴超:《从"绿化祖国"到"美丽中国"——新中国生态文明建设 70 年》,载《中国井冈山干部学院学报》2019 年第 6 期。

④ 国家环境保护总局、中共中央文献研究室编:《新时期环境保护重要文献选编》,中央文献出版社、中国环境科学出版社 2001 年版,第 20 页。

升为国家的基本国策①。这既表明了环境破坏与污染问题的严重性和环保工作的重要性,也体现了国家对环保问题的重视。

1984年5月,国务院发布《关于环境保护工作的决定》,对有关保护环境、防治污染的一系列重大问题都作出了比较明确的规定。这有力推动了环境保护事业的发展,至此,环境保护开始纳入国民经济和社会发展总体规划。《中华人民共和国国民经济和社会发展第六个五年计划(1981—1985年)》首次把环境保护单列一章,对其目标、任务和重点工作等等进行了详细说明。1985年9月23日通过的《中共中央关于制定国民经济和社会发展第七个五年计划的建议》再次强调了环境保护的重要性②。

1990年12月30日通过的《中共中央关于制定国民经济和社会发展10年规划和"八五"计划的建议》中再次明确指出,环境保护是一项基本国策,也是提高人民生活质量的一个重要方面。③ 环境保护进入国民经济和社会发展总体规划,对我国经济社会健康可持续发展起到了重要的作用。这些文献材料中的重要论断,表明党中央越来越重视环境保护工作,认为环境保护是一项基本国策,在制定经济发展方针政策时,更加注重尊重自然规律,更多地考量生态环境承载能力。

在环境保护上升为基本国策思想指引下,这一时期,我国把建立环境管理制度摆在了重要位置,经过多年的探索,总结出一些行之有效的办法,在吸收借鉴国外环境管理经验的基础上,制定了一批政策和制度措施,并在1989年第三次全国环境保护会议上,形成了"三大环境政策"和"八项管理制度"。实践证明,"三大环境政策"和"八项管理制度"在控制环境污染和保护自然生态方面发挥了积极的作用,并大多被陆续出台的环境保护法律所吸纳,以法律形式所固定,成为依法保护环境的依据④。

(四)环境政策的建立与我国的基本国情和发展水平相适应

党的十一届三中全会以后,中国开始了改革开放进程。在改革传统的高度集中的经济体制,探索计划与市场结合的新的经济体制的社会进程中,中国政府逐步认识到要改变单项突击、片面追求产量、产值的传统战略倾

---

① 屈彩云:《建党以来党对环境保护问题的认知定位变迁》,载《西南民族大学学报(人文社会科学版)》2021年第1期。

② 《改革开放中的中国环境保护事业30年》编委会:《改革开放中的中国环境保护事业30年》,中国环境科学出版社2010年版,第21页。

③ 《十三大以来重要文献选编》(中),人民出版社1991年版,第755页。

④ 《改革开放中的中国环境保护事业30年》编委会:《改革开放中的中国环境保护事业30年》,中国环境科学出版社2010年版,第24页。

向,确立了"注重效益、提高质量、协调发展、稳定增长"的经济指导方针,把调整传统工业化战略作为长期发展进程的主要内容。中国转变传统工业化战略取得进展的一个显著标志就是提出了"经济社会与环境保护协调发展"的战略思想。① 在这一思想的指导下中国政府意识到要进一步完善环境保护政策。1989 年 4 月 28 日召开的第三次全国环境保护会议提出"三大环境政策",即坚持预防为主、谁污染谁治理、强化环境管理的"三大环境政策"。

"三大环境政策"的确立,为以后环境政策制度体系的建立奠定了基础,同时"三大环境政策"的提出也是解决环境问题的必然选择,与我国的基本国情和发展水平相适应。这一时期我国的环境问题主要有以下几个方面:

首先,中国正处在工业化和城市化加速发展阶段,将长期保持较高的经济增长速度。1980 年至 1990 年的 10 年间,城市数量增长了 1 倍多,市镇总人口由 1.9 亿上升到 5.7 亿。排污量也大大增加。除了原有的环境污染外,如不采取必要的预防措施,新增工业和城市污染将出现加剧之势。其次,我国现有工业(包括乡镇工业)的总体技术水平还比较落后,资源能源的利用效率不高,大量有用资源成为废物,流失于环境之中。再次,工业布局不合理,不少工业建在大中城市的居民区、文教区、水源地,加重了工业和城市污染危害。最后,企业经营管理不善,带来的资源浪费和环境污染严重。②

"三大环境政策"的确立是解决上述问题的有效手段。预防为主是指在国家的环境管理中,通过计划、规划及各种管理手段,采取防范性措施,防止环境问题的发生。预防为主就是预先采取防范措施,不产生或尽量减少废弃物排放,减少对环境的污染和生态破坏。采取预防为主环境政策,要尽量避免环境损害或者将其消除于生产过程之中,做到防患于未然。而对于不可避免的污染,则通过各种净化治理措施,以减少环境污染和生态破坏。因此,预防为主、防治结合的原则,又是同经济建设与环境保护协调发展原则相互渗透相辅相成的。③

"谁污染谁治理"原则是指对环境造成污染危害的单位或者个人有责任对其污染源和被污染的环境进行治理,并承担治理费用。"谁污染,谁治

---

① 　曲格平:《环境政策——中国发展政策的一个重要主题》,载《环境保护》1992 年第 8 期。

② 　曲格平:《环境政策——中国发展政策的一个重要主题》,载《环境保护》1992 年第 8 期。

③ 　朱宏雁:《预防为主防治结合——关于环境问题的思考》,载《求知》2001 年第 3 期。

理"政策是针对工矿企业环境意识薄弱,把治理污染的责任推给政府和推给社会而提出来的,以法律的形式把这项政策加以规定,使污染者承担其治理的责任和费用。实行这一政策,不但可以推动排污者积极治理污染,筹集治理资金,还促进了企业进一步加强管理和进行技术改造。①

实行强化环境管理方针,通过管理实现控制污染、保护环境的目的。我国当时的环境保护国情最大的弱点是环境管理缺乏系统、完整和切实可行的规章制度,多处于一般的号召和定性的管理水平。提出实行强化环境管理方针,是由中国当时的国情决定的,与我国国情相适应的。强化环境管理的主要措施包括:制定法规,使各行各业有所遵循。建立环境管理机构,加强监督管理。②

"三大环境政策"体系的核心是强化管理,就是:靠规划,靠法规,靠监督,靠适当的投入去控制污染,保护环境,努力使经济建设与环境保护相协调,走出了一条具有中国特色的环境保护道路。③

在我国这样一个人口众多的发展中国家,经济发展水平落后于发达国家。在我国环境污染出现加剧之势,依靠"三大环境政策"解决环境问题,就成为一项现实的、积极的政策,是中国加强环境保护的必然选择。所以,"三大环境政策"是与我国基本国情和发展水平相适应的政策。

二、中国生态文明制度建设初步发展阶段的实践价值

改革开放以后,我国加强了环境保护制度建设,推动中国生态文明制度建设从萌芽探索阶段走向了初步发展阶段,不仅为环境保护工作提供了重要保障,而且为后来的生态文明制度建设提出打下了坚实基础。因此,这一阶段生态文明制度建设体现出重要的实践价值。

第一,这一时期的生态文明制度建设为我国环境保护工作提供了重要保障。在这一阶段,我们党深刻认识到环境保护工作的重要性,并贯彻落实到国家方针政策的制定与推行之中,推动第二次和第三次全国环境保护会议的召开,逐步确立了我国环境保护工作的制度安排,建立了一系列环境法律制度,为环境保护工作提供了制度保障。1983 年 12 月,第二次全国环境保护会议将环境保护确立为我国必须长期坚持的一项基本国策,指明了环境保护工作的基本定位,制定了"预防为主,防治结合"、"谁污染,谁治理"

---

①　曲格平:《环境政策——中国发展政策的一个重要主题》,载《环境保护》1992 年第 8 期。

②　《改革开放中的中国环境保护事业 30 年》编委会:《改革开放中的中国环境保护事业 30 年》,中国环境科学出版社 2010 年版,第 25—27 页。

③　曲格平:《环境政策——中国发展政策的一个重要主题》,载《环境保护》1992 年第 8 期。

和"强化环境管理"三项环境保护工作基本政策,强调要建立健全与生态环境保护工作相适应的法律体系,尤其是要以强化环境管理为生态环境保护工作的中心环节;1989 年 4 月,第三次全国环境保护会议通过了《1989—1992 年环境保护目标和任务》和《全国 2000 年环境保护规划纲要》,提出"向环境污染宣战"的重要口号,要求深化环境监管,在治理整顿中建立环境保护工作的新秩序,并且具体提出了八项制度,力求促进经济建设与环境保护协调发展。这些制度的施行,使环境管理由定性管理走向定量管理,由一般号召要求走向制度管理,各级环境监督管理部门职能得到了较好的发挥,既使得环境质量基本保持稳定,也促进了经济的发展,极大程度避免了人们担心的随着国民经济的翻番,环境污染也翻番的严重局面。① 在经历了三次全国环境保护会议提出的加强制度建设之后,我国的生态环境保护工作逐步走向规范,一套较为严明有力的环境保护制度体系逐渐形成,为环境保护工作提供了制度保障。

　　第二,这一时期我国环境保护制度建设,为后续生态文明制度建设奠定了重要基础。这一时期党和政府越来越重视环境法制建设和环境管理体制建设,建立健全环境保护的法律体系,成立了专门的环保管理部门,制定了有关环境保护的法律法规,促进了我国环保工作的制度建设。1978 年,《中华人民共和国宪法》首次将环境保护纳入其中,1979 年,通过第一部环保的基本法律《中华人民共和国环境保护法(试行)》。试行的环境保护法对于依法保护环境良好秩序的形成起到重要推动作用,同时为环境立法工作提供了丰富的实践经验。1989 年,通过的《中华人民共和国环境保护法》对于推进环境法律体系的完备化,加强环境管理起到了决定性作用。由于环境保护具体事务涉及中央各个部门、各级地方政府和各行各业,1978 年我国成立了国务院环境保护领导小组办公室,1982 年全国人大决定组建成立城乡建设环境保护部,1984 年又成立了国务院环境保护委员会。在国务院环境保护委员会的推动下,我国很多地区相继成立了环境保护委员会。国家环保局突破职能限制,充分发挥国务院环境保护委员会的协调功能,调动国务院各部门、军队和地方各级政府开始关注环境保护和履行政府的环保责任。国务院环境保护委员会领导、组织和协调全国环境保护工作,初步理清了全国环境污染和生态破坏的特有规律,有针对性地采取了适应国内外形势需要的应对措施,探索了控制污染、修复生态的工作思路,开创了我国环

---

　　① 《改革开放中的中国环境保护事业 30 年》编委会:《改革开放中的中国环境保护事业 30 年》,中国环境科学出版社 2010 年版,第 27 页。

境保护工作的新局面,奠定了中国特色环境保护道路的基础。① 值得一提的是,除了国内的法律法规建设与组织机构建设之外,这一时期我国还参与了多个国际环境保护公约,加入了多个世界性环境保护组织,例如我国在1979 年加入了联合国"全球环境监测网"、"国际潜在有毒化学品登记中心"与"国际环境情报资料源查询系统"项目,在 1980 年加入了《南极条约》,在 1989 年加入了《关于保护臭氧层的维也纳公约》。

这一时期,我国把保护生态环境的任务提升至法律层面,这标志着我国环境法制建设逐渐加强。我国环境保护工作走上了法制化、常规化的轨道,加强了环境管理体制建设,初步建立了环境保护制度体系,为我国生态文明制度建设的后续发展完善奠定了坚实基础。

---

① 《改革开放中的中国环境保护事业 30 年》编委会:《改革开放中的中国环境保护事业 30 年》,中国环境科学出版社 2010 年版,第 22 页。

第三章 中国生态文明制度建设
丰富发展阶段

20世纪90年代初期至党的十六大召开前是中国生态文明制度建设丰富发展阶段。中国在可持续发展战略指引下环境保护制度体系逐步丰富和拓展。这一时期,党中央在社会主义市场经济发展的背景下及时总结我国在环境保护工作中的经验教训,更加深刻地认识到,必须加强环境法制建设、强化环境管理,综合运用法律、经济、政策、监管体制等手段促进环境保护工作,才能为我国生态文明建设提供有力保障。这一阶段环境保护制度不断丰富,为我国生态文明建设打下了良好基础。

第一节 中国生态文明制度建设丰富发展
阶段的历史背景与思想基础

20世纪90年代以来,全球生态危机不断加剧,中国国内也正面临着经济发展与环境保护的矛盾问题,经济快速发展,但同时环境污染、生态破坏也日趋严重。以江泽民同志为核心的党中央深刻意识到环境保护工作的重要性,为这一时期我国生态文明制度的建立和完善提供了思想来源。

一、中国生态文明制度建设丰富发展阶段的历史背景

从20世纪90年代初期到党的十六大召开前夕,全球性的生态环境问题越来越严重,中国生态文明制度建设进入丰富发展阶段,这一时期的国际、国内背景为中国生态文明制度的形成提供了尤为重要的推动力。

（一）全球性环境问题催生了各国环境法律及环境制度的建立

20世纪90年代初期以来,全球性的生态危机不断加剧,给中国乃至全球的生态环境建设造成巨大压力,实施可持续发展战略已经成为不可阻挡的历史潮流。自20世纪90年代初以来,自然资源短缺、环境污染和生态破坏进一步恶化,环境问题开始从一国向多国持续蔓延,并逐渐演化为全球性生态环境问题,严重威胁着人类的生存和发展。工业文明时代生态危机到来,再次向全世界敲响了环境危机的警钟。于是,人们开始反思一味追求经济发展、一味贪恋财富增长带来的苦果,尝试探索一种可持续性、长久性的

发展方式。20 世纪 90 年代后，国际重大会议相继召开，各国先后出台关于环境保护问题的法规文件，环境问题备受关注，可持续发展理念深入人心，逐渐从理论研究向实践探索转变。1992 年，联合国召开"环境与发展"大会，大会的主题可持续发展战略被世界各国接受并推崇。各国为落实这一战略大都制定了新的环境法或对已存在的环境法进行修改完善，如荷兰 1993 年的《环境管理法》取代了 1980 年的《环境法通则》。纵观世界各国环境保护的一系列举措，西方发达国家的可持续发展走在世界前列，他们对生态环境保护的重视，采取的措施一定程度上改善了生态环境。随着可持续发展理念不断走向国际化，世界各国越来越重视环境保护和生态建设，并把资源危机、环境恶化视为 21 世纪人类发展面临的巨大挑战，开展了各项保护生态环境的实践运动。

从西方国家的做法看，大部分国家通过制定相关环境法律体系实现可持续发展的战略目标。作为开展环境保护较早的欧盟，很多关于环境保护的诸多政策至今仍处于领先地位。1973 年以来，欧盟共制定了七次环境行动计划。与同时期其他国家相比，欧盟制定的制度更为严格。在 1993 年颁布的欧盟第五环境行动纲领中，特别强调将环境要求优先纳入工业制造业、能源、交通、农业和旅游等五个政策领域。2001 年 3 月，欧盟颁布了第六环境行动纲领《环境 2010：我们的未来、我们的选择》，纲领指明了未来 5—10 年内欧盟环境政策的目标。纲领明确提出在 4 个领域（气候变化、自然和物种的多样化、环境与健康、自然资源和废弃物）内优先执行环境与发展综合决策，并制定了执行决策的具体措施[①]。20 世纪 70 年代德国就将循环利用规定于废弃物管理法之中。1994 年制定了《促进循环经济和确保合乎环境承载能力废弃物清除的法律》。经过长期不懈的努力，德国已经基本上进入了秉持生态理性的生态保护和协调发展阶段，生态环境政策法律相当完善，并具有良好的实施效果。[②] 与德国不同，法国并未有环境保护的基本法，而是依据单行法开展环境保护，且法国的环境保护是在本国遭受严重的环境污染后，政府开始着力加强对环境的保护，并于 1971 年成立了环境部。2000 年，法国颁布了较为系统化的法律《环境法典》，这一法律包括水体和水域、大气层和环境治理等几乎涵盖法国环境保护的各项领域，为开展环境保护提供了强有力的制度依据。2002 年，为顺应可持续发展的理念，法国政府将环境部改为生态与可持续发展部。

---

① 张平华：《欧盟环境政策实施体系研究》，载《环境保护》2002 年第 1 期。

② 胡德胜：《西方国家生态文明政策法律的演进》，载《国外社会科学》2018 年第 1 期。

韩国是从新能源发展入手关注本国环境保护工作。20世纪80年代,韩国开始实行"绿色新政"。20世纪50年代后,日本经济高速发展,在这一时期"公害事件"频发,1953年至1956年发生在日本熊本县水俣市的水俣病事件等给日本民众带来了极大的伤害。此后,日本政府加强了对水污染治理和生态环境的保护,设水质保护局,出台了《环境基本法》。

上述举措表明,工业文明对自然造成的危害以及环境科学的成熟,催生了可持续发展理念、绿色发展制度在各国蓬勃兴起,这就促使各国制定政策法律时将生态环境保护作为一项必要因素进行考虑。

(二) 国内资源危机和环境恶化日益严峻

从国内形势上看,经济社会发展与人口、资源、环境之间的矛盾日益突出。伴随我国改革开放进程和现代化建设的迅猛发展,经济领域取得了举世瞩目的成就。然而,经济快速增长的同时,环境问题已经不断凸显,主要表现在当时经济的快速增长很大程度上是以大量消耗物质资源的粗放式经营实现的,投入与产出的效率不高。部分地区为求发展,不顾实际,盲目上项目,搞重复建设,造成资源的过度开采和大量浪费,生态环境受到严重污染。我国的资源危机和环境恶化不仅没有从根本上得到扭转,反而变得日益严峻。

事实上,据统计,当时我国已制定了一部环境保护综合性基本法律,8部自然资源保护法律,30多件环境保护法规,70多件环境保护规章,900多件地方性环境保护法规,并签署和加入了18项国际环境条约。这些法律法规和条约,大多涉及生态保护的有关内容,但仍存在不少缺陷。比如,缺乏明确、统一的生态保护的立法目的和指导思想,环境保护综合性基本法偏重于污染防治,某些重要的生态保护单行法还未出台,有关生态保护法律规定不适应时代需要,对生态保护的力度不够,相关法律责任有待强化,有关生态保护的基本制度亟待完善等问题,使拓展生态保护的立法范围,加大生态保护力度,建立并完善有关生态保护的基本制度成为重要问题。①

总的来说,这一时期我国政府关注环境保护问题,人民群众对于环境保护的意识也逐渐提高,解决环境问题的愿望愈加强烈,追求美好生态环境的想法更加迫切。如果不加强环境保护,不加强对环境污染治理,就会影响我国经济社会的可持续发展。在严峻的环境形势下,以江泽民同志为核心的党中央高度重视科学有效地解决环境污染问题,也正是在解决环境问题的

① 谢校初、战立彦、杨兴:《从1998年洪灾中分析我国生态保护立法的不足与完善》,载《湖南教育学院学报》1999年第3期。

过程中,开始了对生态文明制度理论和实践的探索。

二、中国生态文明制度建设丰富发展阶段的思想基础

20 世纪 90 年代初期,全球性生态危机蔓延,危及人类生存与经济社会发展,人类在反思传统发展方式中孕育出可持续发展理念。1989 年 6 月,党的十三届四中全会以后,我国环境保护进入活跃期,逐步形成可持续发展的战略构想,萌发了关于人与自然和谐发展的思想,成为这一时期生态文明制度建设的思想基础。

（一）促进人和自然的协调与和谐发展

以江泽民同志为核心的党中央深刻认识到自然并不是人类无节制索取的对象,而是要保护的对象。1998 年在全国抗洪抢险总结表彰大会上,江泽民指出要"自觉去认识和正确把握自然规律,学会按自然规律办事"[1]。江泽民还提出"要促进人和自然的协调与和谐,使人们在优美的生态环境中工作和生活"[2]的思想。这就向我们揭示出要辩证看待人与自然关系问题,必须着眼于长远考虑,以实现人与自然的可持续发展为目标,促进人与自然和谐发展。人类开发与运用自然资源时,不能只看到眼前的、短期的经济效益,还要看到长远的效益,坚持合理开采与节约管理相统一,这样才能造福子孙后代。

（二）必须实施可持续发展战略

20 世纪 90 年代以来,我国改革开放取得丰硕成果,但经济发展与生态环境保护的矛盾并未得到缓解,环境污染和生态破坏情况仍然十分严峻。以江泽民同志为核心的党中央,从人类发展的长远眼光审视环境保护问题,依据我国经济社会发展的实际情况,借鉴他国有益经验,以可持续发展理念为核心,探索解决环境问题之策。

在这一时期,在国际上掀起的可持续发展浪潮对我国产生很大影响,实施可持续发展战略是国际大趋势。1995 年,在党的十四届五中全会上,江泽民指出:"在现代化建设中,必须把实现可持续发展作为一个重大战略。"[3]1996 年 7 月 15 日至 17 日在北京召开了第四次全国环境保护会议。时任总书记的江泽民与时任总理的李鹏分别在会上作了重要讲话。江泽民作了题为《保护环境,实施可持续发展战略》的讲话,他强调必须把贯彻实

---

[1]　《江泽民文选》第 2 卷,人民出版社 2006 年版,第 233 页。

[2]　《江泽民文选》第 3 卷,人民出版社 2006 年版,第 295 页。

[3]　《江泽民文选》第 1 卷,人民出版社 2006 年版,第 463 页。

施可持续发展战略始终作为一件大事来抓①,明确指出要贯彻环境保护基本国策,实施可持续发展战略。这次会议进一步强调了落实环境保护基本国策、实施可持续发展战略的重要性,将可持续发展上升为国家战略,我国环境保护事业进入了全新的发展时期。可持续发展,就是要求经济发展的同时也要考虑环境和资源承载能力,既要兼顾当前发展又要同时关注未来发展,核心是同自然和谐相处。实现资源环境的可持续发展,就是要把经济发展对自然的影响控制在生态系统能够自我净化、自我调节、自我恢复的范围内,保持生态系统平衡,保证人类永续发展。

实施可持续发展战略要求我国在经济社会发展过程中坚持可持续发展道路,在实际工作中坚持开发和保护同时进行,以提高资源利用率为目标,合理利用自然资源。同时,要从长远的角度看待生态环境保护,正确处理眼前利益与长远利益的关系。可持续发展理念既考虑当代人需求又考虑后代人发展,是以江泽民同志为核心的党中央在探索和推进生态文明建设进程中取得的重要理论成果,是中国共产党生态文明制度建设的重要指导方针。

（三）加大环境保护工作力度

"生态环境保护是功在当代、惠及子孙的伟大事业和宏伟工程。坚持不懈地搞好生态环境保护是保证经济社会健康发展,实现中华民族伟大复兴的需要。"②1996 年 7 月,江泽民在第四次全国环境保护大会上指出:"环境保护很重要,是关系我国长远发展的全局性战略问题。"③1996 年 8 月 3 日颁布的《国务院关于环境保护若干问题的决定》就解决环境污染、保护环境等问题作出了具体规定。文件要求各地区要控制并开展环境污染治理工程,完善环境保护管理制度,进一步完善环境保护的法律体现,发展环境科学和产业,加强对环境保护的全民宣传和教育。1998 年 3 月,江泽民在中央计划生育和环境保护工作座谈会上指出:"建设和保护好生态环境,是功在当代、惠及子孙的伟大事业。"④2000 年 11 月,国务院印发《全国生态环境保护纲要》,阐明了全国生态环境保护的指导思想、基本原则与目标,提出了全国生态环境保护的主要内容与要求以及对策与措施。

以江泽民同志为核心的党中央关于治理环境污染、加强环境保护的战略举措,是对新时期环境治理规律的科学认识,标志着中国共产党人对人与

---

① 《江泽民文选》第 1 卷,人民出版社 2006 年版,第 532 页。
② 《十五大以来重要文献选编》(中),中央文献出版社 2001 版,第 1447 页。
③ 《江泽民文选》第 1 卷,人民出版社 2006 年版,第 532 页。
④ 国家环境保护总局、中共中央文献研究室编:《新时期环境保护重要文献选编》,中央文献出版社、中国环境科学出版社 2001 年版,第 491 页。

自然关系认识的新高度。此外,江泽民还分析了生态环境和经济发展之间的辩证关系,提出"破坏资源环境就是破坏生产力,保护资源环境就是保护生产力,改善资源环境就是发展生产力"①的论断,转变了传统发展中保护环境和发展生产之间的两难困境。江泽民指出:"如果在发展中不注意环境保护,等到生态环境破坏了以后再来治理和恢复,那就要付出更沉重的代价,甚至造成不可弥补的损失。"②事实上,保护环境就是保护生产力。生态环境一旦受到破坏,尽管可以通过自然本身或人工方式展开修复,但仍存在局限性,要对环境保护给予高度重视。

　　总之,20世纪90年代初期至党的十六大召开前这一时期,党中央深刻认识到必须解决好这一问题。此外,党中央还意识到环境保护要走制度化、法治化道路,要通过强化管理,提升环境保护水平。

第二节　中国生态文明制度建设丰富发展阶段的环境法制建设

　　中国生态文明制度建设丰富发展阶段的环境法制建设体现在党的环境法制思想和环境立法两个方面。

一、中国生态文明制度建设丰富发展阶段党的环境法制思想

　　这一阶段,党中央十分关注社会主义市场经济发展中人口、资源、环境的协调问题,深刻认识到完善生态文明建设的法律和政策体系的重要性,要求进一步通过加强立法保护资源环境,推动实施可持续发展战略。

　　法律代表国家和人民的最高利益,管长远,抓根本,具有全局性作用。防治环境污染,加强生态文明保护,更需要制定和出台环保法律加以约束,把污染防治和生态保护工作提高到依法管理的新水平。以江泽民同志为核心的党中央深刻认识到环境法制建设的重要性,提出了一系列环境法制思想。

　　1993年10月22日,宋健在第二次全国工业污染防治工作会议上的讲话《创建现代工业新文明》中指出,如果出现了工业污染失控,那就是违反法律,违背基本国策,违背国家、民族和中国人民的最高利益和长远利益,是对人民群众、对子孙万代的不负责任。③ 这就要求我们明确在处理环境和

---

① 《江泽民论有中国特色社会主义》,中央文献出版社2002版,第282页。
② 《江泽民文选》第1卷,人民出版社2006年版,第532页。
③ 国家环境保护总局、中共中央文献研究室编:《新时期环境保护重要文献选编》,中央文献出版社、中国环境科学出版社2001年版,第209页。

经济的关系问题时,首先要站在法治的高度,分析当前的生态形势,然后制定目标任务。违反环境法,就是损害了党和人民的利益,就是对人民群众的不负责,成为国家的罪人。因此,要对破坏环境的人进行法律惩治。我们的工作方法要从以劝说为主,逐步向依法管理过渡,法律惩治本身也是教育,没有法律惩治,这种教育就是不彻底的,有些愚昧、落后和损害社会利益的恶劣行为就不能克服①。

1993 年 10 月 25 日,朱镕基在第二次全国工业污染防治工作会议闭幕式上的讲话中指出,我们要进一步研究环保的政策、法规。目前已有不少环保的政策和法规,还要进一步完善。当前,执行法规更加重要,执行就得靠队伍,没有队伍是不能执行的,队伍不过硬也执行不好。② 完善环保法规,是确保生态环境持续改善的重要方面。完善环保法规关键在人,关键在有一支能够执行有力的干部队伍。干部队伍只有练就过硬的本领,从思想上提高环保法治的认识,才能制定完善的政策、法规,进而在执行中保证环保法规贯彻落实。

1995 年 10 月 4 日,乔石在听取全国人大环境与资源保护委员会有关负责同志汇报并观看《中国环境》演示片后进行了谈话,谈话强调要加强环保方面的立法。他指出该立的法都立起来,做到有法可依。比如水污染防治法、噪声污染防治法、固体废物污染环境防治法,都要尽快立起来。增加环保投入问题,要在法律上明确规定下来。只有在加强宣传的同时,在法律上作出一些规定,并认真监督实施,环保才能落到实处。③

1995 年 12 月 7 日,王丙乾在全国人大环境与资源保护工作座谈会开幕式上的讲话《努力做好环保工作,促进经济社会可持续发展》中指出,环境和资源保护是国民经济和社会发展的重要组成部分,当然也必须建立在健全的法制基础之上。加强环境法制建设,以法律手段保护环境和资源,是各级人大、政府的一项基本职责和重要任务。④

1996 年 7 月 15 日,李鹏在第四次全国环境保护会议开幕式上的讲话《实施可持续发展战略,确保环境保护目标实现》中强调,必须加强法制建

<hr>

① 国家环境保护总局、中共中央文献研究室编:《新时期环境保护重要文献选编》,中央文献出版社、中国环境科学出版社 2001 年版,第 209 页。
② 国家环境保护总局、中共中央文献研究室编:《新时期环境保护重要文献选编》,中央文献出版社、中国环境科学出版社 2001 年版,第 217 页。
③ 国家环境保护总局、中共中央文献研究室编:《新时期环境保护重要文献选编》,中央文献出版社、中国环境科学出版社 2001 年版,第 292 页。
④ 国家环境保护总局、中共中央文献研究室编:《新时期环境保护重要文献选编》,中央文献出版社、中国环境科学出版社 2001 年版,第 313 页。

设。要把环境保护建立在法制的基础上。加强环境保护法制建设,是不断把环境保护事业向前推进的重要保证。他指出,各级政府和有关部门,要切实履行自己的职责,加快环境和资源保护立法的步伐,强化环境和资源保护执法的力度。通过开展多种形式的环境执法监督,坚决扭转有法不依、执法不严、违法不究的现象。对各种环境的违法行为,要铁面无私,依法查处,构成犯罪的要依法追究刑事责任。①

1997年3月8日,江泽民在中央计划生育和环境保护工作座谈会上的讲话中指出,今后对造成严重污染和生态破坏的就要依法追究刑事责任。我们要不断完善社会主义市场经济体制下的环境保护法律体系,为加强环保工作提供强有力的法律武器。②

1998年3月15日,江泽民在中央计划生育和环境保护工作座谈会上讲话的第三部分《继续努力防治污染,切实保护生态环境》中强调,要把环境保护工作纳入制度化、法制化的轨道。③ 他指出,一是要建立环境影响评估机制。要对城市的发展以及环境的影响进行综合决策,对城区建设、改造以及水域环境进行实时动态监控,进行综合性价比照,既分析有利的方面,又找出不利的一面,综合考量。二是建立和完善管理制度。环保部门要加强与其他部门的联合,实现齐抓共管;特别是加强公众参与制度,让群众成为改善和保护环境的生力军,同时,要加强社会舆论的监督。李鹏在中央计划生育和环境保护工作座谈会上的讲话的第三部分《加强法制建设和宣传教育,提高公民的人口意识和环保意识》中指出,依法治国是党领导人民治理国家的基本方略。计划生育和环境保护是我国的基本国策,今后我们应该由行政手段管理逐渐转变到依法治理、依法管理,必须走法制化的道路。④ 环境保护和计划生育一样,同样被列为我国的一项基本国策,彰显了我国环境治理、改善生态的决心,不仅极大地推进了我国环保事业的发展,保证了环境保护领域有法可循,也为探索适合我国国情的环境保护法制化道路奠定了基础。

没有完善的法律制度体系,仅仅依靠环保部门抓环境保护工作,很难从根本上破解我国当前的生态环境保护难题。因此,完善的法律制度是做好环境保护工作的前提。面对新的历史任务,只有构建起完善的环保法律体系,以强有力的法律制度作支撑,才能保证把我国的环境保护工作贯彻执行到底。1998 年 5 月 6 日,温家宝在国家环保总局干部会上讲话强调,要继续搞好环境保护方面的立法,抓紧填补立法空白,对环保工作当前急需的法律,要争取尽早列入国家立法计划。① 1998 年 11 月 11 日,李鹏为全国人大环境与资源保护委员会组织编写的《环境保护知识读本》写作序言《把一个美好的家园留给子孙后代》,指出要做好环境保护工作,就必须加强环保法制建设,为实施可持续发展战略提供法律保障。② 1999 年 6 月 22 日,温家宝同志在政协第九届全国委员会常务委员会第六次会议上的报告《实施可持续发展战略,促进环境与经济协调发展》中指出,坚持依法保护环境。健全环保方面的法律,是依法治国、建设社会主义法治国家的重要组成部分。要加强环保立法工作,继续完善各项法规,加大执法力度,依法强化对环境保护和资源开发的监管。充分发挥政府各部门的职能作用,依法行政。③

面对新时期的历史任务,只有构建起完善的环保法律体系,以强有力的法律制度作支撑,才能保证把我国的环境保护工作贯彻执行到底。进入 21世纪以后,党中央继续强调要为环保工作加强法律保障。2000 年 3 月 12日,江泽民在中央人口资源环境工作座谈会上的讲话指出,要完善人口资源环境方面的法律法规,为加强人口资源环境工作提供强有力的法律保障,促进人口资源环境工作走上法制化、制度化、规范化、科学化的轨道。④ 江泽民关于加强环境法律体系建设的重要论述,再一次向世界宣告了中国将坚持生态与人口、资源、环境相协调的良性发展道路,将我国建设成为生态良好和生活富裕的家园。江泽民曾多次强调了环境保护法制化的重要性,提出要确保环境保护的顺利实施,必须建立完整的生态保障机制,并着力将人口、资源、环境纳入依法治理的轨道。

完善的法律制度是做好环境保护工作的前提。2002 年 3 月 10 日,江泽民在中央人口资源环境工作座谈会上指出:"人口、资源、环境工作要切

① 国家环境保护总局、中共中央文献研究室编:《新时期环境保护重要文献选编》,中央文献出版社、中国环境科学出版社 2001 年版,第 502 页。

② 国家环境保护总局、中共中央文献研究室编:《新时期环境保护重要文献选编》,中央文献出版社、中国环境科学出版社 2001 年版,第 532 页。

③ 国家环境保护总局、中共中央文献研究室编:《新时期环境保护重要文献选编》,中央文献出版社、中国环境科学出版社 2001 年版,第 570—571 页。

④ 国家环境保护总局、中共中央文献研究室编:《新时期环境保护重要文献选编》,中央文献出版社、中国环境科学出版社 2001 年版,第 632 页。

实纳入依法治理的轨道。这是依法治国的重要方面。人口、资源、环境几方面的工作都有了基本的法律依据。既然立了法，就要坚持有法必依、执法必严、违法必究。各级领导干部要带头学法、知法、懂法，努力做遵守法律法规的模范，同时要支持和督促有关部门严格执法，绝不能知法犯法，干扰甚至阻挠有关部门依法行政。有关职能部门要秉公执法，决不允许徇私枉法。"①完善的法律制度体系需要严格的执法与之匹配，以此保证法律制度体系效能的发挥。领导干部要带头严格遵守法律，做模范的守法者。只有这样，才能更好推动人口、资源、环境相协调发展目标取得更大进展。

总的来说，中国生态文明制度的丰富发展阶段，党中央多次强调要通过法律制度来加强污染防治和环境保护。面对实施可持续发展战略和建立社会主义市场经济体制的目标任务对我国法律制度体系建设提出的新要求，以江泽民同志为核心的党中央强调要通过法律制度来加强环境保护，使人们逐渐认识到加强生态文明制度建设的重要性，为环保工作铸就了法律和制度的根基，在我国环境保护工作的历史进程中起到了极其关键的作用。

二、中国生态文明制度建设丰富发展阶段的环境立法

随着改革开放的不断深入和经济的不断发展，我国生态环境面临的压力越来越大。党的十四大将加强环境保护列为关系全局的主要任务之一，加快了我国环境法制建设进程。

1992年6月3日至14日在巴西里约热内卢举行了联合国环境与发展大会。我国政府高度重视此次国际会议，并认真履行本国政治承诺。根据联合国环境与发展大会通过的《21世纪议程》的要求，1992年7月，中国政府决定由国家计划委员会和国家科学技术委员会牵头，组织52个部门、机构和社会团体编制《中国21世纪议程——中国21世纪人口、环境与发展白皮书》（以下简称《议程》），在联合国开发计划署的支持和帮助下，完成了《议程》的编制。1994年3月，国务院第十六次常务会议讨论通过了《议程》，提出了实施可持续发展的总体战略、基本对策和行动方案。为推动《议程》的实施，同时制定了中国21世纪议程优先项目计划，要求建立体现可持续发展的环境法体系。在这种背景下，我国环境立法的发展脚步明显加快，出现了又一个立法高潮。② 1993年全国人大成立了环境保护委员会，

---

① 《江泽民文选》第3卷，人民出版社2006年版，第468页。
② 国家环境保护总局、中共中央文献研究室编：《新时期环境保护重要文献选编》，中央文献出版社、中国环境科学出版社2001年版，第233—234页。

次年更名为全国人大环境与资源保护委员会。在新成立的全国人大环境与资源保护委员会的积极组织和推动下,我国环境立法的步伐持续加快。1996 年 6 月,中华人民共和国国务院新闻办公室发布的白皮书《中国的环境保护》指出,中国重视环境法制建设,目前已经形成了以《中华人民共和国宪法》为基础,以《中华人民共和国环境保护法》为主体的环境法律体系。① 1999 年 3 月 15 日,九届全国人大二次会议通过的宪法修正案,将依法治国、建设社会主义法治国家载入宪法,这是我国新时期法制建设史上又一个重要的里程碑。在依法治国方略的指导下,我国应对生态环境问题的法律制度也逐渐完善,党和政府积极开展环境立法工作,国家相继制定了有关法律、法规和与之相配套的实施措施,开启了建设有中国特色的环境保护之路。

第一,关于自然保护区方面的立法。自然保护区是对自然界的有机物种进行特殊保护、具有特殊意义的自然景观地域,是生物物种的"贮存库",保留和挽救了大量濒危动植物,也为人类发展提供了十分丰富的物质来源,成为"天然实验室",为研究生态系统和环境变化的规律提供了十分有利的条件。从 20 世纪中叶以来,由于自然资源严重损坏和环境污染十分严重,自然保护区作为保存自然生态和能够使野生动植物免于灭亡的主要手段之一,在各国受到广泛重视。为了加强自然保护区的建设和管理,保护自然环境和自然资源,1994 年 9 月 2 日国务院第二十四次常务会议讨论通过《中华人民共和国自然保护区条例》。② 本条例主要是为了加强自然保护区的建设和管理,保护自然环境和自然资源。条例就自然保护区的建设规定了建设条件、类型、建立及撤销程序、命名方法等,就自然保护区的管理明确了管理机构、管理机构的主要职责、管理经费、管理内容等,条例还明晰了单位及个人违反规定应负的责任。

第二,关于水污染防治方面的立法。1984 年 5 月 11 日,第六届全国人民代表大会常务委员会第五次会议颁布了《中华人民共和国水污染防治法》。随着我国经济发展和经济体制、产业结构、城乡结构的变化,水污染的防治对象等方面发生了重大变化,水污染从总体上继续呈现出恶化的趋势。1996 年 5 月 15 日,第八届全国人民代表大会常务委员会第十九次会议,通过《全国人民代表大会常务委员会关于修改〈中华人民共和国水污染

---

① 国家环境保护总局、中共中央文献研究室编:《新时期环境保护重要文献选编》,中央文献出版社、中国环境科学出版社 2001 年版,第 339 页。

② 《中华人民共和国自然保护区条例》,载《中华人民共和国国务院公报》1994 年第 24 期。

防治法〉的决定》。① 本次草案修改重点有三个方面:一是强化水污染防治的流域管理。目前水污染防治规划和管理是按照行政区域划分,在实际执行中,由于水体具有流动性,"一刀切"的行政区域划分易出现"九龙治水"的情况。为了有效协调水资源保护跨区域治理,明确各级地方政府水资源保护责任,有必要建立健全依据流域或行政区域进行统一规划的法律制度,以及建立解决跨行政区污染纠纷的相关配套法律制度。二是集中治理城市污水。随着城市数量和人口规模的急剧扩张,城市污染排放迅速增大,但城市管网和污水处理却滞后于城市建设发展。受管理体制和政策等外部条件所限,一些斥巨资建立的污水处理厂由于管网不匹配、运行费用无保障,一些设备运行率相对较低。解决这一困境的突破口可以参照国际上通行的"污染者负担"原则,建立有关城市污水处理厂的建设和污水处理收费及管理的法律制度,以此控制水污染,改善水体质量。三是加大对饮用水源保护力度。随着经济迅速增长,随之带来的水污染排放量急剧增加,并且在趋势上呈现从城市向乡村发展,对城乡居民饮用水水源造成严重威胁。加强对生活饮用水的保护,已成为关乎人民群众健康的突出问题。鉴于现阶段的技术所限,采取法律形式,加大饮用水资源的保护是控制水污染的有效之策。此外,这个时期党中央也着力加强了水污染防治问题较为严重的淮河流域的环境立法。淮河流域自 20 世纪 80 年代以后水质呈逐年恶化趋势。至 1995 年底全流域 80%以上的河流和水域已受到污染,水污染事故频繁发生。尤其 1994 年和 1995 年初发生的水污染事故,使淮河中游超过 300 千米的河段受到污染水体的袭击,给沿淮城乡居民的饮用水及身体健康造成极大危害,严重影响了工农业生产,破坏了水生生态系统。为了加强淮河流域水污染防治,保护和改善水质,保障人体健康和人民生活、生产用水,1995年 8 月 8 日,国务院发布《淮河流域水污染防治暂行条例》。② 出台该条例,主要是为了围绕淮河流域的河流、湖泊、水库、渠道等地表水体的污染,加强淮河流域水污染防治,保护和改善水质,保障人体健康和人民生活、生产用水。条例提出了淮河流域水污染防治的目标,规定了负责淮河流域水环境质量的相关责任人,并详细规定了淮河流域的排污标准、排污费用、水污染事故应对程序、违反相关规定应负责任等内容。

　　第三,关于水土流失方面的立法。我国是个多山的国家,山区和丘陵区

---

① 《中华人民共和国水污染防治法》,载《中华人民共和国全国人民代表大会常务委员会公报》1996 年第 4 期。

② 《淮河流域水污染防治暂行条例》,载《中华人民共和国国务院公报》1995 年第 21 期。

占国土面积的三分之二以上,受复杂的自然环境和人为活动的影响,水土流失十分严重。建国初期统计,全国水土流失面积达150多万平方公里,约占整个国土面积的六分之一,还有大面积的土地遭受风沙危害。新中国成立以来,在党和人民政府的领导下,经过亿万人民的努力,我国的水土流失防治工作取得了显著成效。但是,不少地方出现了边治理、边破坏,一方治理、多方破坏的状况,尤其是随着能源开发和工程建设规模的不断扩大,进一步加剧了水土流失。据调查显示,90年代全国现有水土流失面积远大于50年代初期。由于水土流失导致坡耕地土层冲光或者变薄,土地丧失或者降低生产利用价值,即使付出巨大的代价也难以挽回损失;水土流失造成淤毁水利工程,抬高河床,大大加重了洪水灾害;严重的水土流失还使生态环境恶化,导致水土严重流失区的人民生活贫困,制约当地经济建设的发展。因此,防治水土流失问题必须引起全社会的高度重视。为了搞好水土流失防治,国务院1957年制定了《中华人民共和国水土保持暂行纲要》,1982年又制定了《水土保持工作条例》。后来随着形势的发展和从水土流失的现状看,迫切需要进一步加强预防和监督工作,而《水土保持工作条例》的内容和权威性都不能适应新的情况。许多人大代表和政协委员多次建议尽快制定水土保持法,用法律手段加强水土流失的防治工作。因此,制定水土保持法是十分必要和迫切的。为此,1991年6月29日,第七届全国人民代表大会常务委员会第二十次会议通过了《中华人民共和国水土保持法》,对自然因素和人为活动造成水土流失采取预防和治理措施,指出水土保持工作实行预防为主、全面规划、综合防治、因地制宜、加强管理、注重效益的方针。

第四,关于海洋环境保护方面的立法。1999年12月25日,第九届全国人大常委会第十三次会议修订《中华人民共和国海洋环境保护法》。[1] 该法规定了海洋环境监督管理的各责任部门,要求依法进行海洋生态保护,要求防治陆源污染物、海岸工程建设项目、海洋工程建设项目、倾倒废弃物、船舶及有关作业活动对海洋环境的污染损害,并界定了违反相关规定应负的法律责任,对严重污染海洋环境、破坏海洋生态,构成犯罪的,依法追究刑事责任。

第五,关于大气污染防治方面的立法。2000年4月29日,第九届全国人大常委会第十五次会议通过《中华人民共和国大气污染防治法》。[2] 该法指出了大气污染防止标准和限期达标规划,明确了大气污染防治监督管理

---

[1] 《中华人民共和国海洋环境保护法》,载《中华人民共和国国务院公报》2000年第2期。

[2] 《中华人民共和国大气污染防治法》,载《中华人民共和国国务院公报》2000年第20期。

的责任部门,规定了燃煤和其他能源、工业、机动车船、扬尘、农业等污染防治的措施,还规定了重点区域大气污染联合防治和重污染天气应对措施,并界定了违反相关规定应负的法律责任。

第六,关于防治土地沙化方面的立法。我国是世界上土地沙化危害最严重的国家之一,虽然经过长期努力,在防治上取得了一定成效,但从总体看,土地沙化的形势依然十分严峻。植被破坏是造成土地沙化的重要原因,森林法、草原法、水土保持法等法律分别作过一些规定,取得一定成效,但都未能从根本上起到遏制沙漠化扩张的作用。究其原因,有执法不严的因素,但是,有关法律对防沙治沙问题缺乏针对性、系统性和强有力的规定,却是更重要的原因。① 为预防土地沙化,治理沙化土地,维护生态安全,促进经济和社会的可持续发展,2001 年 8 月 31 日,第九届全国人民代表大会常务委员会第二十三次会议通过的《中华人民共和国防沙治沙法》指出,在中华人民共和国境内,从事土地沙化的预防、沙化土地的治理和开发利用活动,必须遵守本法。②

第七,关于噪声污染防治方面的立法。现实生活中,工业生产、建筑施工、交通运输和社会生活中往往会产生干扰周围生活环境的声音,进而影响了他人正常生活、工作和学习。为防治环境噪声污染,保护和改善生活环境,保障人体健康,促进经济和社会发展,1996 年 10 月 19 日,第八届全国人民代表大会常务委员会第二十二次会议通过了《中华人民共和国环境噪声污染防治法》。③ 该法明晰了环境噪声污染防治的监督管理相关责任部门,并对工业噪声、建筑施工噪声、交通运输噪声、社会生活噪声的排放标准、污染防治进行了规定,同时补充了违反法律规定排放噪声应负的法律责任。

在这一时期,西方国家为了实现经济发展和环境保护的双赢目标,在探索中逐渐形成了废物最小量化、源头削减、无废和少废工艺、污染预防等新的生产和污染防治战略。1989 年,联合国环境规划署提出了"清洁生产"的战略及推广计划。该计划一经推广,就得到许多国家政府和企业界的响应,以后人们又将清洁生产的要求逐步扩展到服务等领域,并开始探索发展"循环经济"、建立"循环社会"。2002 年 6 月 29 日,第九届全国人民代表大

---

① 曲格平:《关于〈中华人民共和国防沙治沙法(草案)〉的说明》,载《中华人民共和国全国人民代表大会常务委员会公报》2001 年第 6 期。

② 《中华人民共和国防沙治沙法》,载《中华人民共和国国务院公报》2001 年第 30 期。

③ 《中华人民共和国环境噪声污染防治法》,载《中华人民共和国国务院公报》1996 年第 32 期。

会常务委员会第二十八次会议通过《中华人民共和国清洁生产促进法》①，有力促进了我国的清洁生产，提高了资源利用效率，减少和避免了污染物的产生，保护和改善环境，保障了人体健康，促进了经济与社会可持续发展。

此外，我国还十分重视人民群众和新闻舆论对环境违法行为的监督，开辟了人民群众反映环境问题的渠道，尤其加强了新闻媒介对环境违法行为的揭露和曝光。看到成绩的同时，我们也要注意问题的存在，我国的环境法制建设还需要进一步完善，如某些方面存在着立法空白、有些法律的内容需要补充和修改、有法不依、执法不严的现象还时有发生等问题。继续加强环境法治建设仍是下阶段一项重要的战略任务。②

此阶段环境立法的突出特点是将环境保护纳入我国刑法和宪法修正案中，将环境法治建设提升至前所未有的高度。1997 年 3 月 14 日，第八届全国人民代表大会第五次会议通过《中华人民共和国刑法》第六章第六节"破坏环境资源保护罪"。③ 1999 年 3 月 15 日，第九届全国人民代表大会第二次会议通过的《中华人民共和国宪法修正案》修订了《中华人民共和国宪法》第九、十、二十二、二十六条关于国家保护和改善生活环境、生态环境的条款。④

总的来说，上述一系列环境法律都是在以江泽民同志为核心的党中央领导下制定完成。正是在以江泽民同志为核心的党中央的正确指引下，我国加快了有关环境保护的立法，环境保护法律法规体系日益完善。不仅颁布了《中华人民共和国环境保护法》、《中华人民共和国大气污染防治法》、《中华人民共和国森林法》、《中华人民共和国海洋环境保护法》、《中华人民共和国水污染防治法》等多部法律，而且在《中华人民共和国刑法》中增加了"破坏环境和资源保护罪"，坚决严格惩处破坏环境资源的行为，从立法及执法上完善了我国环境保护的法律体系。这一时期，以江泽民同志为核心的党中央对我国经济增长与环境保护辩证关系的认识更加清晰，重大环境保护的规划、法律、制度和政策相继制定，全国人大环境与资源保护委员会成立，环境立法工作深入开展，使得环境保护工作得到实质性加强，为我

---

① 《中华人民共和国清洁生产促进法》，载《中华人民共和国国务院公报》2002 年第 22 期。
② 国家环境保护总局、中共中央文献研究室编：《新时期环境保护重要文献选编》，中央文献出版社、中国环境科学出版社 2001 年版，第 340—341 页。
③ 国家环境保护总局、中共中央文献研究室编：《新时期环境保护重要文献选编》，中央文献出版社、中国环境科学出版社 2001 年版，第 458 页。
④ 国家环境保护总局、中共中央文献研究室编：《新时期环境保护重要文献选编》，中央文献出版社、中国环境科学出版社 2001 年版，第 556 页。

国创新完善环境治理模式提供了宝贵经验,奠定了坚实基础。然而,面对我国有关环境保护的立法取得了较大的成绩的同时,我们也应看到,由于环境保护涉及政治、经济、文化各个领域,关乎生产、交换、消费各个层面,需要协调各方利益,面对社会主义市场经济发展的需要,环境保护工作仍面临着巨大挑战和问题。因此,我国应依据现实,运用更科学的法律规章制度协调社会各个层面的利益,使法律法规真正服务于民,使环境保护真正落实于地,切实推进依法治国的环境保护战略。

第三节 中国生态文明制度建设丰富发展阶段的环境保护政策和管理体制机制

这一阶段,随着可持续发展战略的实践推进,我们党的生态环境保护理念逐渐加强,对环境管理的认识逐渐深入,适应经济社会发展的环境管理政策与制度逐渐丰富发展起来。总的来说,中国生态文明制度建设丰富发展阶段的环境管理制度与政策体现在党的环境管理思想以及环境保护政策和管理体制机制的建立与实施两个方面。

一、中国生态文明制度建设丰富发展阶段党的环境管理思想

这一阶段,党中央确立了建立社会主义市场经济体制的目标,在市场经济体制的推动下,我国经济社会得到快速发展。然而,市场经济的发展在推动社会取得经济效益的同时也加剧了环境污染和生态破坏,并导致环境问题成为制约我国经济社会健康发展的桎梏。因此,党中央在关注经济发展的同时敏锐地注意到了保护生态环境、实现长远发展的重要性和紧迫性,形成了一系列影响深远的环境管理思想。

随着党中央对生态环境问题越来越重视,人们的生态保护的法治理念也逐渐提升,开始注意在经济建设中的生态保护问题,并逐步意识到环境保护需要有必要的政策及制度进行约束和支撑。万里同志是中国环境保护的先驱,在中国环境保护事业中起到不可或缺的作用。他在任国务院常务副总理期间将环境保护作为一项基本国策提出来,率先强调经济发展的同时更要注重环境保护,认为遵循生态规律是顺利发展经济的前提,这些政策和思想为经济刚刚起步的中国定好了要在经济发展的同时注重环境保护的基调。1991 年 8 月 28 日,万里在七届全国人大常委会第二十一次会议上发表加快大江大河的治理的讲话,指出"环境保护不仅指治理三废,防止污染,更重要的是保护自然环境、自然资源,保持生态平衡,控制乱垦滥伐、水

土流失等大范围的问题"①。朱镕基在国务院担任副总理和总理期间对于环境保护问题也十分关注,他在多次公开讲话中指出中国存在的环境问题,并提出一系列有效的解决措施。1993 年 10 月 25 日,朱镕基同志在第二次全国工业污染防治工作会议闭幕式上的讲话中指出,开展环保工作,一定要培养一支业务过硬、坚持原则、清正廉洁、刚正不阿的队伍。② 通过以上论述可以看出,在政府的政策实施中开始高度注重环境保护,将环境保护逐渐提上日程,并将环境保护纳入我国的基本国策,而且在具体实施环节中,开始尝试加强环境保护队伍建设和采用一系列干部绿色政绩考核的办法。

　　李瑞环在担任全国政协主席期间十分强调环境保护的长远意义,认为发展不仅要关注经济效率,更要为子孙后代着想、对历史负责。1994 年 9 月 22 日,李瑞环在会见中国环境与发展国际合作委员会第三次会议代表时的讲话指出"要搞好环保,就要加强组织管理,包括利用行政手段和法律手段进行强制性管理"③。经济发展方式的生态化既要追求经济效益,又要追求生态效益,从而实现共赢。注重发展过程中自然环境的可持续性,在实现经济发展的同时为人类的生存发展创造良好的自然环境。如果只顾眼前的经济利益,忽视长远的生态效益,毫无节制地向自然环境索取,只能是破坏了当前自然生态环境,更严重损害了国家长远的生存发展和子孙后代的永续发展。

　　经济建设和环保工作应当作为一个完整的工作来考虑。1995 年 7 月 31 日,邹家华在《在环保"九五"计划和淮河水污染防治计划汇报会议上的讲话摘要》中指出,现在我们已经到了把经济建设和环保或治理污染当成一个完整的工作来考虑的时候了。不能只搞建设不搞环保或不治理污染,而要把经济建设和环保或治理污染当作一个完整的工作来考虑。假如经济建设只考虑建设本身,而不去同时考虑环保,将来是要出问题的,问题会越来越多。④ 他还指出,这项工作靠一个部门是做不完全的,靠一个环保局,

---

①　国家环境保护总局、中共中央文献研究室编:《新时期环境保护重要文献选编》,中央文献出版社、中国环境科学出版社 2001 年版,第 162 页。

②　国家环境保护总局、中共中央文献研究室编:《新时期环境保护重要文献选编》,中央文献出版社、中国环境科学出版社 2001 年版,第 217 页。

③　国家环境保护总局、中共中央文献研究室编:《新时期环境保护重要文献选编》,中央文献出版社、中国环境科学出版社 2001 年版,第 266 页。

④　国家环境保护总局、中共中央文献研究室编:《新时期环境保护重要文献选编》,中央文献出版社、中国环境科学出版社 2001 年版,第 272 页。

再增加一倍的编制也不行,要靠大家,靠部门。① 1995年10月4日,乔石在听取全国人大环境与资源保护委员会有关负责同志汇报并观看《中国环境》演示片后的谈话中指出,环境保护是关系人类生存环境和生活质量、关系子孙后代千秋万年的大事……我们是发展中国家,经济发展比发达国家晚,更要避免走别人走过的弯路,一定要高度重视防止和治理污染,在发展过程中搞好环境保护。这样做并不影响经济发展。相反,环境搞糟了,污染严重了,反会阻碍甚至破坏经济的发展。那个时候再来搞治理,就晚了,事倍功半,必须从一开始就注意保护环境。②

"发展"与"环保"在内涵和实质上是完全相同的。1995年12月7日,王丙乾在全国人大环境与资源保护工作座谈会开幕式上的讲话中指出,辩证唯物主义认为,环境与发展是相辅相成的有机统一体……各级领导在思想认识上要转变观念,不应该把环境与发展对立起来,而要把两者统一起来。要在发展中保护环境、改善环境,通过保护环境来促进经济和社会可持续发展。③ 经济发展与环境保护之间,二者绝不是二元对立的关系,而是相辅相成的辩证统一关系。一方面,经济的发展需要良好的环境作支撑,同样,良好的环境又会促进经济发展,为了追求高速发展的GDP,忽视对自然环境的保护,不符合人类社会发展的规律,更违背人与自然和谐共生的理念。另一方面,要缓解人口增长与自然资源不足之间的矛盾,我们必须要转变观念,将环境、人口、资源与发展统一起来,在发展中保护和改善环境,促进经济和社会可持续发展。

这一阶段,党中央逐步明确环境保护是一项系统工程,应加强整合各级政府、各个机构的治理资源,建立健全资源环境保护协调管理体制机制。江泽民指出环保工作是一项涉及国家各个领域的全局性工作,必须从战略高度统筹规划,建立全面的环境保护制度。他提出"建立和完善环境与发展综合决策制度,区域、流域开发和城区建设必须统一决策;建立和完善管理制度,由环保部门统一监管,有关部门分工负责,实现齐抓共管"④等要求,深化了我国对环境保护制度建设的认识。党政一把手对环境负总责是环境

① 国家环境保护总局、中共中央文献研究室编:《新时期环境保护重要文献选编》,中央文献出版社、中国环境科学出版社2001年版,第276页。

② 国家环境保护总局、中共中央文献研究室编:《新时期环境保护重要文献选编》,中央文献出版社、中国环境科学出版社2001年版,第290—291页。

③ 国家环境保护总局、中共中央文献研究室编:《新时期环境保护重要文献选编》,中央文献出版社、中国环境科学出版社2001年版,第310—311页。

④ 国家环境保护总局、中共中央文献研究室编:《新时期环境保护重要文献选编》,中央文献出版社、中国环境科学出版社2001年版,第492页。

保护工作认识的重要突破。1996 年 7 月 16 日，江泽民在第四次全国环境保护会议上的讲话《保护环境，实施可持续发展战略》中强调，"各级党委和政府都应该从维护中华民族的全局利益和长远利益出发，严格把好环保关。"①1997 年 3 月 8 日，江泽民在中央计划生育和环境保护工作座谈会上的讲话中指出，对计划生育和环境保护工作都要实行党政一把手亲自抓、负总责，把这两项工作摆上党委和政府的重要议事日程②。面对地方领导干部忽视资源环境承载力，片面追究经济增长的经济行为，江泽民提出，在环境保护问题上，"要实行党政一把手亲自抓、负总责"，"搞得如何，成效怎样，要拿一把手是问，任期内要逐年考核，离任时要做出交代，工作失职的要追究责任"③。

　　实行对自然资源的有效补偿制度是加强生态环境管理的重要手段。1997 年 9 月 12 日，江泽民在中国共产党第十五次全国代表大会上所作的报告中强调："统筹规划国土资源开发和整治，严格执行土地、水、森林、矿产、海洋等资源管理和保护的法律。实施资源有偿使用制度。"④只要开发自然资源，就存在一定程度上造成对生态环境的破坏。实行资源有偿使用和生态补偿制度，能够综合考量资源的最大限度使用，以及在环境保护中需要耗费的成本。通过加大对那些开发、利用自然资源以及对环境造成损害的人收取一定的补偿费用，从而使人们充分了解破坏环境行为的危害和后果，进而减少破坏行为，达到保护环境的目的。

　　加强环保队伍建设，是加强环境保护的重要基础。1998 年 5 月 6 日，温家宝在国家环保总局干部会上的讲话中强调，加强环保队伍建设，提高统一监管能力。⑤ 防治环境污染和生态破坏，改善环境质量，必须有一支思想好、作风正、懂业务、会管理的环保队伍。领导干部作为生态文明制度的倡导者和制定者，首先要提升其自身的生态文明素养，在此基础上才能引导、塑造有益于建设生态文明的文化环境。因此，加大对各级领导干部的生态文明教育势在必行。各级领导干部要切实加强队伍的思想教育和业务培训，各级党政领导干部要带头学习生态文明法律法规，认真领会和把握党中

---

①　《江泽民文选》第 1 卷，人民出版社 2006 年版，第 535 页。

②　国家环境保护总局、中共中央文献研究室编：《新时期环境保护重要文献选编》，中央文献出版社、中国环境科学出版社 2001 年版，第 456 页。

③　国家环境保护总局、中共中央文献研究室编：《新时期环境保护重要文献选编》，中央文献出版社、中国环境科学出版社 2001 年版，第 551 页。

④　《江泽民文选》第 2 卷，人民出版社 2006 年版，第 26 页。

⑤　国家环境保护总局、中共中央文献研究室编：《新时期环境保护重要文献选编》，中央文献出版社、中国环境科学出版社 2001 年版，第 503 页。

央有关生态文明制度建设的相关会议和文件,转变其"唯 GDP"的价值观念,做人民满意的执法者。同时,要加强环境信息、监测等能力建设,以及处理环境问题的能力,对环境污染和生态破坏要做到情况清楚,在应对重大环境突发事件、自然环境灾害等时,要反馈及时,提高现代化管理水平,增强对突发环境事故的应变能力。

面向 21 世纪,党和国家领导同志更加注重环境保护工作,对环境保护和管理的认识不断深化,提出了一系列深刻的环境保护思想。1999 年 3 月 13 日,江泽民同志在人口、资源、环境工作座谈会上的讲话第四部分《努力搞好环境保护工作》中指出,做好环保工作虽然有很大难度,但也有不少有利条件。要抓住调整产业结构、加强基础设施建设的机遇,使环保工作有一个大的进展。① 做好环保工作,绝不是一件容易的事,需要"打持久战"。因此,治理生态环境,做好环保工作,要确定环保目标,持续改善污染重的部分城市和地区,提升环保质量,促进城乡环境质量普遍好转。同时,环保工作要大面积展开,保证各个地区、各个城市、各个企业落实到位,同时还要调整产业结构,建设一批经济快速发展、环境清洁优美、生态良性循环的产业。

1999 年 6 月 22 日,温家宝在政协第九届全国委员会常务委员会第六次会议上的报告《实施可持续发展战略,促进环境与经济协调发展》中指出:"不能把保护资源和环境与发展经济割裂开来,更不能对立起来。我们必须把握发展经济同保护资源和环境的内在规律,从国家和民族的长远发展角度思考,十分注意处理经济建设同人口、资源、环境之间的关系,促进环境与经济协调发展。"②

2001 年,在中国共产党成立 80 周年庆祝大会上,江泽民指出:"坚持实施可持续发展战略,正确处理经济发展同人口、资源、环境的关系,改善生态环境和美化生活环境,改善公共设施和社会福利设施。努力开创生产发展、生活富裕和生态良好的文明发展道路。"③2002 年 3 月 10 日,在中央人口资源环境工作座谈会上,江泽民指出:"环境保护工作,是实现经济社会可持续发展的基础。一定要从全局出发,统筹规划,标本兼治,突出重点,务求实效。"④

---

① 国家环境保护总局、中共中央文献研究室编:《新时期环境保护重要文献选编》,中央文献出版社、中国环境科学出版社 2001 年版,第 549 页。
② 国家环境保护总局、中共中央文献研究室编:《新时期环境保护重要文献选编》,中央文献出版社、中国环境科学出版社 2001 年版,第 567—568 页。
③ 《江泽民文选》第 3 卷,人民出版社 2006 年版,第 295 页。
④ 《江泽民文选》第 3 卷,人民出版社 2006 年版,第 465 页。

这一阶段,党中央十分关注社会主义市场经济发展中人口、资源、环境的协调问题,要求进一步加强立法保护资源环境。江泽民多次强调资源环境保护法制化的重要性。在人口、资源和环境问题上,人口问题是制约可持续发展的首要问题,人口问题与环境问题解决好了,发展问题也就迎刃而解。将人口、资源、环境与发展问题结合在一起,通过继续实施计划生育政策,控制人口增长速度,以实现人口与自然资源的协调理念,是党中央在这一阶段的重要举措。因此,这一阶段的环境管理思想贯彻可持续发展理念,深刻认识到绝不能以牺牲环境和浪费资源为代价换取经济的一时增长,统筹考虑人口资源环境与经济社会发展机制,统筹协调人口、资源、环境的关系,正确处理近期与远期、局部与全局的关系,对人口资源环境问题进行综合治理。

二、中国生态文明制度建设丰富发展阶段环境保护政策和管理体制机制的建立完善

加强环境保护,既需要认识上提升,思想上把握,也需要有相关的环境法律法规加以保障,需要有政策和制度进行支撑。多年来,我国生态文明制度建设相对滞后,相关政策不够健全,对破坏生态环境的行为约束力不强;环境执法力度弱,环保强制性的威慑力不足,违法成本低,对破坏生态环境的行为难以严惩。这一阶段,党中央十分注重环境管理政策与制度的建立与实施,我国环境保护制度逐渐丰富和加强,体制机制配套逐渐完善和健全。

1992 年 6 月 4 日,《建设部、全国爱国卫生运动委员会、国家环境保护局关于解决我国城市生活垃圾问题的几点意见》指出:城市生活垃圾污染问题仍然十分严重,为解决好这一问题,提高城市环境质量,党中央针对性地提出如下意见:第一,提高思想认识。要认识到加快城市生活垃圾处理,是防治污染、保护环境的重要手段,是社会主义两种文明建设的重要保障;第二,加强城市垃圾管理。各城市人民政府要结合地区实际,因地制宜制定符合本地区发展需要的城市生活垃圾管理办法;第三,提高城市垃圾回收利用率。各有关部门要大力扶持垃圾回收利用工作;第四,多渠道筹集资金。城市生活垃圾无害化处理及其设施建设和运行都需要资金的投入,要保证资金到位;第五,加强科研工作。要加强和充分利用现有的科研力量,做好协同攻关;第六,加强环保队伍建设,通过提高环卫工人的工资保证队伍建设①。

---

① 国家环保总局、中共中央文献研究室编:《新时期环境保护重要文献选编》,中央文献出版社、中国环境科学出版社 2001 年版,第 189—192 页。

1992年8月10日,中共中央办公厅、国务院办公厅转发外交部、国家环保局《关于出席联合国环境与发展大会的情况的有关对策的报告》(以下简称《报告》)指出,按照联合国环发大会精神,根据我国具体情况,《报告》提出了我国环境与发展领域应采取的10条对策和措施。10条对策和措施是:实行持续发展战略;采取有效措施,防治工业污染;深入开展城市环境综合整治,认真治理城市"四害";提高能源利用效率,改善能源结构;推广生态农业,坚持不懈地植树造林,切实加强生物多样性的保护;大力推进科技进步,加强环境科学研究,积极发展环保产业;运用经济手段保护环境;加强环境教育,不断提高全民族的环境意识;健全环境法制,强化环境管理;参照环发大会精神,制定我国行动计划①。正确处理经济发展和环境保护的关系,是当时我国改革开放进程中不可回避的重大问题,也是我国实行经济社会持续发展必然要解决的重大问题。《报告》对1992年我国面临的现实问题给出了科学的回答,系统阐述了应对二者关系问题的对策和措施。

据1992年环境公报数据显示,到1992年底,我国累计颁布263项环境标准。国民经济和社会发展计划第一次将环境保护年度计划指标纳入其中,环境统计数据也首次被列入国民经济与社会发展统计公报。国务院办公厅转发了国家环境保护局、建设部《关于进一步加强城市环境综合整治的若干意见》,由国家进行环境综合整治定量考核的重点城市从32个增加到37个,各省、自治区考核的城市近300个。全国开展水污染物申报登记的城市达370个,5295家排放大气污染物和产生固体废物的企业申报登记试点工作取得了新的进展,有害废物的进口得到了控制。② 此外,我国环境监测系统越来越完善,据统计1992年我国环境保护系统共建省、地(市)、县级环境监测站2172个,监测人员达32939人。③

随后,1996年7月,第三次全国环境保护会议召开,进一步对环境管理体制进行完善。新推行的政策体制主要包括:环境收费政策、生态环境补偿政策、价格政策、环境税收政策、信贷政策、投资政策、环境技术政策、环境保护产业政策和主要相关领域发展政策。这些政策的出台标志着我国宏观环境经济政策迈出了重大步伐,比较完备的宏观环境经济政策体系已经初步建立。

国土空间开发是生态空间用途管制的重要内容。1991年4月9日,

①　《我国环境与发展十大对策》,载《环境保护》1992年第11期。

②　《1992年中国环境状况公报》,载《环境保护》1993年第7期。

③　《1992年中国环境状况公报》,载《环境保护》1993年第7期。

《中华人民共和国国民经济和社会发展十年规划和第八个五年计划纲要》指出要加强国土开发整治和环境保护。① 加强对国土空间的开发整治，表明政府将生态空间用途管制纳入生态保护和环境治理的重点内容中。

环境保护作为社会主义物质文明和精神文明的重要内容，必须与经济建设同步发展。1992 年 8 月 10 日，中共中央办公厅、国务院办公厅转发外交部、国家环保局《关于出席联合国环境与发展大会的情况及有关对策的报告》的通知指出，当前，我国正处在扩大改革开放、加快经济发展的新时期，要特别处理好环境保护与经济发展的关系。环境资源是社会生产力的重要因素，环境污染和资源破坏将直接危及经济发展的物质基础。应该汲取这方面国内外的严重教训，进行社会主义现代化建设，必须坚持两个文明一起抓，这是区别于其他社会经济发展形态的重要标志。按照联合国环发大会精神，根据我国具体情况，《报告》提出了我国环境与发展领域应采取的十条对策和措施。因此，加快转变经济发展方式，坚定不移地走持续发展道路，是加速我国经济发展、解决环境问题的重要抉择。为此，必须重申"经济建设、城乡建设、环境建设同步规划、同步实施、同步发展"的指导方针。②

运用经济手段管理环境是发达国家实现环境保护的重要举措。1992年，"运用经济手段管理环境"位列《中国环境与发展十大对策》之中。1993年，国务院环委会第 25 次会议上"探索用经济手段保护环境"被列为重点之一。随着《"九五"期间全国主要污染物排放总量控制计划》和《中国跨世纪绿色工程规划》的实施，我国对环保投入的数量大幅度增加，运用经济手段保护生态环境的应用越来越受到重视，成为未来环境管理的重点。③

可持续发展战略是我国经济发展的重要战略。只有遵循可持续发展的战略思路，才能实现国家健康长期发展。1994 年 3 月 25 日，国务院第十六次常务会议讨论通过《中国 21 世纪人口、环境与发展白皮书》。《议程》包括二十章，设 78 个方案领域。《议程》从我国具体国情和人口、环境与发展总体联系出发，提出人口、经济、社会、资源和环境相互协调，可持续发展的总体战略、对策和行动方案。中国政府决定将《议程》作为各级政府制订国

---

① 国家环境保护总局、中共中央文献研究室编：《新时期环境保护重要文献选编》，中央文献出版社、中国环境科学出版社 2001 年版，第 159 页。

② 国家环境保护总局、中共中央文献研究室编：《新时期环境保护重要文献选编》，中央文献出版社、中国环境科学出版社 2001 年版，第 194 页。

③ 张艳、潘文慧、朱影：《我国环境保护经济政策的演变及未来走向》，载《世界经济文汇》2000 年第 1 期。

民经济和社会发展计划的指导性文件①,其目标和内容将在"九五"计划和2010 年规划中得到具体体现。一直以来如何平衡我国的资源和环境承载力相对于人口数量众多的现实,一直是一个难以解决的问题,我们一方面要承受较大的压力,另一方面又要积极谋求解决三者问题的最好办法。因此,以江泽民同志为核心的党中央以我国经济社会建设与发展的实际情况为基本出发点,坚持在发展中解决环境问题,积极探索可持续发展道路。

1996 年 6 月,中华人民共和国国务院新闻办公室发布白皮书《中国的环境保护》的第二部分"逐步完善的法律体系与管理体制"中对中国环境管理体系进行了系统阐释。指出:"中国重视环境管理体制建设,现在已经建立起由全国人民代表大会立法监督,各级政府负责实施,环境保护行政主管部门统一监督管理,各有关部门依照法律规定实施监督管理的体制。"②生态环境问题是人类共同面对的全球性问题之一。正如江泽民所言,"我们做人口、资源、环境工作,不仅要把国内因素与国际因素结合起来考虑,而且要更多地考虑国际因素……对可能给我们人口、资源、环境工作带来影响的国际方面的因素,要进行全面科学的分析,既要看到对我有利的一面,也要看到对我不利的一面,以充分利用有利因素,努力避免不利影响。比如,如何既充分利用国外资源又不过分依赖国外资源,如何既扩大资源领域的对外交流又防止珍稀资源流失,如何既不断促进贸易发展又确保环境安全,等等,都需要进行深入研究。"③

随着环境保护理念的深入,环境管理思想的进步,国务院政府机构和一些省、市政府机构和人民代表大会也相应设立了环境与资源保护机构。例如"成立国务院环境保护委员会,主要负责审议和研究经济协调发展和环境保护的政策、方针和措施,指导并协调解决有关的重大环境问题,监督检查各地区、各部门贯彻执行环境保护法律法规的情况,推动和促进全国环境保护事业的发展。省、市、县人民政府也相应设立了环境保护委员会,相继设立了环境保护行政主管部门,对辖区的环保工作统一实施监督管理。各级政府的综合部门、资源管理部门和工业部门也设立了环境保护机构,负责相应的环境与资源保护工作。多数大中型企业也设有环境保护机构,负责

① 国家环境保护总局、中共中央文献研究室编:《新时期环境保护重要文献选编》,中央文献出版社、中国环境科学出版社 2001 年版,第 233—234 页。
② 国家环境保护总局、中共中央文献研究室编:《新时期环境保护重要文献选编》,中央文献出版社、中国环境科学出版社 2001 年版,第 341 页。
③ 《江泽民文选》第 3 卷,人民出版社 2006 年版,第 463 页。

本企业的污染防治以及推行清洁生产"①。这些机构的设立在生态环境保护中承担着重要职责,有效保障和推进了生态文明的建设与发展,

为进一步实施可持续发展战略,落实环境保护基本国策,推动部分城市和地区的环境质量改善,保证环境污染和生态破坏加剧的趋势得到有效控制的目标,国务院出台了一系列纲要、决定和意见等,强化环境保护管理工作。1996 年 8 月 3 日,《国务院关于环境保护若干问题的决定》指出:"各级环境保护行政主管部门必须切实履行环境保护工作统一监督管理的职能,加强环境监理执法队伍建设,严格环保执法,规范执法行为,完善执法程序,提高执法水平。县级以上人民政府应设立环境保护监督管理机构,独立行使环境保护的统一监督管理职责。地方各级环境保护行政主管部门主要负责人的任免,应征求上一级环境保护行政主管部门的意见。县级以上人民政府的有关部门,要依照有关法律的规定,实施对环境污染防治和资源保护的监督管理。"②

为适应经济增长方式转变和实施可持续发展战略的需要,推动资源综合利用工作,针对资源消耗高、利用率低,废物综合利用和无害化处理程度低等普遍存在的现象,1996 年 8 月 31 日,国务院批转国家经贸委等部门出台了《关于进一步开展资源综合利用的意见》。《意见》明确了资源综合利用的范围,并提出了实行优惠政策、利用电厂生产电力热力等多项开展资源综合利用的措施,从制度和法律层面推进了资源综合利用工作的开展。

1996 年 9 月 3 日,《国务院关于国家环境保护"九五"计划和二〇一〇年远景目标的批复》发布国家环境保护"九五"计划和 2010 年远景目标(摘要)。国家环境保护"九五"计划和 2010 年远景目标指出,到 2000 年,基本建立比较完善的环境管理体系和与社会主义市场经济体制相适应的法规体系,力争基本控制环境污染和生态破坏加剧的趋势,改善部分城市和地区的环境质量,建成若干经济快速发展、环境清洁优美、生态良性循环的示范城市和示范地区。

环境宣传教育是环境保护事业的基础、前提和重要保障,一个地区、一个国家的公众环境保护意识如何,很大程度上决定着该地区、国家的生态环境保护效果。这一时期,党中央深刻认识到环境保护工作的重要性,深刻认识到加强生态文明建设,提高全民生态意识的重要性,因而不断加大对环境

---

①　国家环境保护总局、中共中央文献研究室编:《新时期环境保护重要文献选编》,中央文献出版社、中国环境科学出版社 2001 年版,第 341—342 页。

②　国家环境保护总局、中共中央文献研究室编:《新时期环境保护重要文献选编》,中央文献出版社、中国环境科学出版社 2001 年版,第 394—395 页。

保护的宣传力度,把培育公民的环境意识作为一项重要工作来抓。同时,环保事业是典型的公共事务,涉及经济、社会、文化、政治等各个方面,需要处理好各方面的关系,这不仅需要政府全面规划和强力推进,也需要企业在生态资源配置中发挥作用,更需要社会组织和公众的主动积极参与。1996 年3 月 17 日,八届人大四次会议通过的《中华人民共和国国民经济和社会发展"九五"计划和二〇一〇年远景目标纲要》表明要搞好环境保护的宣传教育,增强全民环保意识。1996 年 12 月 10 日,为贯彻落实党的十四届六中全会通过的《中共中央关于加强社会主义精神文明建设若干重要问题的决议》和《国务院关于环境保护若干问题的决定》,进一步搞好环境宣传教育工作,提高全民族的环境意识,国家环境保护局、中共中央宣传部、国家教育委员会印发《全国环境宣传教育行动纲要》。2002 年 11 月 11 日,《中共中央关于制定国民经济和社会发展第十个五年计划的建议》第十部分《加强人口和资源管理,重视生态建设和环境保护》指出完善生态建设和环境保护的法律法规,加强执法和监督。开展环保教育,提高全民环保意识。①

　　总的来说,这一阶段,党和国家领导人的讲话、报告以及党中央、国务院及相关环境保护部门出台的文件使用的都是环境保护这一概念,因此这一时期与生态环境保护相关的制度称之为环境保护制度。这一阶段我国环境保护的法律法规不断完善,党中央依据国情制订了更加全面的环境保护制度,落实了更加有力的环境保护政策,提出了提升全民环保意识的理念,为我国生态文明制度概念的最终提出奠定了基础,为我国的长远可持续发展提供了政策保证。

第四节　中国生态文明制度建设丰富发展阶段的制度建设影响因素与成效

　　从 20 世纪 90 年代初期到党的十六大召开之前,在建立社会主义市场经济体制的目标作用下,在可持续发展战略的影响下,我国生态文明制度建设进入丰富发展阶段。生态文明制度的丰富发展是对我国所处的生态污染困境的积极应对,在一定程度上起到了缓解作用。但是总的来看,我国整体环境质量并未显著改善,甚至呈现出恶化趋向,这说明生态文明制度建设仍然任重而道远。

----

① 国家环境保护总局、中共中央文献研究室编:《新时期环境保护重要文献选编》,中央文献出版社、中国环境科学出版社 2001 年版,第 685 页。

一、中国生态文明制度建设丰富发展阶段的制度建设影响因素

这一阶段我国生态文明制度建设受到多方面影响,主要有以下几方面:

第一,社会主义市场经济体制的建立和完善助推环境保护制度建设。党的十四大提出建立社会主义市场经济体制的目标,这就在客观上要求环保工作必须紧跟社会主义市场经济发展步伐。1996年9月,《国务院关于国家环境保护"九五"计划和二〇一〇年远景目标的批复》发布国家环境保护"九五"计划和2010年远景目标,该文件明确指出到2000年基本建立比较完善的环境管理体系和与社会主义市场经济体制相适应的环境法规体系。各级政府逐渐在实践中意识到,通过法律制度、政策规范约束是加强环境保护工作的重要手段。政府要通过环境保护制度建设来达到保护环境的最终目的。1998年9月,国家环保总局印发了《全国环境保护工作(1998—2002)纲要》,提出建立和健全适应社会主义市场经济体制的环境法律法规、政策标准和管理制度体系等。在此背景下,环境保护制度建设很大程度上受到市场经济体制发展的影响,环境保护制度和政策的制定开始注重考虑社会资本要素的作用,注重发挥经济手段的指挥棒作用,通过各种环境制度和政策的实施,革新生产技术,使用清洁能源,发展再生资源,通过各类要素的协同配合和整体推进,较为科学地建构起环境制度政策与经济发展的互动促进机制。自20世纪90年代初,推动经济增长方式的转变一直是党中央经济工作的核心议题,也是指导国民经济持续健康发展的重要战略思想。这一思想的提出并广泛应用于国民经济发展实践,有利于降低物质资源和自然资源的消耗,提高物质资源和自然资源利用的效率。随着市场经济的发展,过去单纯运用行政手段解决环境问题的做法逐渐得以改变,行政手段、市场手段、法律手段等多种手段得以运用,并且市场手段越来越受到重视。"其中代表性措施例如,依据资源有偿使用的原则,研究制定自然资源开发利用补偿收费政策和环境税收政策;制定不同行业污染物排放的限定标准,逐步提高排污收费标准,促进企业污染治理达到国家和地方规定的要求;将自然资源和环境因素纳入国民经济核算体系;对环境污染治理、开发利用清洁能源、废物综合利用和自然保护等社会公益性项目,在税收、信贷和价格等方面给以必要的优惠等等。"[①]社会主义市场经济体制的建立和完善助推了环境保护制度建设,促进了环境法律制度、环境经济政策的建立

---

① 刘建伟:《新中国成立后中国共产党认识和解决环境问题研究》,人民出版社2017版,第216页。

和完善,推动了环境管理体制机制的构建。

但是,这一时期生态文明制度建设虽然有较多的进步和完善,注重使用经济手段调控环境治理和生态保护,但是在适应社会主义市场经济方面仍然存在不足,很难充分发挥其内在效力。"由于市场经济体制不完善,政府职能未实现向服务型政府的转变,因而仍未从根本上减少政府官员追逐短期行为的现象,环保部门则缺少强制性权力。"①进入新的千禧年的中国,环境问题已成为制约经济社会发展的重要问题,我国生态文明制度建设仍然任重道远。

第二,可持续发展战略的实施推动了环境保护制度的建立和完善。1996年3月,八届人大四次会议批准《国民经济和社会发展"九五"计划和二〇一〇年远景目标纲要》,明确提出中国今后在经济和社会发展中实施可持续发展战略的重大决策。可持续发展的观念在环境保护制度的各个方面都引起了一些新的变化。在环境立法方面,可持续发展要求一些新的部门法出现,要求一些原有的部门法做出相应的充实或改动。在法的运行方面,从执法到司法,可持续发展战略都提出了一些关于资源和环境方面的新要求。可持续发展应该是一种法制秩序,建立健全环境法律制度、依法开展可持续发展活动,是可持续发展的内在要求,是实现可持续发展必须具备的基本条件和根本保障。在环境政策方面,实施可持续发展战略要求制定和修订一系列环境政策,更加严格的环境标准,灵活适用的环境经济管理手段等,逐步形成一个基本适合我国国情的环境保护政策体系,促进我国经济社会可持续发展。要综合制定和利用预防政策、注重保护环境、改善环境,鼓励环保产业的优先发展,合理安排自然资源的可持续利用,取得综合经济效益。作为规范政府、企业和个人环境行为的指南,环境政策既是实现环保目标的指导性原则和调控手段,又是促进经济社会可持续发展的有力保障。但要看到,我国的环境政策体系还需进一步完善。基于可持续发展战略调控环境政策,建立完善的适合我国国情的环境政策体系,可以有效地促进经济社会的可持续发展。1999年的政府工作报告第一次将可持续战略放到与农村经济发展、金融风险防范、国企改革同等重要的地位,改变了过去在党和政府的文件中将环境污染放于工业经济部分、把生态保护放入农业经济部分论述的做法。可持续发展战略逐渐融入经济社会发展各方面。实施可持续发展战略,要求利用科学合理的经济政策引导环境的保护,促进资源

---

① 张连辉、赵凌云:《1953—2003年间中国环境保护政策的历史演变》,载《中国经济史研究》2007年第4期。

的合理配置，从而达到经济与环境共同走可持续发展道路的目的。

可见，可持续发展战略的实施，推动了环境保护制度的建立和完善，环境保护制度激励人们的经济行为沿着可持续发展道路阔步前进。

第三，"依法治国"方略的实施促进环境法制建设。江泽民在党的十五大报告中提出了"依法治国"方略。"依法治国"方略是中国走向强盛的必然选择。以江泽民同志为核心的党中央更加深刻认识到，没有完善的法律制度体系，仅仅依靠环保部门抓环境保护工作，很难从根本上解决我国当前的生态环境难题。为此，必须实施"依法治国"方略，构建起完善的环境保护法律体系，以强有力的法律制度作支撑，才能保证把我国的环境保护工作贯彻执行到底。1998 年 3 月 15 日，江泽民在中央计划生育和环境保护工作会议上突出强调了环境保护制度化建设的要求，指出："要把环境保护工作纳入制度化、法制化的轨道"①，这也是我们党坚持依法治国基本方略的重要表现。2002 年 3 月 10 日，在中央人口资源环境工作座谈会上，江泽民指出："人口、资源、环境工作要切实纳入依法治理的轨道。这是依法治国的重要方面。人口、资源、环境几方面的工作都有了基本的法律依据。既然立了法，就要坚持有法必依、执法必严、违法必究。各级领导干部要带头学法、知法、懂法，努力做遵守法律法规的模范，同时要支持和督促有关部门严格执法，绝不能知法犯法，干扰甚至阻挠有关部门依法行政。有关职能部门要秉公执法，决不允许徇私枉法。"②

这一时期，我国加快了有关环境保护的立法，环境保护法律法规体系日益完善。颁布了《中华人民共和国环境保护法》等多部法律，并在《中华人民共和国刑法》中增加了"破坏环境和资源保护罪"，从立法及执法上完善了我国环境保护的法律体系。

第四，国际社会环境政策发展趋势对我国产生深刻影响。环境问题是全球性问题，我国在制定环境制度政策时受到了国际环境政策发展趋势的影响。环境保护是我国最早与国际接轨的重要领域。欧盟是生态环保的先锋，从 20 世纪 70 年代起就开始确立和发展环境保护的政策和制度，并在 1997 年新修订的《阿姆斯特丹条约》中，正式将可持续发展作为欧盟的优先目标，而我国周边的韩国、日本也逐渐从 80 年代起开始关注环境问题，强调可持续发展，推动环境保护法律法规的制定和执行。1992 年 6 月，联合国

①　国家环境保护总局、中共中央文献研究室编：《新时期环境保护重要文献选编》，中央文献出版社、中国环境科学出版社 2001 年版，第 492 页。

②　《江泽民文选》第 3 卷，人民出版社 2006 年版，第 468 页。

环境与发展大会确立了可持续发展战略理念,在这种背景下,国际环境政策深刻影响了我国环境制度政策的制定。1992 年 8 月 10 日,中共中央办公厅、国务院办公厅转发外交部、国家环保局《关于出席联合国环境与发展大会的情况及有关对策的报告》的通知中,指出面对联合国环发大会提出的可持续发展战略,我国环境与发展领域应采取的十条对策和措施,明确提出转变发展战略,走持续发展道路,是加速我国经济发展、解决环境问题的正确选择。① 并且在之后的实践中,一方面我国主动与各个国家和各个地区开展环境合作交流,充分吸收和借鉴不同的环保理念和管理经验,一切从实际出发,实事求是地制定各项环境制度和政策;另一方面,履行国际环境保护责任,积极制定环境制度政策,自觉承担国家义务,展现大国风采,为国家发展创设良好的国际环境。

二、中国生态文明制度建设丰富发展阶段的制度建设成效

20 世纪 90 年代以来,在实行现代化战略的基础上,我国经济体制改革进入新的阶段,中国逐渐确立和形成了着重突出经济发展和环境保护同向发展、相互促进,力争能够实现可持续发展的发展战略。这一时期,我国生态文明制度建设取得很大进展,其建设成效体现在以下几个方面。

第一,环境保护法律法规不断完善。法律先行是我国环境保护的重要经验。自 1992 年开始,我国加快推进环境立法进程,建立和完善更加合理科学、系统高效的法律保障体系。1993 年 3 月,全国人大成立了环境保护委员会,次年改为全国人大环境与资源保护委员会。1994 年,《全国环境保护工作纲要(1993—1998)》要求加快环境保护立法步伐,加大环境保护执法力度,建立与社会主义市场经济体制相适应的环境法体系。1998 年 9 月,国家环保总局印发的《全国环境保护工作(1998—2002)纲要》,则将建立和完善适应社会主义市场经济体制的环境法律体系作为 1998—2002 年全国环境保护工作的首要目标之一②。上述机构的建立和文件的出台有力地推动了环保法律的制定和完善,极大推进了环境立法的进程和成效。这一时期先后制定出台《固体废物污染环境防治法》、《清洁生产促进法》、《环境噪声污染防治法》、《节约能源法》等重要法律,修改完善了《大气污染防治法》、《水污染防治法》、《矿产资源法》、《土地管理法》、《森林法》、《海洋

---

① 国家环境保护总局、中共中央文献研究室编:《新时期环境保护重要文献选编》,中央文献出版社、中国环境科学出版社 2001 年版,第 194 页。
② 白永秀、李伟:《我国环境管理体制改革的 30 年回顾》,载《中国城市经济》2009 年第 1 期。

环境保护法》等重要法律。此外,国务院也先后制定并修改《自然保护区条例》等 20 多件环境法规,完善相关环境标准将近 200 多项。特别需要指出的是 1997 年修订的刑法专门增加了"破坏环境资源保护罪",规定了 14 个具体罪名,在刑法的高度对破坏环境的行为进行了规定和制约,有力震慑了违法犯罪分子,丰富发展了环境保护法律体系。进入新世纪,为了保护和合理利用种质资源,促进种植业和林业的发展,2000 年制定出台了《中华人民共和国种子法》。2001 年,为预防土地沙化,治理沙化土地,制定出台了《中华人民共和国防沙治沙法》,这一系列法律法规的修订出台进一步深化和完善了我国环境保护的法律体系,使法律管理在环境管理体制中的作用进一步强化,地位进一步提升,从而为环境保护事业提供有力支撑和保障。

第二,环境政策逐渐建立和完善。本阶段重点围绕以可持续发展战略为核心,深化开展环境政策体系建设,不断实现对环境工作更加有效的宏观调控。

一是出台了一系列环境政策领域的指导性文件,统一了环境政策建设的指导方针和基本思路。本阶段,党和国家从战略发展全局出发,围绕实施可持续发展战略,先后通过《关于出席联合国环境与发展大会的情况的有关对策的报告》(1992 年)、《中国 21 世纪议程—中国 21 世纪人口、环境与发展白皮书》(1994 年)、《全国环境保护工作纲要(1993—1998)》(1994 年)、《国务院关于环境保护若干问题的决定》(1996 年),《全国环境保护工作(1998—2002)纲要》(1998 年)等环境保护领域纲领性文件,深刻阐明现代化建设中必须实施可持续发展战略,坚持保护环境的基本国策,正确处理经济发展同人口、资源、环境的关系。这些政策和文件的制定出台成为该阶段环境政策建设的基本遵循和依据。

二是推动了清洁生产政策体系的建立。1992 年,国家环保局与联合国环境规划署联合举办了首届国际清洁生产研讨会,推出了《中国清洁生产行动计划(草案)》。在该阶段,我国不断完善清洁生产政策体系,1993 年,全国第二次工业污染防治工作会议提出工业污染防治必须实行清洁生产,实行三个转变,即由末端治理向生产全过程控制转变,由浓度控制向浓度与总量控制相结合转变,由分散治理向分散与集中控制相结合转变。此后先后颁布出台的《环境保护若干问题的决定》(1996 年)、《"九五"期间全国主要污染物排放总量控制计划》(1996 年)、《关于推行清洁生产的若干意见》(1997 年)、《关于实施清洁生产示范试点的通知》(1999 年)、《中华人民共和国清洁生产促进法》(2002 年),有力推动了清洁生产制度化、规范化发展。

三是推动了环境保护宣传教育体系的建立。1992 年国家环保局与国家教委联合召开第一次全国环境教育工作会议,明确提出"环境保护,教育为本"的方针。1996 年,八届人大四次会议通过的《中华人民共和国国民经济和社会发展"九五"计划和二〇一〇年远景目标纲要》表明要搞好环境保护的宣传教育,增强全民环保意识。为进一步搞好环境宣传教育工作,提高全民族的环境意识,相关部门先后围绕贯彻落实《中共中央关于加强社会主义精神文明建设若干重要问题的决议》,颁布《国务院关于环境保护若干问题的决定》(1996 年)、《全国环境宣传教育行动纲要》(1996 年)、《国务院关于印发全国生态环境建设规划的通知》(1998 年),有力推动了环境保护宣传教育体系的建立。

四是推进了"生态环境"保护政策的完善。1992 年,中国公布《中国环境与发展十大对策》,文件内容除继续重视污染治理外,生态环境也纳入保护范畴。1996 年 7 月《国务院关于加强环境保护若干问题的决定》,明确坚持污染防治和生态保护并重的方针,先后颁布《全国生态环境建设规划》和《全国生态环境保护纲要》。自 1997 年开始,《全国环境统计公报》增加了生态保护的大量内容,至 2001 年《全国环境统计公报》涉及生态环境的项目包括:自然保护区数、自然保护区面积、保护区面积占国土面积比、珍稀濒危动物繁殖场数、珍稀植物引种栽培场数、生态示范区试点地区和单位数、已批准国家级生态示范区数等,生态保护方面的内容明显增多。① 该阶段对生态环境保护的认识逐步深化,生态环境保护政策不断完善。

第三,环境保护体制逐步健全。可持续发展战略提出以来,我国环境保护更加注重体制机制的科学性、规范性、实效性,有关环境保护管理的体制机制不断健全完善。

一是推动了环境经济管理体制不断健全,经济手段在环境保护中的作用不断深化。强化顶层设计,突出了市场经济手段的作用。1994 年,《中国 21 世纪议程—中国 21 世纪人口、环境与发展白皮书》,明确提出在建立社会主义市场经济体制中,充分运用经济手段,促进保护资源和环境,实现资源可持续利用。同年 8 月,国家环境保护局发布《全国环境保护纲要(1993—1998)》要求运用经济手段,拓宽环境保护资金渠道。1998 年 9 月,国家环保总局印发的《全国环境保护工作纲要(1998—2002)》指出要建立和完善适应社会主义市场经济体制的环境政策、法律、标准和管理制度体

---

① 刘建伟:《新中国成立后中国共产党认识和解决环境问题研究》,人民出版社 2017 版,第 215 页。

系,这些政策进一步推进了环保经济手段的出台和运用。注重实践成效,充分发挥了市场杠杆作用。先后开展了大气排污交易政策试点工作,从1993年开始在全国21个省、市、自治区继续试点建立环保投资公司;开展招标试点,将竞争机制引入环境影响评价市场;全面推行排污许可证制度、开征二氧化硫排污费、提高排污收费标准、推行环境标志制度等政策措施①,环境管理保护的经济手段运用不断加强,成为推动环境保护事业取得长足进步的重要保障。

二是推动了环境监管体制逐步完善,环境保护机构职能不断加强。1994年,国家环保局成立重大环境污染与自然生态破坏事故应急处理工作领导小组,提高了对全国重大环境污染与生态破坏事故的应急响应能力,有利于进一步指导、协助地方作好事故的处理工作。1998年,在政府机构改革中将环境保护局升格为部级的国家环境保护总局,作为国务院的主管环境保护工作的直属机构,同时撤销国务院环境保护委员会,把原国家科委的国家核安全局并入国家环境保护总局,进一步完善了中央层级的环境保护机构建制,强化其环境保护职能。1999年,原国家环保总局将省、市、县三级的环境监理机构规范为环境监理总队、支队、大队,进一步规范和强化了环境监管作用。2001年6月,国务院批准建立全国环境保护部际联席会议制度,进一步推动了各部门在环境保护方面的协作,提高了环境保护决策的科学性。②

第四,环境保护制度建设的国际合作与交流日益强化。环境保护事业是一项全人类的共同事业,推进可持续发展战略,实施清洁生产,发展循环生产,需要不断加强同广大周边国家和相关国际组织的多边合作,需要借助外部的资金、技术、管理经验不断促进我国环保技术和管理水平的提升和革新。本阶段,我国组织和参加了数十次高层次的国际环境会议,如1992年在巴西里约热内卢召开的联合国环境与发展大会、1996年在北京召开的第五次东北亚环境合作会议、1997年在日本京都召开的《联合国气候变化框架公约》第三次缔约国会议、1999年在北京召开的第十一次《蒙特利尔议定书》缔约方大会、2000年在瑞典马尔默召开的全球首届部长级环境论坛暨联合国环境署理事会第六次特别会议等。同时,我国积极开展环境领域的外交,先后与朝鲜、印度、韩国、巴基斯坦、波兰等国签订了环境保护协议,在环境保护方面展开了友好合作。在认真履行已加入国际公约的同时,先后

---

① 白永秀、李伟:《我国环境管理体制改革的30年回顾》,载《中国城市经济》2009年第1期。
② 白永秀、李伟:《我国环境管理体制改革的30年回顾》,载《中国城市经济》2009年第1期。

于 1992 年 7 月 28 日加入《关于特别是作为水禽栖息地的国际重要湿地公约》,1996 年 5 月 15 日加入《联合国海洋公约》。① 此外,我国重点深化了与联合国环境规划署、世界银行、全球环境基金等国际组织的合作,通过引进国外资金、技术和管理经验,提高了我国环保技术和管理水平。建立了环境风险评估机制和进口货物的有害物质监控体系,有效防范了污染引进、废物非法进口、有害外来物种入侵和遗传资源流失。②

第五节　中国生态文明制度建设丰富发展
阶段的基本特征与实践价值

　　20 世纪 90 年代初期至 2002 年党的十六大召开之前,我国经济快速发展,与此同时,环境污染、生态破坏不断加剧。面对严峻的环境形势,我国逐步加强环境制度建设推动生态文明制度建设进入丰富发展阶段。这一阶段我国生态文明制度建设呈现出多方面特征,体现出重要的实践价值。

一、中国生态文明制度建设丰富发展阶段的基本特征

　　在党的十四大提出建立社会主义市场经济体制的目标指引下,在联合国环境与发展大会确立可持续发展战略理念的影响下,我国提出实施可持续发展战略的构想,促使该时期我国生态文明制度建设呈现出鲜明特征。

　　(一) 立足当前和关注长远相结合

　　进入 20 世纪 90 年代以后,环境问题越来越成为国际社会关注的重点和热点问题。这一时期,我国的环境保护和经济发展的矛盾也日益突出起来,尽管改革开放以来制定的一系列环境保护政策和制度发挥出一定效用,但是并未能从根本上扭住环境恶化的形势。巨大的人口压力带来了食物供应的需求飞涨,对脆弱的生态系统造成严重破坏,粗放型的工业发展造成大量的环境污染和经济损失,一些主要污染物的排放指标已经超出了环境承载力的水平。

　　面对生态环境日益恶化的严峻现实,人们开始反思以往的发展理念和发展思路,并探求能够实现资源、环境和发展相协调的发展模式。面对急迫的环境治理和生态保护要求,我们党鲜明提出实施可持续发展战略,立足建

① 白永秀、李伟:《我国环境管理体制改革的 30 年回顾》,载《中国城市经济》2009 年第 1 期。
② 周宏春、季曦:《改革开放三十年中国环境保护政策演变》,载《南京大学学报》(社会科学版)2009 年第 1 期。

设社会主义市场经济体制的目标，国务院发布了《关于环境保护若干问题的决定》，实施《污染物排放总量控制计划》和《跨世纪绿色工程规划》，综合多种手段，制定和出台一系列政策制度，对工业污染实施治理，着力控制污染物大量排放，力争解决当前经济发展与环境污染不协调的突出问题，努力实现经济发展、环境治理、生态保护相协调。同时着眼长远，立足我国未来发展的可持续要求，立足永续利用的理念，把可持续发展战略要求贯穿国民经济社会发展的始终。"八五"时期，环境保护首次纳入国民经济和社会发展规划，"九五"时期，国家环境保护五年计划首次由国务院批准实施。自环境保护被纳入国家发展的总体布局中，环保领域也逐渐扩大，由单纯对工业污染进行治理扩展到对生活污染、生态保护、农村环境保护、核安全监管、突发环境事件应急等各个重要领域进行综合治理，环境保护逐步参与到国家经济发展和社会建设的综合决策之中。1996 年 3 月，八届人大四次会议批准通过了《国民经济和社会发展"九五"计划和二〇一〇年远景目标纲要》，《纲要》将可持续发展确定为指导中国未来经济社会发展的战略目标和基本方针，并系统制定了今后我国在经济和社会发展中继续实施可持续发展战略的伟大决策。

1998 年国务院印发了《全国生态环境建设规划》，全面论述出生态环境建设的指导思想和基本原则，阐述了生态环境建设的阶段性目标和具体指标，首次确定了生态环境保护的八大类型区域，确立了环境治理的保障体系。同年，党的十五大报告把可持续发展战略确立为推进我国现代化建设的根本指导战略，表明在进行环境保护的过程中要正确处理好经济发展与人口、资源、环境之间的相互关系，实现环境保护与经济发展协调发展，同向而行。2000 年 11 月，在《全国生态环境建设规划》基础上，国务院印发《全国生态环境保护纲要》，对生态环境保护的相关问题进行了全方位、系统性、全局性的安排。

为了有效解决当前的环境问题，为了我国经济社会的长远发展，我国提出了要加强源头治理，加快推行清洁生产，逐步发展循环经济。1997 年，国家环保局公布了《关于推行清洁生产的若干意见》，指出各地环保部门应该将清洁生产纳入环境管理政策。2002 年 6 月，《清洁生产促进法》在第九届全国人大常委会第二十八次会议通过，该法律从系统全局的视角对我国清洁生产的政策制度和技术指南等方面作出了规划安排，对企业生产提出了新的要求，进一步强调企业应从全过程入手，在产品设计、原料替代、设备与技术改造、工艺改革和生产管理改进等几大领域下重点下功夫，在生产的源头、开始和过程中都要充分考虑能源、资源以及实现废物最小化的突出问题,确保环境污染达到最低化,尽最大努力减轻,甚至消除环境污染。同时,全面综合运用环保规划、推进并执行 ISO14000 环境管理体系认证、加强对环境影响进行综合评价,实现对生产者环保责任延伸制度等,不断完善和加强对环境管理全过程的总体控制。另一方面,加强污染物总量的控制,减少污染物排放量。颁布《"九五"期间全国主要污染物排放总量控制计划》,执行全新的《大气污染防治法》,在一些地区开始试点工作,推行污染物排放总量控制,尤其对环境危害较大的 12 种污染物实行总量控制,逐步克服了以前按照污染物浓度排放标准来控制污染的存在的弊端,有效减缓了环境污染恶化的趋势。这一期间,总体上基于可持续发展战略要求,坚持把源头治理与总量控制相结合,统筹实现经济与环境协调发展。这一阶段的生态文明制度建设既注重当下严峻的环境治理和生态保护现实,又着眼于中华民族的永续发展,把可持续发展理念贯穿未来发展的始终,实现了立足当前与关注长远相结合。

（二）坚持政府管理和市场驱动相结合

党的十四大提出建立社会主义市场经济体制的目标,要实现环保工作与市场经济发展要求相适应,各级政府应通过采用多种手段实现环境保护的目标。在此基础上,除了加快环境立法,推进环境保护的政策法规不断健全外,一系列环境保护的经济管理手段也开始应用,环境保护的市场驱动开始发挥作用。在建立社会主义市场经济体制的宏观目标牵引下,国家出台的各项生态环保政策制度,充分利用不同的经济手段逐渐调整各方面的经济利益关系,采取经济收益指挥棒来控制企业损害环境的经济活动,奖励保护环境的经济活动,实现将企业的局部利益同社会的整体利益有机结合。1993 年通过的《关于调整"八五"计划若干指标的建议》,在能源产品的政策调整方面充分运用了经济手段。1994 年国家环保局颁布《全国环境保护工作纲要(1993—1998)》明确提出环保工作要适应市场经济的发展,适应建立社会主义市场经济体制的新形势,促进环境质量改善和国民经济持续快速、健康发展。在这一阶段,主要采取了资源有偿使用的基本原则,逐渐征收资源利用补偿费,对环境税的开征展开深入探讨和相关研究;在国民经济核算体系中逐步纳入自然资源和环境,使经济活动造成的环境代价通过市场价格完整地、准确地反映出来;依据不同行业污染物排放的时限进而制定不同的排放标准,进一步提升排污收费水平,使企业污染治理尽可能达到国家和地方的统一要求;对公益性环境保护企业和事业的项目进行补贴和财政支持,例如对环境污染治理、废物综合利用和自然保护等公益性明显的项目,应做到给予适当的税收、信贷和价格优惠;在引进外资和项目时,要把环境保护工程列为重点引进安排的内容,切实把住关口,防止污染转移。同时,不断增加我国环境保护的资金投入,促使 GDP 比例中的环保投资比例占比不断提高。"九五"期间,我国环保投资达到 3516.4 亿元,是"八五"期间的 2.7 倍。1999 年,环保投入占比首次实现了新的飞跃和突破,占 GDP 比例首次突破 1.0%。"十五"期间,环保投资占同期 GDP 比例 1.19%。①同时,各级政府加大对环境污染惩治力度,对相关污染防治工作的重视程度逐步提高,对环境保护的投入比重持续加大,城市环境综合整治工作取得新的进展,污染防治工作已经开始由工业领域逐渐过渡到城市地区,这一阶段生态文明制度建设充分发挥市场手段的作用,把市场调节机制与政府行政管理行为相互补充,既提供了充足的行政立法支撑,又充分适应社会主义市场经济体制的要求,对治理环境污染起到了良好的效果。

（三）坚持完善立法与强化执法相结合

建立社会主义市场经济体制,深入实施可持续发展战略的目标任务对我国法律体系建设提出了新的要求,需要我们加快生态文明建设法律制度的制定、修订和完善。党中央从宏观层面对生态环境立法工作提出重要要求,指出,"抓紧对现有环境保护法律、法规和规章进行清理和整理,特别是对不适应建设社会主义市场经济体制要求和相互之间不配套的内容进行废止、修改或补充"②。党中央充分认识到制度和法治在生态文明建设中的硬约束作用,充分发挥全国人大专门委员会的重要功能,聚焦具体领域、犯罪惩治等问题,研究环境法律实施过程中遇到的难题障碍,不断完善环境保护法律体系,加强重点领域资源环境立法,及时梳理修订相关环保法律法规。除了修订已有环境保护法律,还根据经济社会发展出现的新情况以及区域、行业特点,增强立法针对性、可操作性,确定了固体废物污染、噪声污染、节约能源、防沙治沙等多重领域的法律法规,并且不断加大破坏环境的惩治力度,在刑法中增加了"破坏环境和资源保护罪",为环境保护建立了严密的法律防线。同时该阶段,我们认识到环境执法效果直接关系环境保护的成效,深刻指出"强化环境执法监督,采取切实有力措施……严厉打击影响极坏的违法行为"③。因此,在进行生态文明建设的进程中,我国制定了一系列关于开展环境保护执法检查的文件,为建设强有力的执法队伍,开展

---

①　《环境保护状况》,中华人民共和国中央人民政府网,http://www.gov.cn/test/2012-04/10/content_2110072.htm

②　国家环境保护局:《全国环境保护工作纲要(1993—1998)》,载《环境保护》1994 年第 3 期。

③　国家环境保护总局、中共中央文献研究室编:《新时期环境保护重要文献选编》,中央文献出版社、中国环境科学出版社 2001 年版,第 200 页。

环境保护执法工作提供重要法律依据。1999 年,国家环境保护总局制定了《环境保护行政处罚办法》。同年,国家环境保护总局又发布了《关于进一步加强环境监理工作若干意见的通知》,进一步指出在各层级应该建立环境监督、检查的专职机构。2001 年,国家环境保护总局成立了直属事业单位性质的环境应急与事故调查中心。2003 年,改设环境影响评价司代替原来设立的监督管理司,并增设环境监察局。此后,在全国范围内,作为执法机构的"环境监理"机构更名为"环境监察"机构,从而切实提高了环境法律制度的执行力,不断增进了立法的保障性和执法的有效性的提升。

(四) 坚持重点控制与全面监管相结合

立足建设社会主义市场经济体制的目标,贯彻可持续发展战略的要求,面对全局性的严峻环境治理任务和要求,我国生态环境制度建设坚持重点控制同全面监管相结合。把治理重点优先放在"三河""三湖"水污染、"两区"大气污染,重点防治工业污染。① 着力通过推动重点区域、行业、样态的管理和调节,提升环境治理水平。1994 年 6 月,国家环保局、水利部与沿淮的安徽、江苏、河南和山东四省份共同颁布了关于我国大江大河水污染预防问题的第一个规章制度——《关于淮河流域防止河道突发性污染事故的决定(试行)》。随后,在 1995 年 8 月,国务院发布了我国历史上第一部流域性法规——《淮河流域水污染防治暂行条例》,确立了加强淮河流域水污染防治目标;1996 年,我国实行了《中华人民共和国国民经济和社会发展"九五"计划和二〇一〇年远景目标》,重点提出抓好"三河"、"三湖"、"两区"环保污染防治工作,同时确定了新的"一控双达标"的环保工作方案,具体内容为:对污染物排放总量实施监管控制,其中针对工业污染排放污染物,要使其达到国家或地方规定的严格标准;直辖市、省会城市、沿海开放城市、经济特区城市、以及重点旅游城市的地面水环境质量、环境空气,也要达到有关标准。1996 年实施《中国跨世纪绿色工程规划》,按照突出重点、技术经济可行和发挥综合效益三项基本准则,实施分期综合治理,对流域性水污染、区域性大气污染进行全面分区管控。截至 2010 年,共投入资金 1880 亿元,实施项目共 1591 个。同时,我们党也不断强化全面监管,把可持续发展的战略要求渗透到各个方面,努力实现人口、经济、社会、资源与环境相协调。一方面认识到环境治理要全面,既要针对环境污染的各个方面,积极根

① 黄新焕、鲍艳珍:《我国环境保护政策演进历程及"十四五"发展趋势》,载《经济研究参考》 2020 年第 12 期。

据变化的新情况进行较为全面的管理整治,又要注重生态环境的保护,先后出台了《中华人民共和国煤炭法》、《中华人民共和国节约能源法》、《中华人民共和国土地管理法》、《中华人民共和国森林法》、《中华人民共和国海洋环境保护法》等一系列环境保护法规,对生态环境保护的各个方面进行治理保护。另一方面,认识到越来越多环境问题的产生,不仅仅要关注生产终端的结果问题,更要充分认识到整个生产过程和每一个环节都有可能产生环境污染的问题。《21世纪议程》指出推行生产全过程控制,确保实现以最小的环境代价和最少的能源、资源消耗,获取最大的发展效益。为此我们不断对生产的全过程进行监管,不断强化综合治理,努力实现重点控制与全面监管的统一。

（五）　坚持环境保护制度化、法制化与发展综合决策制度相结合

进入20世纪90年代,我国先后提出建设社会主义市场经济体制的目标,实施可持续发展战略的要求,这是我国经济社会发展的根本依循,也是环境保护工作的根本依据。面对现实的环境治理要求,一方面,我们依据经济社会发展部署,不断适应社会主义市场经济体制要求,落实可持续发展战略的目标,不断推进环境保护的制度化和法制化建设,先后颁布和完善了众多环境保护法律法规。1994年颁布《全国环境保护工作纲要（1993—1998）》加快环境保护的立法步伐,1998年9月,国家环保总局发布《全国环境保护工作（1998—2002）纲要》将确立和完备适应社会主义市场经济体制的环境法律系统作为1998—2002年全国环境保护工作的重要目标之一,从而不断实现环境保护制度对国家发展综合决策落实的重要支撑。另一方面,我们站在全局高度,把环境保护工作提高到更加重要的位置,把环境保护的要求和推进制度化法制化建设纳入发展综合决策制度的重要参考。党的十四届五中全会通过和确定了《中华人民共和国国民经济和社会发展"九五"计划和二〇一〇年远景目标》,我们党坚持将环境保护的可持续发展理念贯穿始终,鲜明指出环境问题是影响未来发展全局的重要因素,要把环境、生态、资源三者统一起来,注重发展规划中的环境保护和治理,并提出环境整治的目标。1996年7月,江泽民同志在第四次全国环境保护大会上指出:"环境保护很重要,是关系我国长远发展的全局性战略问题。"①1996年8月3日颁布的《国务院关于环境保护若干问题的决定》就解决环境污染、保护环境等问题作出了具体规定,要求各地要控制和治理环境污染,改善环境保护管理制度,将环境保护纳入总体决策过程,提出要进一步健全环

---

① 《江泽民文选》第1卷,人民出版社2006版,第532页。

境保护法律体系,积极发展环境科学和产业,加强环境保护的宣传和教育①。2000年3月12日,江泽民在中央人口资源环境工作座谈会上的讲话指出:"抓紧抓好我国在新世纪的人口资源环境工作,首先要搞好人口资源环境与经济社会发展的综合规划,制定协调配套的政策措施,充分发挥计划与政策的调控作用。"②此外,江泽民还在多个场合多次强调在环境保护立法的工作中,一定要从全局利益出发,贯彻可持续发展战略,用法律手段协调人口、经济、资源和环境的发展。党的十五大进一步指出要合理对待经济发展与人口、资源、环境之间的相互关系,突出制度化、法制化建设的作用,实现经济发展与环境保护相协调。这表明在发展综合决策制度中注重推进环境保护制度化、法制化已经成为重要共识。

（六）坚持环保部门统一监管与有关部门分工负责相结合

20世纪90年代以来,随着生态环境保护工作的认识不断提高和行政执法工作实践的深入开展,我们党深刻认识到环境保护工作是一项系统工程,既需要业务主管部门的牵头组织,强化管理,也需要有关部门承担责任,积极行动,共同形成环境治理和生态保护的合力,才能取得环境保护工作的实效。一方面,主张实行主管部门统一负责,通过机构改革和完善治理,不断明确环境保护机构的职责和地位。1998年4月,将国务院直属机构的国家环保局升格为国家环保总局。同年6月,又将国家核安全局并入国家环境保护总局,设置为核安全与辐射环境管理司（国家核安全局）,从而不断完善业务主管部门的综合行政管理体制,建立起一支业务精湛的专门管理队伍,为开展环境保护奠定良好基础。另一方面又充分认识到环境保护是一项庞大系统工程,"这项工作靠一个部门是做不完全的,靠一个环保局,再增加一倍的编制也不行,要靠大家,靠部门"③。必须有效整合各个机构的治理资源,建立环境保护协调管理机制。要"建立和完善环境与发展综合决策制度,区域、流域开发和城区建设必须统一决策;建立和完善管理制度,由环保部门统一监管,有关部门分工负责,实现齐抓共管"④,并明确提出党政一把手负总责、亲自抓的要求。为此,面对大规模的环境治理任务,

① 国家环境保护总局、中共中央文献研究室编:《新时期环境保护重要文献选编》,中央文献出版社、中国环境科学出版社2001年版,第388—396页。

② 国家环境保护总局、中共中央文献研究室编:《新时期环境保护重要文献选编》,中央文献出版社、中国环境科学出版社2001年版,第628页。

③ 国家环境保护总局、中共中央文献研究室编:《新时期环境保护重要文献选编》,中央文献出版社、中国环境科学出版社2001年版,第276页。

④ 国家环境保护总局、中共中央文献研究室编:《新时期环境保护重要文献选编》,中央文献出版社、中国环境科学出版社2001年版,第492页。

为加强各部门之间的协调与合作,实现有关部门共同推进环境保护的进程,由国家环境保护总局牵头,依次建立了相关部际联席会议制度。2001年3月,全国生态环境建设部际联席会议首次会议召开,同年7月,国家环保总局建立起全国环境保护部际联席会议制度,环境保护监督部门深化与综合经济部门、工业部门等有关部门的配合协调,联合出台一系列相应的政策管理制度,不断形成环境治理合力,深化环境治理效果。

二、中国生态文明制度建设丰富发展阶段的实践价值

进入90年代后,在以江泽民同志为核心的党中央领导下,我国积极探索并构建有利于调节经济发展与环境保护的突出矛盾的制度体系,提出并实施了可持续发展战略,为促进经济发展与环境保护同向而行提供了有力保障。因此,这一阶段生态文明制度建设体现出重要的实践价值。

第一,为我国加强环境保护工作提供有力的制度保障。改革开放以来,片面追求经济增长的不合理思想观念在实践中具化为"先污染后治理"的发展模式,其导致污染严重,产值低下,虽短时期内对经济的增长产生了一定推动作用,带来了一定的经济效益,但与此同时引发了大量生态环境问题,使我国的自然生态环境受到了严重破坏。自1992年以来,政府工作报告中逐渐把环境保护问题列入其中,其地位也在逐年上升。在1992年的政府工作报告中的"加快经济发展"部分,涉及了水资源保护、水土保持和植树造林等,论述简约,且主题不突出,并没有将生态环境保护作为专项工作论述。在1993年的政府工作报告中,第一次在"以经济建设为中心,促进社会全面进步"部分,专列"认真抓好计划生育和环境保护"部分,对环境保护工作做了具体部署。自此以后,这一时期历年的政府工作报告都将环境问题置于经济问题下专门论述。不仅如此,在中央部署的各项工作中,都将环境保护、资源节约的理念渗透其中。面对我国生态环境问题日益严峻的现状,为应对生态危机、环境恶化,我国更加重视依靠环境法制、环境政策来调整、规范经济社会发展中企业和个人的行为,通过实行追责问责制度,对破坏生态环境的企业和个人实施相应的问责和惩处,使其承担相应责任,从而为我国的生态环境保护在制度层面形成强大的震慑力提供了坚实的制度保障。而随着全国人大环境与资源保护委员会的建立,在一定程度上推动了环境立法的进程,进一步完善了与社会主义市场经济体系相适应的环境法律法规以及环境标准体系。这些政策和制度的确立无疑对我国环保法规体系的完善,资源环境破坏活动的减少发挥着推进作用,为我国加强环境保护工作提供了有力保障。

第二,为实施可持续发展战略提供有力支撑。针对我国人口众多,资源匮乏的实际国情,要实现中华民族的永续发展必须坚持节约资源和保护环境的基本理念,在全社会形成资源节约风尚。中国共产党深刻认识到实施可持续发展战略的必要性和重要意义。江泽民同志在多个场合发表过有关可持续发展的重要论述。早在十四届五中全会上,他郑重提出:"在现代化建设中必须实施可持续发展战略。"①可持续发展战略被写入党的十五大报告,作为党今后发展的指导思想,环境保护上升为党治国理政的重要战略层面。我们要深刻认识到可持续发展是一条全新的发展道路,我们不仅要树立这种全新的发展观,更要从制度的设计上安排其实施,必须建立与可持续发展相适应的制度,以制度来保证可持续发展。唯有如此,我们才能在实施可持续发展的现代文明进程中作出更加明智的抉择。②

"要做好环境保护工作,就必须加强环保法制建设,为实施可持续发展战略提供法律保障。"③为了保障可持续发展目标的实现,建立完善符合可持续发展理念要求的环境保护制度是十分必要的。这一时期我国相应地确立了治理污染、保护环境的若干法律制度。如《建设项目环境保护管理办法》(1986年3月)、《水污染物排放许可证管理暂行办法》(1988年3月)、《建设项目环境保护管理条例》(1998年11月)、《环境标准管理办法》(1999年4月)、《清洁生产促进法》(2002年6月))等。这些环境法律制度对规范环境管理和市场行为起到了重要作用。④ 环境保护制度的建立进一步推动了可持续发展战略的落实,环境保护工作逐步迈入制度化、规范化轨道,与世界接轨并同步进行。

要实现可持续发展,需要进行经济与环境协调发展的制度创新。江泽民认为经济决策对环境的影响极大,各级政府部门在决策时要考虑环境问题,注意从源头上控制环境污染。他指出:"要从宏观管理入手,建立环境和发展综合决策的机制。制定重大经济社会发展政策,规划重要资源开发和确定重要项目,必须从促进发展与保护环境相统一的角度审议利弊,并提出相应对策。这样才能从源头上防止环境污染和生态破坏。"⑤各种环境经济政策、绿色经济制度的建立与实施,可以大大鼓励那些率先实行低消耗、低污染的经济行为。因为资源消耗越少,生态环境污染越轻,其经济行为的

① 《江泽民文选》第2卷,人民出版社2006年版,第26页。
② 马玲:《论可持续发展的制度支持》,载《理论学刊》2003年第4期。
③ 曲格平:《环境保护知识读本》,红旗出版社1999年版,第2页。
④ 杜伟:《可持续发展视野中的环境法律制度》,载《齐鲁学刊》2003年第6期。
⑤ 《江泽民文选》第1卷,人民出版社2006年版,第534页。

业绩就越大。这就能够激励经济个体进一步采取科学的、先进的经济技术措施,去更好地保护自然资源和生态环境平衡,把经济发展真正建立在合理利用自然资源和有效保护生态环境的基础之上,从而实现经济与环境协调发展。①

第三,为社会主义市场经济体制的健康发展提供法制保障。长期以来,我国发展模式体现为过度消费资源和能源,实行粗放型经营,重视数量和速度,忽视质量和效益,重视开发忽视保护,这样的发展模式严重背离了社会主义市场经济发展的要求,引发了严重的环境污染和生态破坏问题。这一阶段生态文明制度建设围绕建立和完善社会主义市场经济体系,在制定专门法律和其他法律的过程中注重对资源和环境的保护,注重可持续发展在经济社会发展中的重要作用。例如,中央政府提出加快经济增长,转变增长方式,实现由粗放型生产方式为主逐渐向集约经营为主的生产方式转变,注重优化结构效益、规模经营效益和科技进步效益等。突出使用市场调节手段深化环境保护,又注重发挥政策对环境的监督管理职能,这些举措有力促进了经济发展与环境保护的协调推进,为建立社会主义市场经济体制提供了重要支撑。

---

① 张天正:《可持续发展制度创新——绿色经济》,载《商业研究》2003 年第 5 期。

第四章　中国生态文明制度
建设深化发展阶段

自党的十六大召开到党的十八大召开前夕，我国生态文明制度体系化建设明显加强，生态文明制度体系更加细化深化。党的十六大以来，以胡锦涛同志为总书记的党中央审时度势，从多个方面着手构建多层次、多方位的环境保护制度，推动我国生态文明制度建设迈入深化发展期。

第一节　中国生态文明制度建设深化发展
阶段的历史背景和思想基础

中国生态文明制度的深化发展时期，是以胡锦涛同志为总书记的党中央立足于生态环境发展的国际国内两大背景，在不断总结中国历届领导人关于生态文明制度建设的实践经验中，面对新时期引发的各类生态环境问题，为解决生态问题不断推进生态文明制度建设进而形成和发展起来的。中国生态文明制度深化发展有着深刻的国际国内背景，即从国际国内两大视角系统梳理中国生态文明制度建设深化发展阶段的历史背景，对我们深刻认识这一阶段我国生态文明制度的理论和实践具有重要意义；中国生态文明制度的深化发展有着深厚的思想基础，即党的十七大提出的坚持以人为本的科学发展观为生态文明制度的深化发展奠定思想基础。

一、中国生态文明制度建设深化发展阶段的历史背景

在经济全球化迅猛发展的浪潮下，世界各国贸易、金融和企业生产日益成为一个整体。在充满活力的全球竞争下，在科技创新的重要推动中，世界经济实现新飞跃，取得了新成就。伴随着经济的突飞猛进，生态环境问题对世界发展也提出新的挑战。气候变化、资源危机、环境恶化是二十一世纪人类发展面临的巨大挑战。

（一）国际社会积极采取有效措施加强生态文明制度建设

从国际背景来看，国际社会对保护环境和加强生态文明制度建设已经达成共识。各国积极采取有效措施加强生态文明制度建设，颁布了重要的保护环境法律以及政策制度，形成了一系列的生态文明制度体系，加强生态

环境保护。

2002 年世界可持续发展首脑会议上出台的《可持续发展世界首脑会议实施计划》已经成为生态文明建设的重要成果。为更好地保护生态环境，2002 年可持续发展世界首脑会议普遍认同工业文明的生态化转向问题。①联合国提出的一系列环境保护的倡议和政策，得到了国际社会的积极响应，美国、法国、英国、德国、日本等国家纷纷采取措施保护生态环境，改善环境质量，为全球生态环境保护贡献了自己的力量。

除此之外，随着全球能源日益紧张，各国都高度重视可再生能源的开发与利用，并将其作为能源战略的重要构成部分，积极推进国家可再生资源开发利用常态化的进程。许多国家提出了明确的可再生能源发展目标，制定了鼓励可再生能源发展的法律。

美国在环境问题治理的政策及法律制度方面进行了多方面的努力。美国运用多种环境政策保护生态环境，为加强全球生态文明建设提供了重要借鉴意义。例如，在环境政策方面，以经济政策的管控为主要手段，例如采取环境税、排污收费、生态补偿、排污权交易等等。在流域生态补偿标准上，采取以政府资金投入为主，结合竞标机制和遵循责任主体自愿的原则来确定与各地自然和经济条件相适应的租金率，②以此确定了补偿标准。在能源战略上，为应对能源紧张问题，减少对国外石油的依赖、实现能源供应多样化，通过财政手段鼓励可再生能源的开发利用。例如，美国第一个综合性的能源法《国家能源政策法》（2005 年 8 月签署），利用财政奖励手段，如减少税收等，来鼓励新能源和可再生能源的使用。为更好应对温室气体污染情况，节省温室气体减排污染，在 2007 年和 2009 年美国制定多项政策，出台多项方案，例如于 2007 年签署了《能源独立和安全法案》，通过技术和效率两大方面在一定程度上减轻对其他国家能源的依赖程度，实现能源供给自足。2009 年签署《美国清洁能源安全法案》，该法案是历史上第一个应对气候变化和温室气体减排的法案，为清洁能源研发和气候科学研究提供资金和政策支持。在海洋生态系统的保护上，美国于 2010 年 7 月 19 日签署了总统行政令，为有效保护、管理和养护美国的海洋、海岸带和大湖区的生态系统与资源的国家政策，美国在海洋生态系统保护上签署总统行政令，为美国各项政策和制度的制定提供了重要支持和帮助。在具体生态环境保护实践进程中，美国采取生态环境保护的跨界监管。

---

① 杨世迪、惠宁：《国外生态文明建设研究进展》，载《生态经济》2017 年第 5 期。
② 袁涌波：《国外生态文明建设经验》，载《今日浙江》2010 年第 11 期。

俄罗斯是生态大国,有生态化立法传统,制定了生态保险、生态认证、生态审计、生态鉴定、生态监测、生态监督、生态基金、生态税收、生态警察等多项制度。①

法国则是发达国家中率先将环境权入宪的国家。2005 年 2 月法国议会通过了《环境宪章》,开创了在法律上将环境权利与义务置于同等地位的先河,不仅规定了国家在环境保护中所承担的权利和义务,更具体规定了个人的环境权利和义务。"法国在《环境宪章》的带领下,至 2007 年《环境法典》的法规部分最后一卷获得通过开始,法国环境法典化工作完成,形成了完善的环境法律体系。2009 年和 2010 年通过的《综合环境政策与协商法 I》和《综合环境政策与协商法 II》,是法国开始尝试新的环境立法模式的开端。"②

随着经济的发展,在全球能源供应日趋紧张及环境保护问题日益突出的环境下,日本、韩国、瑞典和澳大利亚等国家也积极构建本国的生态文明制度体系,颁布了一系列重大环境保护计划与策略,并通过颁布相应的法律法规等,保护生态环境。

日本在生态文明制度建设层面采取多项措施,作出重要努力。日本在法律和制度两大层面采取相应措施,制定权责明晰的循环经济立法体系,建立生态问责制,使得社会建设的各类实践都有法可依,实现了能源保护的新飞跃。

韩国在生态环境保护领域一直积极吸收和借鉴别国优秀经验、先进技术和政策法规。在保护生态环境方面韩国也积极参与,持续努力。2002 年,韩国制定了《海洋水产发展基本法》和《废弃物管理法》,对海洋水产部管理权责的归属进行重大更改。2008 年,韩国为加强环境教育的规范性,实施了《环境教育振兴法》。③

瑞典在生态环境保护经济政策方面的成效较为突出,如税收、补贴、担保、排污许可证交易等多种手段,并以法制、机构和外部环境等方面的予以保障。

总之,发达国家在环境治理方面做出了很多努力,已经建立了较为完善的法律体系,也称为绿色法律体系。正因为如此,西方发达国家原本十分严

---

① 龚昌菊:《值得借鉴的国际生态文明制度》,载《光明日报》2014 年 1 月 9 日。

② 何勤华、李琴:《生态文明的本土建构与域外借鉴——以我国生态文明入宪和法国〈环境宪章〉为视角》,载《人民检察》2021 年第 4 期。

③ 吕偶然、罗文英:《青少年生态文明教育之学校教育路径探析——基于国外生态文明教育的启示与借鉴》,载《海南广播电视大学学报》2017 年第 3 期。

重的生态环境污染和破坏得到了较好的治理,甚至其生态环境的质量反而超过了许多发展中国家。

国际社会环境法律、环境制度建设的经验为我国生态文明建设提供有益的借鉴和启示。以胡锦涛同志为总书记的党中央必然要审时度势,顺应国际社会发展的国际大势,加快我国环境法律、环境制度建设,促进了我国生态文明制度建设深化发展。

（二）我国在生态文明制度建设方面仍存在诸多不足

加快推进生态文明制度建设既是顺应国际大势的客观需要,也是解决我国新世纪生态环境问题的必然选择。我国的经济发展势头在改革开放以来始终是稳步前进,各个行业也在实行着不同程度的改革优化。但是,由于受传统经济发展方式等因素的影响,随着中国特色社会主义建设实践的不断深入推进,仍存在诸多由于生态文明制度不完善进而引起的排放大量废水、废气、废渣带来的环境问题,存在着浪费资源问题,严重制约着我国经济的发展。这一时期,我国生态文明制度体系建设存在局限和不足。

一是我国很多有关生态文明的法律法规内容陈旧、创新性和实效性不足,伴随着改革开放进程的推进,我国经济发展和社会进步取得了新成就,但有关生态文明的法律法规没有及时跟进和更新。例如,《中华人民共和国环境保护法》在1989年通过实施,但随着经济的发展,步入21世纪以来,很多新出现的环境问题没有被纳入法律之中,该法律出现了明显的滞后性,法律条文没有做到及时更新,导致许多环境问题层出不穷,一些环境污染的企业逃避了法律的惩罚。另外,现行的大多环保法律是以环境污染防治为主,对于资源保护与开发、损害赔偿、生态修复、追究责任等问题并没有涉及。另外,现行的环境保护法律法规,大部分只关注污染防治层面,未涉及对自然资源的开放与保护,也并未涉及生态的恢复和相关责任的追究。二是生态文明制度建设在相关立法方面存在局限性。在生态环境立法方面,多遵循"宜粗不宜细"的立法模式。我国生态环境保护法律较多,原则性条款和弹性条款多,且缺乏配套文件,此外,有关生态环境保护制度种类繁多,形态各异,而且涉及从经济生产到大众生活的方方面面,很难做出一种详尽的列单式叙述。在实践中存在提倡性规定、原则性要求比较多,在约束性规定、可操作性规定方面不足,最终导致生态文明制度立法的可操作性不强;党的十六大以来,我国环境保护和生态文明建设缺乏整体性、系统性的法律保障,这导致我国生态环境日益恶化,重大环境污染事件也屡有发生。从根本上来说,我国有关生态环境保护相关法律的欠缺薄弱是致使生态环境保护形势严峻的重要原因之一。对有关违反生态制度以及法律法规的惩处力度较小,效能欠缺。新时期我国法律法规未能对破坏环境行为构成强有力的震慑,加之执法人员执法效率低下,导致环境污染和破坏现象频频发生,相对于企业的运转消耗费用、环保设施建设投入,我国现行环保法律对违法企业的惩处力度较低,如超标排污最高罚款 10 万元,违反环评擅自开工建设最高罚款 20 万元等等。现涉及生态保护的法律法规,大都分散在各类法律之中缺乏系统性和完善性。我国环境保护的相关法律法规还不够健全,没有形成与现实情况十分符合的系统完善的法律制度的严峻形势,因而,需要制定出台一部具有针对性的,可操作性强的,生态保护与建设的法律法规。① 三是在生态文明制度执法层面存在不足。环境执法部门执法不严,甚至不作为。另外,环保部门缺少必要的人力、物力和财力,监测手段和技术落后甚至欠缺,行政执行能力弱。这一时期我国法律法规未能对破坏环境行为构成强有力的震慑,加之执法人员执法效率低下,导致环境污染和破坏现象频频发生。四是缺乏具有可操作性的生态环境保护奖惩制度。我国法律和规章,缺乏激励和惩罚措施,比如国家财税政策可以在推动环境保护事业中发挥积极作用,对浪费资源、污染破坏环境的经济行为实行约束性或惩罚性措施,对节约资源、保护环境的经济行为实行鼓励性措施,但相应制度的缺乏是目前的主要问题。同时,法律规定过于原则化,缺乏操作性。人们常说"以法律为准绳",如果对同一法律条文各作各的解释,那就没有什么"准绳"可言了;另外,环保政策和制度也应随着经济和社会的发展进行创新、演变和跟进。我们目前的环境法规体系与行政监管水平,都与国际水准有着或多或少的差距,因此,我国的生态环境保护制度,都需要做出重大的变革和重组。对于环境保护这样一项全新事业来说,没有政策和制度的创新,就难有发展。学习借鉴国外先进经验,是环保战线的一大长处,应继续发扬这一长处。② 五是政府各个部门间协调难度较大,影响生态文明制度实施成效。政府部门在职能设置上存在交叉、重叠、错位,而在政策规划的制定上又各自为政,相互衔接不够,从而影响了生态文明制度的约束力。同时,环保部门与农业、电力、水利等部门的职责划分也相对模糊,使得很多跨部门的复杂问题难以协调,这些都影响了生态文明制度的实施成效。

　　针对我国生态文明制度在相关环境管理的法律、政策和制度角度存在的诸多问题,以胡锦涛同志为总书记的党中央深刻认识到必须进一步完善

---

① 郇庆治、李宏伟、林震:《生态文明建设十讲》,商务印书馆 2014 年版,第 51 页。

② 曲格平:《梦想与期待——中国环境保护的过去与未来》,中国环境科学出版社 2007 年版,第 11 页。

生态文明制度,推动生态文明制度的深化发展刻不容缓。

二、中国生态文明制度建设深化发展阶段的思想基础

进入 21 世纪后,世界范围内的环境污染、生态破坏、资源危机进一步恶化。针对这一问题,以胡锦涛同志为总书记的党中央提出了科学发展观,提出了发展循环经济、加强"两型"社会建设的基本方针。2007 年 10 月,胡锦涛在党的十七大报告中提出了建设生态文明的要求。首次把"生态文明"写入了党代会的报告,这标志着中国共产党生态文明思想的正式形成。这一时期中国共产党生态文明思想是中国生态文明制度深化发展阶段的重要思想来源,主要有以下几方面。

（一）牢固树立人与自然相和谐的观念

2002 年 11 月,"促进人与自然和谐"①首次纳入党代会报告,充分体现了中国共产党对人与自然关系的处理和认识跃升到新的层次。在党的十六届三中全会上,以胡锦涛同志为主要代表的中国共产党人提出了"坚持以人为本,全面、协调、可持续的发展观,促进经济社会和人的全面发展"的科学发展观。科学发展观强调全面、协调、可持续发展,要求统筹人与自然关系。胡锦涛指出:"坚持在开发利用自然中实现人与自然的和谐相处,实现经济社会的可持续发展。"②在 2004 年中央人口资源环境工作座谈会上,胡锦涛指出:"要牢固树立人与自然相和谐的观念。"③"坚决禁止过度性放牧、掠夺性采矿、毁灭性砍伐等掠夺自然、破坏自然的做法。"④要树立"保护自然就是保护人类,建设自然就是造福人类。要倍加爱护和保护自然,尊重自然规律"⑤的理念。要积极"建立和维护人与自然相对平衡的关系"⑥。新时期我国环境污染问题日益问题、环境危机日益严重,污染问题已经严重影响到部分地区的社会稳定,必须认清我国环境污染现状,并采取有力举措来加强环境污染治理。科学发展观实质上就是处理人与自然之间的关系,而环境污染是人类对自然过分索取、不尊重自然规律、不加爱护自然环境的结果。因此,胡锦涛一再强调要贯彻落实科学发展观加强环境保护工作,

① 《江泽民文选》第 3 卷,人民出版社 2006 年版,第 544 页。
② 《十六大以来重要文献选编》(上),中央文献出版社 2005 年版,第 483 页。
③ 《十六大以来重要文献选编》(上),中央文献出版社 2005 年版,第 853 页。
④ 《十六大以来重要文献选编》(上),中央文献出版社 2005 年版,第 853 页。
⑤ 《十六大以来重要文献选编》(上),中央文献出版社 2005 年版,第 853 页。
⑥ 《十六大以来重要文献选编》(上),中央文献出版社 2005 年版,第 853 页。

"对自然界不能只讲索取不讲投入、只讲利用不讲建设"①,"要增强全民族的环境保护意识,在全社会形成爱护环境、保护环境的良好风尚"②,引导广大人民群众积极参与到保护生态环境的行动中来,要保护自然环境,善待自然,要促进人与自然和谐发展,要为人民群众建设良好的生态宜居环境,要让人民群众拥有蓝天白云,水清河畅景美。

(二) 建设资源节约型、环境友好型社会

2004 年 9 月,党的十六届四中全会提出要构建社会主义和谐社会。构建人与人和谐相处的社会主义和谐社会首要将促进人与自然和谐作为重要方面,体现了党对人与自然关系问题的认识不断深化。2005 年 10 月,胡锦涛在十六届五中全会上提出要建设资源节约型、环境友好型社会。"两型"社会主要是通过革新技术和管理,提高资源能源利用率,转变经济增长方式,使经济增长建立在高效、低耗、绿色的基础上,以达到促进人与自然和谐发展的目标。在党的十七大报告中,胡锦涛指出:"坚持节约资源和保护环境的基本国策,关系人民群众切身利益和中华民族生存发展。必须把建设资源节约型、环境友好型社会放在工业化、现代化发展战略的突出位置,落实到每个单位、每个家庭。"③胡锦涛把资源节约和环境保护置于同等重要的地位。一方面,重视资源节约,强调推动资源利用方式的根本转变,提高资源的利用效率;另一方面,强调生态环境的保护,促进发展与生态环境相协调。胡锦涛指出:"自然资源只有节约才能持久利用。要在全社会树立节约资源的观念,培育人人节约资源的社会风尚。要在资源开采、加工、运输、消费等环节建立全过程和全面节约的管理制度,建立资源节约型国民经济体系和资源节约型社会,逐步形成有利于节约资源和保护环境的产业结构和消费方式,依靠科技进步推进资源利用方式的根本转变,不断提高资源利用的经济、社会和生态效益,坚决遏制浪费资源、破坏资源的现象,实现资源的永续利用。"④

这一时期,我国农村生态问题日益凸显,制约了"两型"社会建设的整体进程。面对严峻的全国农村环境治理形势,2006 年 2 月 14 日,胡锦涛在《建设社会主义新农村》中指出:"要按照建设资源节约型、环境友好型社会要求,发展循环农业,强化生态保护,发展节地、节水、节肥、节药、节种的节约型农业,巩固和发展退耕还林、天然林保护等重点生态工程,坚持节约生

① 《十六大以来重要文献选编》(上),中央文献出版社 2005 年版,第 853 页。
② 《十六大以来重要文献选编》(中),中央文献出版社 2006 年版,第 716 页。
③ 《胡锦涛文选》第 2 卷,人民出版社 2016 年版,第 631 页。
④ 《十六大以来重要文献选编》(上),中央文献出版社 2005 年版,第 853 页。

产、清洁生产、安全生产,实现人与自然和谐发展,走出一条中国特色农业现代化道路。"①

建设"两型"社会,有助于促进人与自然和谐发展,有助于促进和谐社会建设。建设资源节约型环境友好型社会,代表着未来社会的发展方向,已经成为影响一国经济未来发展潜力的重要因素;走循环经济之路已经成为综合国力竞争和争夺国际发展制高点的一场新竞赛。提出建设资源节约型环境友好型社会思想是以胡锦涛同志为总书记的党中央对中国特色社会主义生态文明理论的重要贡献。

(三) 转变经济发展方式

传统粗放式经济发展方式一方面促进我国生产力的迅猛发展,另一方面导致我国环境污染愈加严重,付出惨重代价。针对我国的环境问题,胡锦涛提出转变经济增长方式的战略思想。2004 年 5 月 5 日,胡锦涛在《把科学发展观贯穿于发展的整个过程和各个方面》中指出:"实现经济持续快速协调健康发展和社会全面进步,必须把工作重点放到优化经济结构、提高经济增长质量和效益上来,切实改变高投入、高消耗、高污染、低效率的增长方式,努力走出一条科技含量高、经济效益好、资源消耗低、环境污染少、人力资源优势得到充分发挥的新路子。"②我国经济平稳快速增长,但不可忽视的是,长期积累的许多深层次的结构性矛盾愈加凸显出来,加快经济发展方式转变和经济结构调整成为推动我国经济持续健康发展的工作重点。深入贯彻落实科学发展观对加快调整我国经济结构提出了新要求,推动经济结构优化升级成为实现我国经济又好又快发展的关键和现实支撑。胡锦涛指出:"彻底转变粗放型的经济增长方式,使经济增长建立在提高人口素质、高效利用资源、减少环境污染、注重质量效益的基础上。"③

胡锦涛指出:"我国经济增长在很大程度上是靠物质资源的高消耗来实现的,这种状况如不改变,经济社会发展是难以为继的。因此,我们必须大力发展循环经济,努力实现自然生态系统和社会经济系统的良性循环。"④发展循环经济,就是要通过经济、技术以及法律等手段,提高资源利用效率,提高资源利用的经济效益、社会效益以及生态效益,这是实现自然系统和社会经济发展系统良好循环的重要方式。

2010 年 10 月,胡锦涛在"两院"院士大会上指出:"绿色发展,就是要发

---

① 《胡锦涛文选》第 2 卷,人民出版社 2016 年版,第 415 页。
② 《胡锦涛文选》第 2 卷,人民出版社 2016 年版,第 177 页。
③ 《十六大以来重要文献选编》(中),中央文献出版社 2006 年版,第 816 页。
④ 《十六大以来重要文献选编》(中),中央文献出版社 2006 年版,第 70 页。

展环境友好型产业,降低能耗和物耗,保护和修复生态环境,发展循环经济和低碳技术,使经济社会发展与自然相协调。"①绿色发展、循环发展、低碳发展是绿色的发展方式,能有效地节约资源和保护环境,是生态文明建设的重要途径,有助于促进经济发展与环境保护相协调。因此,2011 年 11 月,胡锦涛在亚太经合组织工商领导人峰会上提出:"中国坚持绿色发展、低碳发展理念,以节能减排为重点,增强可持续发展和应对气候变化能力,提高生态文明水平。"②

　　循环发展强调以低投入高产出的理念利用自然资源,尽最大限度的实现自然资源的循环利用。低碳发展则强调发展低能耗、低污染、低排放的低碳经济。循环发展和低碳发展都是绿色发展的具体体现,是资源利用方式是生产方式的绿色性变革,这将极大提高资源利用的经济、社会和生态效益。党中央积极倡导发展循环经济和低碳经济,推动了我国发展方式的绿色化转型。2012 年 7 月,胡锦涛在省部级主要领导干部专题研讨班开班式上发表重要讲话,他指出:"加强生态文明建设,是我们对自然规律及人与自然关系再认识的重要成果。"③要"着力推进绿色发展、循环发展、低碳发展"④。以胡锦涛同志为主要代表的中国共产党人深刻认识到生态环境与经济社会发展之间的内在关联,强调要缓解人口和资源环境压力就必须以调整经济结构,转变经济发展方式,着力推进绿色发展、循环发展、低碳发展,提高资源利用率。

　　(四) 首次明确提出建设生态文明的目标

　　2003 年,"生态文明"首次出现在党的文件《中共中央国务院关于加快林业发展的决定》中,提出要"建设山川秀美的生态文明社会"。2005 年,在中央人口资源环境工作座谈会上,胡锦涛首次将"生态文明"这一理念提出。这是中国共产党在处理人与自然关系问题上不断深化发展的重要体现。党的十七大报告首次明确提出建设生态文明的目标,胡锦涛指出:"建设生态文明,基本形成节约能源资源和保护生态环境的产业结构、增长方式、消费模式。循环经济形成较大规模,可再生能源比重显著上升。"⑤这表明,党中央深刻认识到建设生态文明的重要意义,生态文明建设问题已经成为党中央的关切重点。2007 年 12 月,在中央经济工作会议上,胡锦涛强

　　①　《十七大以来重要文献选编》(中),中央文献出版社 2011 年版,第 747 页。
　　②　胡锦涛:《携手并进共创未来》,载《人民日报》2011 年 11 月 14 日。
　　③　《胡锦涛文选》第 3 卷,人民出版社 2016 年版,第 609 页。
　　④　《胡锦涛文选》第 3 卷,人民出版社 2016 年版,第 610 页。
　　⑤　《胡锦涛文选》第 2 卷,人民出版社 2016 年版,第 628 页。

调,"我们必须把推进现代化与建设生态文明有机统一起来,把建设资源节约型、环境友好型社会放在工业化、现代化发展战略的突出位置"①。

2008 年,胡锦涛发表《在全党深入学习实践科学发展观活动动员大会暨省部级主要领导干部专题研讨班上的讲话》,作出"全面推进社会主义经济建设、政治建设、文化建设、社会建设以及生态文明建设"②的重要表述。2011 年,以"绿色发展,建设资源节约型、环境友好型社会"为主题的生态文明建设被单列为《我国国民经济和社会发展"十二五"规划纲要》的重要篇章,这标志着生态文明建设已经成为继政治建设、经济建设、文化建设和社会建设外的我国发展的又一重大建设。2011 年 12 月 20 日第七次全国环境保护大会在京召开。大会总结"十一五"环保工作,部署今后一个时期的环保任务,对于在新的起点上把环境保护事业推向前进,加快生态文明建设步伐,具有十分重要的意义。

当然,经济社会的绿色、低碳和循环发展的实现,需要在制度、法律法规等方面予以保障。因此这一时期党中央先后制定和修订了一系列保护资源环境的法律、法规,建成了一套适合中国国情的保护资源环境的法律体系,涵盖了大气、水、固体废物、草原等等方面,使环境保护法律体系得到进一步完善,确保了环境保护工作有法可依,也使环境保护工作纳入法制化轨道。以胡锦涛同志为总书记的党中央提出了以科学发展观为指导促进人与自然和谐发展、"两型社会"和生态文明建设思想,为这一时期生态文明制度深化发展奠定了重要的思想基础。

第二节　中国生态文明制度建设深化发展阶段的环境法制建设

党的十六大以来,以胡锦涛同志为总书记的党中央高度重视中国生态文明环境法律制度建设,在带领全党全国各族人民积极践行可持续发展理念的基础上,不断加强生态文明制度建设,呈现出环境法律体系和制度机构不断完善的新特点,更好地推动中国生态文明建设。

一、中国生态文明制度建设深化发展阶段党的环境法制思想

生态文明建设必须依靠法制保障。然而,我国环境保护的相关法律法

---

① 《十七大以来重要文献选编》(上),中央文献出版社 2009 年版,第 78 页。
② 李建波:《马克思主义中国化与党的生态文明建设思想的形成》,载《中共石家庄市委党校学报》2015 年第 10 期。

规还不够健全,未能形成节约资源与保护环境的外部威慑,对污染环境企业的惩罚程度不够,这导致我国生态环境日益恶化,重大环境污染事业也屡有发生。从根本上来说,生态环境保护相关法律的欠缺薄弱是我国生态环境保护形势严峻的重要原因之一。针对这一局面,以胡锦涛同志为总书记的党中央深刻分析我国生态环境现状,不断探索和加强生态文明制度建设。党的十六大至十八大召开前,党中央加大了环境保护工作领导的力度,党的十七大首次提出生态文明建设目标,我国生态文明制度建设步伐加快,这一时期是中国共产党生态文明制度建设思想的深化发展期。这一时期,党中央十分关注社会主义市场经济发展中人口、资源、环境的协调问题,要求加强立法保护资源环境,加大执法力度,建立综合法律、经济、技术和必要的行政办法的资源环境保护政策体系。

　　党的十六大以后,胡锦涛多次在会议中强调要完善相关法律法规,为生态文明建设提供法律保障。2004 年,胡锦涛提出:"继续加强人口资源环境方面的立法以及有关法律法规的修改工作,真正做到有法可依,严格执行已经颁布的有关法律法规。"①2005 年 3 月,胡锦涛首次提出了"生态文明"的概念,并提出"完善促进生态建设的法律和政策体系,制定全国生态保护规划"②的总体要求。2005 年 10 月,"十一五"规划《建议》指出,要"进一步健全环境监管体制,提高环境监管能力,加大环保执法力度"③。随后,《关于落实科学发展观加强环境保护的决定》出台,再次要求"综合运用法律、经济、技术和必要的行政手段解决环境问题"④。2006 年 4 月,温家宝在第六次全国环境保护会议上提出了国家环境保护战略的"三个转变",其中之一就是从行政办法转变为综合运用法律、经济、技术和必要的行政办法解决环境问题,为我国资源环境保护政策和法律体系建设指明了方向。2006 年 12 月,第一次全国环境政策法制工作会议在北京召开,周生贤提出了今后一段时期我国加强资源环境保护政策法制建设工作的总体要求和重点任务,将资源环境保护政策研究提升到了国家战略的层面,突出强调了对环保执法的监督和对环保政策法制工作的领导。周生贤指出:要"完善环境立法,提高立法质量,加大执法力度,强化执法监督,用 10 年的时间,形成覆盖环境保护各个领域、门类齐全、功能完备、措施有力的环境政策法制体系,切实把

---

　　① 《十六大以来重要文件选编》(上),中央文献出版社 2005 年版,第 861 页。

　　② 《十六大以来重要文件选编》(中),中央文献出版社 2006 年版,第 823 页。

　　③ 《中共中央关于制定国民经济和社会发展第十一个五年规划的建议》,载《中国行政管理》2005 年第 12 期。

　　④ 《十六大以来重要文件选编》(下),中央文献出版社 2007 年版,第 86 页。

环境保护纳入法治化轨道"①。2007 年 10 月,中国共产党召开第十七次全国代表大会,胡锦涛在大会报告中提出,"要完善有利于节约能源资源和保护生态环境的法律和政策"②。2008 年 3 月 5 日,温家宝在政府工作报告中,明确提出:"全面落实依法治国基本方略。加强政府立法,提高立法质量。今年要重点加强改善民生、推进社会建设、节约能源资源、保护生态环境等方面的立法。政府立法工作要广泛听取意见。制定与群众利益密切相关的行政法规、规章,原则上都要公布草案,向社会公开征求意见。"③2008 年 10 月 9 日,胡锦涛在中国十七届三中全会工作上的报告中指出,"完善中国特色社会主义法律体系,制定今后五年立法规划,围绕建设资源节约型、环境友好型社会,制定循环经济促进法、城乡规划法,修改节约能源法、水污染防治法、科学技术进步法"④。2011 年 12 月,时任副总理的李克强在第七次全国环境保护大会上指出,要加快修改环境保护法等法律法规,形成比较完备的环境法律法规框架,特别要加重罚则、加大惩处力度,真正起到足以震慑违法行为的作用。各级环保部门要严格环境执法,把日常执法检查与环保专项行动结合起来,实施跨行政区执法合作和部门联动执法,敢于碰硬,做到执法必严、违法必究。这一时期,党和国家形成了建立和完善资源环境法律法规体系、加大对环境违法行为的惩处力度等环境法律制度思想。

二、中国生态文明制度建设深化发展阶段的环境立法

生态文明建设需要法律的刚性保障。将生态文明建设纳入法制轨道,就是要不断完善生态文明建设领域的立法和法律修订工作,使生态文明建设有法可依。

2002 年 10 月,第九届全国人大常委会第三十次会议审议通过了《中华人民共和国环境影响评价法》(以下简称《环评法》),自 2003 年 9 月 1 日起正式实施。这是环境立法领域的重大突破,《环评法》不仅进一步规范了项目环评,并且确立了规划环评制度,把可能对环境造成更加巨大和持久影响的规划纳入了环境影响评价的范畴,标志着我国规划环评的发端。

2003 年 6 月 28 日,第十届全国人大常委会第 3 次会议通过了《中华人民共和国放射性污染防治法》,这部法律填补立法空白的法律,确立了放射

---

① 周生贤:《全面加强环境政策法制工作　努力推进环境保护历史性转变》,载《环境保护》2006 年 24 期。

② 《胡锦涛文选》第 2 卷,人民出版社 2016 年版,第 631 页。

③ 《十七大以来重要文献选编》(上),中央文献出版社 2009 年版,第 323 页。

④ 《十七大以来重要文献选编》(上),中央文献出版社 2009 年版,第 653 页。

性污染防治的基本原则和监管体制;确定了放射性污染防治的一般监督管理制度和措施;规定了核设施、核技术应用、铀(钍)矿和伴生放射性矿开发利用的具体监督制度和措施,以及放射性废气、废液、固体废物的排放、贮存、处置的管理措施。①

2004年3月国务院印发《全面推进依法行政实施纲要》(以下简称《纲要》)指出,要全面推进依法行政,切实加强环保部门法治政府建设。《纲要》要求环境保护部要加强领导,全面组织部署环保系统依法行政工作。一是成立全面推进依法行政工作领导小组,负责组织协调全面推进依法行政的有关工作。领导小组下设办公室,负责推进依法行政的日常工作。二是先后印发《关于贯彻落实〈全面推进依法行政实施纲要〉的通知》、《关于贯彻全国依法行政工作电视电话会议精神做好推进依法行政建设法治政府工作的通知》以及《关于在环保系统贯彻实施〈全面推进依法行政实施纲要〉的五年规划》,确保依法行政工作的顺利开展。②

随后,《固体废物污染环境防治法》在施行了8年之后加入了被修订的行列。2004年12月29日,第十届全国人大常委会第13次会议通过了经修订的《固体废物污染环境防治法》。修订后的《固体废物污染环境防治法》实行固体废物全过程管理和生产者责任延伸制度。国家鼓励固体废物的循环利用,倡导绿色采购和绿色消费,鼓励购买、使用再生产品和可重复利用产品;强化了危险废物污染防治的特别规定;增加了因企业终止、变更出现了固体废物历史遗留污染责任的规定和固体废物污染防治信息统一发布制度;增加了违法行为及其处罚的种类,较大幅度地提高了罚款数额。③

2007年我国国家及地方的环境立法鳞次栉比,在资源环境方面的立法较多。为贯彻落实科学发展观,提高能源利用率,促进人与自然可持续发展,修订通过《中华人民共和国节约能源法》,修订了《动物防疫法》,也制定了《民用核安全设备监督管理条例》、《全国污染源普查条例》、《政府信息公开条例》等法规及规范性文件。为增强和规范这些立法和修改的法案的操作性和可执行性,国家环保总局及其他部门还出台了相关的规程。另外,各地政府在国家环境立法总的指导下,根据各地生态资源环境特点和实际情

---

①　《改革开放中的中国环境保护事业30年》编委会编:《改革开放中的中国环境保护事业30年》,中国环境科学出版社2010年版,第111页。

②　周生贤:《环保惠民,优化发展——党的十六大以来环境保护工作发展回顾(2002—2012)》,人民出版社2012年版,第73页。

③　《改革开放中的中国环境保护事业30年》编委会编:《改革开放中的中国环境保护事业30年》,中国环境科学出版社2010年版,第113页。

况,也出台了地方性的环境法律法规。例如,《山东省南水北调工程沿线区域水污染防治条例》就是专门针对南水北调工程的立法,让水安全问题在法制上得到了保障。再如吉林省执行了十年禁猎的指令后,野生动物的数量激增,出现了大量野生动物伤人事件,人民群众的人身和财产安全构成了严重威胁,为此,吉林省出台了《吉林省重点保护陆生野生动物造成人身财产损害补偿办法》,规定如遇重点保护野生动物伤人,将由政府"埋单"。①

同时,2008年修订的《水污染防治法》扩大了总量控制的适用范围,不再局限于排污达标但质量不达标的水体,并要求地方政府将总量控制指标逐级分解落实到基层和排污单位;同时,允许省级政府可以确定本行政区域实施总量控制的"地方重点水污染物"。2008年修订的《水污染防治法》还将"区域限批"这一环境保护实践中环境监管手段的创新法制化,将其由行政管理措施上升为强制实施的法律制度。这部法律还在提高罚款额度、创设处罚方式、扩大处罚对象、增加应受处罚的行为种类、调整处罚权限、增加强制执行权等方面具有诸多创新,如对水污染事故的处罚实行了"上不封顶",突破了过去立法中对水环境违法行为行政处罚最高100万元的规定;增加了针对违法企业直接责任者个人收入的经济处罚;根据环境监管实际,赋予了环境保护部门限期治理决定权,同时有权责令违法企业限制生产、限制排放或者停产整治。②《水污染防治法》明确规定了饮用水水源保护区和江河上游地区的水环境生态保护补偿机制,推动了经济政策入法的进程。我国制定并完善了水污染防治法、固体废物污染防治法等与人民群众生活密切相关的环境保护法律,这为维护人民群众的生态权益和生态安全提供了法律保障。为了适应新形势、新要求,2008年2月28日,第十届全国人大常委会第32次会议全票通过了修订后的《中华人民共和国水污染防治法》,对现行法律进行了修改、补充和完善,一是强化政府责任;二是加强水污染源头控制;三是关注民生成为水污染防治的首要任务;四是增强水污染应急反应能力;五是加大处罚力度,增强了对违法行为的震慑力;六是赋予了环保部门更大的权力。③

2008年8月9日,第十一届全国人大常委会第四次会议以高票的最终

---

① 杨东平:《中国环境的危机与转机(2008)》,社会科学文献出版社2008年版,第118—119页。

② 《改革开放中的中国环境保护事业30年》编委会编:《改革开放中的中国环境保护事业30年》,中国环境科学出版社2010年版,第116页。

③ 聂时铖:《适应新形势突围水污染——解读〈中华人民共和国水污染防治法〉》,载《今日新疆》2008年第16期。

结果通过了《中华人民共和国循环经济促进法》，以"减量化、再利用、资源化"为主线，①是为推动循环经济发展而制定的。相比以前，该法明确了减量化优先的原则、建立了循环经济发展规划制度、建立了抑制资源浪费和污染物排放的总量控制制度、建立了循环经济评价和考核制度、建立了生产者责任延伸制度、制定了对重点企业实行重点监督管理的制度、强化了产业政策的规范和引导功能和强化激励措施。②

2009 年 8 月，国务院颁布《规划环境影响评价条例》，标示着我国环境保护参与综合决策发展到新阶段。《规划环境影响条例》针对《环评法》规定的规划环评审查主体不够明确、审查程序不够具体等不足，着力进行细化和规范，取得了一系列重要突破。③ 2009 年 8 月 27 日，第十一届全国人民代表大会常务委员会第十次会议通过的《全国人民代表大会常务委员会关于积极应对气候变化的决议》中，强调把应对气候变化工作纳入法制化轨道，为应对气候变化积极制定清洁可再生能源、促进发展循环经济等方面的法律法规，指出要制定修改森林法、草原法等方面的法律法规，说明中国的环境保护工作已经具有了全球性视野，这也是在发展中国家中首次出现的应对气候变化的国家性方案。

2010 年 3 月 9 日，吴邦国在《全国人民代表大会常务委员会工作报告》中指出："常委会还加强应对气候变化相关的绿色经济、低碳经济立法工作……从法律上确立国家实行可再生能源发电全额保障性收购制度，建立电网企业收购可再生能源电量费用补偿机制，设立国家可再生能源发展基金，要求电网企业提高吸纳可再生能源电力的能力等，对推动我国可再生能源产业的健康快速发展，促进能源结构调整，加强资源节约型、环境友好型社会建设具有重要意义。"④此外，各地紧扣解决损害群众健康的环境保护问题，结合本地区实际情况，不断加强地方性法规建设。自 2010 年起，安徽、新疆制定或修订了《环境保护条例》。宁夏制定了我国第一部《环境教育条例》。山西制定了《减少污染物排放条例》，贵州制定了《主要污染物总量减排管理办法》，天津、山东、广东、重庆、南京、杭州、厦门等地制定或修订了《机动车排气污染防治管理办法》，山东制定了《畜禽养殖管理办法》，河南制定了《水污染防治条例》和《固体废物污染环境防治条例》，江苏修订

① 本刊编辑部：《〈中华人民共和国循环经济促进法〉解读》，载《法学杂志》2009 年第 3 期。

② 徐尚勇，张鹏，朱玉宽：《打赢节能减排攻坚战》，载《绿色视野》2010 年第 12 期。

③ 周生贤：《环保惠民，优化发展——党的十六大以来环境保护工作发展回顾（2002—2012）》，人民出版社 2012 年版，第 81 页。

④ 《十七大以来重要文献选编》（中），中央文献出版社 2011 年版，第 599 页。

了《太湖水污染防治条例》，北京修订了《北京市水污染防治条例》，四川制定了《饮用水水源保护管理条例》，福建制定了《固体废物污染环境防治若干规定》和《流域水环境保护条例》。[①]

在环境保护部积极推动下，《环境保护法》修改被列入全国人大常委会2011年和2012年立法工作计划。环境保护部针对环境保护法实施过程中存在的突出问题，在《环境保护法》修订草案中，吸收实践证明行之有效的环境管理制度和措施，提出了加强政府环境责任、完善环保统一监管制度、环境经济政策法制化、跨行政区域的污染防治协调、统一发布环境信息、保障公众环境权益、推动环境公益诉讼以及加大处罚力度等方面的修改建议。2011年7月，环境保护部向全国人大环资委正式报送了修订草案建议稿。[②]

总体而言，这一时期内我国环境法律制度不断健全，从科学立法到严格执法，再到公正司法，生态环境领域依法治国迈出了坚实步伐，为推进生态文明建设提供了重要保障。

第三节　中国生态文明制度建设深化发展阶段的环境保护政策和管理体制机制

环境管理问题一直是党中央关注的重要内容。不断健全完善环境管理制度和政策，是我们党贯彻落实环境管理思想的深刻体现，这是推进我国生态文明制度建设的必由之路。

一、中国生态文明制度建设深化发展阶段党的环境管理思想

环境问题是事关人民生产生活的重大社会问题，关乎人民切身利益，必须加以高度重视。环境管理问题一直是党中央关注的重要内容。党的十六大以来，我国经济社会发展与环境保护之间的矛盾愈加尖锐，面对这一局面，以胡锦涛同志为总书记的党中央在坚持节约资源和保护环境基本国策的基础上，提出了加强环境管理思想。

（一）加强生态文明建设必须要有制度的引导和规范

深入贯彻落实科学发展观，加强生态文明建设，必须要有制度的引导和规范，其关键在于突破重点领域和关键环节的诸多制度障碍，因而，贯彻落

---

① 周生贤：《环保惠民，优化发展——党的十六大以来环境保护工作发展回顾（2002—2012）》，人民出版社2012年版，第68页。

② 周生贤：《环保惠民，优化发展——党的十六大以来环境保护工作发展回顾（2002—2012）》，人民出版社2012年版，第66页。

实科学发展观的过程,也是推进整体制度创新的过程。党的十六大以来,经济社会的高速发展对资源能源的依赖性显著提升,资源紧张和环境恶化问题突出,部分地区为追求经济发展而罔顾生态环境,导致部分地区资源浪费严重,生态环境恶化加剧。为此,胡锦涛指出,"要加大治理污染力度,依法保护环境"①。以胡锦涛同志为总书记的党中央一直高度重视健全和规范环境管理制度,2003 年 7 月 28 日,在《把促进经济社会协调发展摆到更加突出的位置》中,胡锦涛更是明确将环境指标作为评价经济发展的一个重要指标,指出:"在促进发展的进程中,我们不仅要关注经济指标,而且要关注人文指标、资源指标、环境指标;不仅要增加促进经济增长的投入,而且要增加促进社会发展的投入,增加保护资源和环境的投入。"②2004 年 3 月 10日,胡锦涛在《建设自然就是造福人类》中提出"要在资源开采、加工、运输、消费等环节建立全过程和全面节约的管理制度"③。2005 年,胡锦涛在中央人口资源环境会上指出要"完善促进生态建设的法律和政策体系,制定全国生态保护规划"④。为进一步突出制度在生态文明建设中的重要引导和规范作用,胡锦涛在党的十七大报告中强调,要"从制度上更好发挥市场在资源配置中的基础性作用"⑤。

(二) 加强环境管理的一些指导意见

以胡锦涛同志为总书记的党中央还就环境管理的一些具体方面和部分地区的环境管理提出了一系列重要思想观点和具体举措。在保护森林、草原等自然环境方面,党中央和国务院强调要认真抓好退耕还林(草)工程,提倡义务植树。2003 年 6 月 25 日,《中共中央、国务院关于加快林业发展的决定》指出:"认真抓好退耕还林(草)工程,切实落实对退耕农民的有关补偿政策,鼓励结合农业结构调整和特色产业开发,发展有市场、有潜力的后续产业,解决好退耕农民的长远生计问题。"⑥党中央还作出了"继续推进'三北'、长江等重点地区的防护林体系工程建设等重要决定"⑦。另外,党中央还号召开展全面义务植树运动,指出:"义务植树要实行属地管理,农村以乡镇为单位、城市以街道为单位,建立健全义务植树登记制度和考核制

① 《十六大以来重要文件选编》(中),中央文献出版社 2006 年版,第 823 页。
② 《胡锦涛文选》第 2 卷,人民出版社 2016 年版,第 67 页。
③ 《胡锦涛文选》第 2 卷,人民出版社 2016 年版,第 170 页。
④ 《十六大以来重要文件选编》(中),中央文献出版社 2006 年版,第 823 页。
⑤ 《胡锦涛文选》第 2 卷,人民出版社 2016 年版,第 629 页。
⑥ 《十六大以来重要文献选编》(上),中央文献出版社 2011 年版,第 327 页。
⑦ 《十六大以来重要文献选编》(上),中央文献出版社 2005 年版,第 327—328 页。

度。进一步明确部门和单位绿化的责任范围,落实分工负责制,并加强监督检查。"①在人口资源环境工作方面,以胡锦涛同志为主要代表的中国共产党人提出了控制人口增长、减缓环境压力思想。胡锦涛强调:"做好人口资源环境工作,是贯彻落实科学发展观的必然要求和重要内容"。②

在农村环境治理方面,农村一直是以胡锦涛同志为总书记的党中央关注的焦点。2003 年 1 月 8 日,胡锦涛在《统筹城乡经济发展》中指出:"要加大农业基础设施建设力度,尤其要增加对节水灌溉、人畜饮水、乡村道路、农村沼气、农村水电、草场围栏等"六小"工程的投入。"③2003 年 7 月 28 日,在《把促进经济社会协调发展摆到更加突出的位置》中,胡锦涛强调要重视农村环境的治理,他指出:"加强农村环境治理,重点抓好农村公共卫生基础设施建设和节水灌溉、人畜饮水、乡村道路、农村沼气、农村水电、草场围栏等'六小'工程建设。"④

（三）建立资源节约和环境保护工作问责制

加强生态文明建设领导干部是关键,必须通过制度建设引导领导干部重视资源节约和环境保护。以胡锦涛同志为总书记的党中央提出要建立资源节约和环境保护工作问责制,将生态文明建设指标完成情况纳入各级政府领导班子和领导干部的考核体系,并将考核情况作为干部奖惩的依据之一,实行行政问责制和一票否决制,才能有效地制止以牺牲环境求"发展"的短期行为,实现节约资源,保护环境的目标。2004 年 3 月 10 日,胡锦涛在《中央人口资源环境工作座谈会上的讲话》中指出:"组织部门要会同有关部门抓紧研究考核标准,尽快把人口资源环境指标纳入干部考核体系。严格执行党纪国法,对违反人口和计划生育政策、乱批乱征耕地、纵容破坏资源和污染环境行为的干部,不仅不能提拔,还要依照纪律和法律追究责任。"⑤此外,胡锦涛还指出:"要深入贯彻实施《行政许可法》,规范行政权力,严格行政责任,全面推进行政管理部门依法行政。"⑥2006 年 3 月 5 日,温家宝在《政府工作报告》中指出:"抓紧建立生态补偿机制。强化环境和生态保护执法检查,健全环境保护的监测体系、评价考核和责任追究制

①　《十六大以来重要文献选编》(上),中央文献出版社 2005 年版,第 328 页。
②　《十六大以来重要文献选编》(上),中央文献出版社 2005 年版,第 854 页。
③　《胡锦涛文选》第 2 卷,人民出版社 2016 年版,第 20 页。
④　《胡锦涛文选》第 2 卷,人民出版社 2016 年版,第 69 页。
⑤　《十六大以来重要文献选编》(上),中央文献出版社 2005 年版,第 859 页。
⑥　《十六大以来重要文献选编》(上),中央文献出版社 2005 年版,第 861 页。

度。"①随后,2007年3月5日,温家宝在《政府工作报告》中,指出:"认真落实节能环保目标责任制。抓紧建立和完善科学、完整、统一的节能减排指标体系、监测体系和考核体系,实行严格的问责制。"②2008年3月5日,温家宝在《政府工作报告》中指出:"完善能源资源节约和环境保护奖惩机制。执行节能减排统计监测制度,健全审计、监察体系,加大执法力度,强化节能减排工作责任制。"③2010年10月18日,中央委员会在中国共产党第十七届中央委员会第五次全体会议上通过了《中国中共中央关于制定国民经济发展第十二个五年规划的建议》并指出:"健全重大环境事件和污染事故责任追究制度。"④政府相关部门要经常组织开展环境保护专项检查和监察行动,严肃查处违反国家环境保护相关法律政策的行为。对严重违法的企业要依法查处,实行停产整治、挂牌督办、公开曝光,对不符合国家环境政策法律的企业要限期关闭。对造成重大环境污染事故的企业和责任人要追究其刑事责任。以胡锦涛同志为总书记的党中央在2011年10月17日《国务院关于加强环境保护重点工作的意见》中指出:"健全责任追究制度,严格落实企业环境安全主体责任,强化地方政府环境安全监管责任"⑤,"强化对环境保护工作的领导和考核。地方各级人民政府要切实把环境保护放在全局工作的突出位置,列入重要议事日程,明确目标任务,完善政策措施,组织实施国家重点环保工程。制定生态文明建设的目标指标体系,纳入地方各级人民政府绩效考核,考核结果作为领导班子和领导干部综合考核评价的重要内容,作为干部选拔任用、管理监督的重要依据,实行环境保护一票否决制。对未完成目标任务考核的地方实施区域限批,暂停审批该地区除民生工程、节能减排、生态环境保护和基础设施建设以外的项目,并追究有关领导责任"⑥。《意见要求》,在节约资源和保护环境过程中,始终坚持依法行政,规范执法行为,加大执法力度,提高执法效率。严格执行节约能源和保护环境的法律、法规,严厉打击严重破坏环境、浪费能源的违法犯罪行为,实行重大环境事故责任追究制度,坚决改变有法不依、执法不严、违法不究的现象。

　　总之,党的十六大至十八大召开前的这一阶段,党的环境管理思想不断丰富和发展,为推动我国环境管理工作提供了科学指南。

①　《十六大以来重要文献选编》(下),中央文献出版社2008年版,第330—331页。
②　《十六大以来重要文献选编》(下),中央文献出版社2008年版,第943页。
③　《十七大以来重要文献选编》(上),中央文献出版社2009年版,第315页。
④　《十七大以来重要文献选编》(中),中央文献出版社2011年版,第986页。
⑤　《十七大以来重要文献选编》(下),中央文献出版社2013年版,第552页
⑥　《十七大以来重要文献选编》(下),中央文献出版社2013年版,第557页

二、中国生态文明制度建设深化发展阶段环境
保护政策和管理体制机制的建立完善

环境保护政策和管理体制机制是推进我国环境保护和生态文明建设各项工作的重中之重,是推进环境管理的强大保障。党的十六大至十八大召开前我国环境管理制度与政策的建立与实施过程,是践行这一阶段党的环境管理思想的深刻体现,在以胡锦涛同志为总书记的党中央带领下,我国建立、完善并实施了一些行之有效的新的环境管理政策和制度。

2003 年,我国对环境保护标准工作进行了大幅度调整和改革:一是发布形式统一以公告形式发布;二是标准内容充实了管理措施和技术措施;三是扩大了标准适用的范围,增加了标准类别;四是进行了标准体系调整;五是对标准制订组织方式进行了改革,通过公开征集方式择优确定环境保护标准编制单位。①

2005 年 6 月 27 日,在《国务院关于做好建设节约型社会近期重点工作的通知》中,明确指出资源节约的主要工作在地方,地方各级人民政府特别是省级人民政府要对本地区资源节约工作负责,切实加强对这项工作的组织领导,并建立相应协调机制,明确相关部门的责任和分工,大力推进资源节约工作。② 政府是公共产品的供给者、公共利益的捍卫者,这决定了政府在生态环境保护中应该承担的重要责任,环境保护的各项工作只有在政府的组织领导下,才能顺利推进。2005 年 6 月 27 日发布的《国务院关于做好建设节约型社会近期重点工作的通知》指出为了抓好各级政府机关节约工作以及全社会的节约工作,"要抓紧建立科学的政府绩效评估体系,进步健全干部考核机制,将资源节约责任和实际效果纳入各级政府目标责任制和干部考核体系中"③。2005 年 12 月 3 日,《国务院关于落实科学发展观加强环境保护的决定》指出必须落实环境保护领导责任制和地方各级政府环境目标责任制。在落实环境保护领导责任制上,要确立环境保护第一责任人制度,将环境保护落实到政府和部门的具体分管责任人,以确保认识到位、责任到位、措施到位、投入到位,地方人民政府要定期听取汇报,研究部署环保工作,制订并组织实施环保规划,检查落实情况,及时解决问题,确保

---

① 《改革开放中的中国环境保护事业 30 年》编委会编:《改革开放中的中国环境保护事业 30 年》,中国环境科学出版社 2010 年版,第 154 页。

② 《十六大以来重要文献选编》(中),中央文献出版社 2006 年版,第 956 页。

③ 《十六大以来重要文献选编》(中),中央文献出版社 2006 年版,第 957 页。

实现环境目标。① 在坚持和完善地方各级人民政府环境目标责任制方面，要对环境保护主要任务和指标实行年度目标管理，定期进行考核，并公布考核结果。对在环保工作中作出突出贡献的单位和个人要给予表彰和奖励，同时要建立问责制，切实解决地方保护主义干预环境执法的问题，对因决策失误造成重大环境事故、严重干扰正常环境执法的领导干部和公职人员，要追究责任。② 除此之外，为更好地加强环境质量监管，明确行政领导相关责任，因此胡锦涛指出要建立环境质量行政领导负责制。胡锦涛进一步要求落实领导干部的环境保护责任，全面落实目标管理责任制。2005 年 12 月《国务院关于落实科学发展观加强环境保护的决定》将环境保护纳入领导干部考核体系，明确"考核情况作为干部选拔任用的依据之一，评优创先活动实行环保一票否决"，引导领导干部树立正确的政绩观，倒逼领导干部在决策中自觉保护生态环境和节约资源。③《国务院关于落实科学发展观加强环境保护的决定》指出："加强环境监管制度。要实施污染物总量控制制度，将总量控制指标逐级分解到地方各级人民政府并落实到排污单位。推行排污许可证制度，禁止无证或超总量排污"，"加强环境监管制度"作出了具体部署，指出加强环境监管制度，必须不断健全完善污染物总量控制制度、推行排污许可证制度、严格执行环境影响评价和"三同时"制度、完善强制淘汰制度、强化限期治理制度、完善环境监察制度、严格执行突发环境事件应急预案、建立跨省界河流断面水质考核制度和国家加强跨省界环境执法及污染纠纷的协调。④

　　2006 年全国"两会"期间通过的《"十一五"国民经济发展规划纲要》草案，提出了 22 个经济社会发展主要指标，其中"十一五"期间主要污染物排放总量减少 10%，成为 8 个约束性指标之一。污染减排成为党的政治意愿和国家意志。⑤ 2006 年 2 月 5 日，国家环境保护总局发布了《环境影响评价公众参与暂行办法》，明确规定了公众参与环境影响评价的权利、途径、方式、范围，解决了制约公众参与环境影响评价的程序性问题，以有效保障公众的知情权和参与权。⑥ 2006 年 2 月，国家环保总局公布《"十一五"国家

---

① 《十六大以来重要文献选编》(下)，中央文献出版社 2008 年版，第 96—97 页。
② 《十六大以来重要文献选编》(下)，中央文献出版社 2008 年版，第 97 页。
③ 秦书生、王曦晨：《改革开放以来中国共产党生态文明制度建设思想的历史演进》，载《东北大学学报》(社会科学版)2020 年第 3 期。
④ 《十六大以来重要文献选编》(下)，中央文献出版社 2008 年版，第 93 页。
⑤ 《改革开放中的中国环境保护事业 30 年》编委会编：《改革开放中的中国环境保护事业 30 年》，中国环境科学出版社 2010 年版，第 66 页。
⑥ 《改革开放中的中国环境保护事业 30 年》编委会编：《改革开放中的中国环境保护事业 30 年》，中国环境科学出版社 2010 年版，第 110 页。

环境保护标准规划》,确立了以国家环境质量标准和污染物排放(控制)标准为核心、由各类技术规范和标准组成的新时期国家环境保护标准体系的具体内容。2006年8月,国家环保总局废止了1996年发布的《国家环保局国家环境保护标准制(修)订管理办法》,发布了《国家环境保护标准制修订工作管理办法》,适用于各类国家环境保护标准制修订工作全过程的管理。①

2006年10月11日,中国共产党第十六届中央委员会第六次全体会议通过了《中共中央关于构建社会主义和谐社会若干重大问题的决定》。《决定》指出,建立生态环境评价体系和补偿机制,强化企业和全社会节约资源、保护环境的责任。完善环境保护法律法规和管理体系。②

2006年12月,国家环保总局、中宣部、教育部共同发布了《关于做好"十一五"时期环境宣传教育工作的意见》。《意见》中提出,环境宣传教育是实现国家环境保护意志的重要方式,环保、宣传、教育部门要充分认识加强环境宣传教育工作的重要意义,增强做好环境宣传教育工作的紧迫感、使命感。《意见》要求,要努力形成与建设环境友好型社会相适应的环境宣传教育格局,着力抓好面向公众的环境宣传教育,切实加强环境宣传教育队伍与能力建设。③

2007年4月25日,国务院总理温家宝主持召开国务院常务会议,研究部署加强节能减排工作。会议同意国家发展改革委会同有关部门制定的《节能减排综合性工作方案》,决定成立国务院节能减排工作领导小组,由温家宝任组长,曾培炎任副组长。2007年4月27日,国务院召开全国节能减排工作电视电话会议,动员和部署加强节能减排工作。中共中央政治局常委、国务院总理温家宝作了重要讲话,他强调,要认真贯彻落实科学发展观,统一认识,明确任务,加强领导,狠抓落实,以更大的决心、更大的气力、更有力的措施,确保"十一五"节能减排目标的实现,促进国民经济又好又快发展。④

信息公开是公众参与的重要前提。从2006年《环境影响评价公众参与

---

①　《改革开放中的中国环境保护事业30年》编委会编:《改革开放中的中国环境保护事业30年》,中国环境科学出版社2010年版,第154页。

②　《十六大以来重要文献选编》(下),中央文献出版社2008年版,第657页。

③　《改革开放中的中国环境保护事业30年》编委会编:《改革开放中的中国环境保护事业30年》,中国环境科学出版社2010年版,第320页。

④　《改革开放中的中国环境保护事业30年》编委会编:《改革开放中的中国环境保护事业30年》,中国环境科学出版社2010年版,第67页。

暂行办法》到 2007 年国家环保总局发布《环境信息公开办法（试行）》，具有专门意义的首部关于环境信息公开的综合性部门规章的正式出台，对于促进公众参与环境保护工作的监督、建议具有重要意义。环境保护部和一些省级环保部门成立了信息化建设领导小组和信息化办公室，不断加强各级环境信息中心建设，基本建成了国家、省、重点城市的三级架构，形成了以环境保护部信息中心为中枢、省级环境信息中心为骨干、地市级环境信息中心为基础的技术支撑和管理体系。①

2007 年 5 月 23 日，国务院同意国家发改委会同有关部门制订的《节能减排综合性工作方案》（以下简称《方案》），并发出《关于印发节能减排综合性工作方案的通知》（以下简称《通知》）。《通知》指出，要把节能减排作为当前宏观调控重点，作为调整经济结构、转变增长方式的突破口和重要抓手，坚决遏制高耗能、高污染产业过快增长，切实保证节能减排、保障民生等工作所需资金投入。2007 年 10 月 15 日，胡锦涛在党的十七大报告中指出："落实节能减排工作责任制。开发和推广节约、替代、循环利用和治理污染的先进适用技术，发展清洁能源和可再生能源，保护土地和水资源，建设科学合理的能源资源利用体系，提高能源资源利用效率"②，"要完善有利于节约能源资源和保护生态环境的法律和政策"，"实行有利于科学发展的财税制度"③。2007 年 11 月 17 日，国务院发布通知，批转同意发展改革委、统计局和环保总局分别会同有关部门制订的《单位 GDP 能耗统计指标体系实施方案》、《单位 GDP 能耗监测体系实施方案》、《单位 GDP 能耗考核体系实施方案》（以下简称"三个方案"）和《主要污染物总量减排统计办法》、《主要污染物总量减排监测办法》、《主要污染物总量减排考核办法》，进一步强化各单位部门对于节能减排工作的重要性的迫切认识。

2008 年 3 月 5 日，温家宝在《政府工作报告》中指出："完善能源资源节约和环境保护奖惩机制。执行节能减排统计监测制度，健全审计、监察体系，加大执法力度，强化节能减排工作责任制。"④2008 年 12 月，环境保护部《关于推进生态文明建设的指导意见》（以下简称《意见》）出台。《意见》明确了推进生态文明建设的指导思想、基本原则和基本要求，提出要积极组织

---

① 周生贤：《环保惠民，优化发展——党的十六大以来环境保护工作发展回顾（2002—2012）》，人民出版社 2012 年版，第 59 页。

② 《十七大以来重要文献选编》（上），中央文献出版社 2009 年版，第 19 页。

③ 《十七大以来重要文献选编》（上），中央文献出版社 2009 年版，第 19、20 页。

④ 《十七大以来重要文献选编》（上），中央文献出版社 2009 年版，第 315 页。

开展生态文明建设试点、示范活动。① 此外,国务院依托《全国污染源普查条例》于 2008 年开展第一次全国污染源普查。2008 年环境保护部成立以来,又修订通过了《建设项目环境影响评价分类管理名录》(部令第 2 号),《建设项目环境影响评价分级审批规定》(部令第 5 号),制定了《环境保护部直接审批环境影响评价文件的建设项目目录(2009 年本)》及《环境保护部委托省级环境保护部门审批环境影响评价文件的建设项目目录(2009 年本)》。这一系列规章制度的制定实施,大大提升了环评管理的针对性和有效性。② 2008 年是完成污染减排的攻坚之年。各地各部门抓紧实施主要污染物总量减排统计监测考核办法,及时建立完善减排计划审核备案、工程核查调度、数据会审考核及发布等一系列制度,不断加大责任追究力度,极大地推动了污染减排工作的深入开展。③ 2008 年 11 月 1 日,温家宝在《关于贯彻落实科学发展观的若干重大问题》中指出:"健全节约资源、保护环境的长效机制。要逐步建立政府引导、法规支撑、企业为主、公众参与的运行机制。各级党委政府要把节约环保作为促进科学发展的硬任务、考核各级干部的硬指标,实行有利于节约环保的财税、价格政策,完善节能减排指标体系、监测体系和考核体系。健全节约环保的法律法规和标准体系。企业必须严格执行环境法规和排放标准。"④

2009 年 3 月 5 日,温家宝在《政府工作报告》中指出:"健全节能环保各项政策,按照节能减排指标体系、考核体系、监测体系,狠抓落实。"⑤根据新的形势、任务对环境宣教工作提出的新要求,环境保护部、中宣部和教育部于 2009 年 6 月 1 日联合下发了《关于做好新形势下环境宣传教育工作的意见》,明确要求各级环保、宣传、教育部门要认清形势,积极配合,上下联动,形成政府主导、各方配合、运转顺畅、充满活力、富有成效的环境宣教工作格局;积极推进面向公众的环境宣传教育,重视环境宣传教育理论研究工作,加强环境宣传教育能力建设和组织保障。⑥

① 《改革开放中的中国环境保护事业 30 年》编委会编:《改革开放中的中国环境保护事业 30 年》,中国环境科学出版社 2010 年版,第 65 页。

② 周生贤:《环保惠民,优化发展——党的十六大以来环境保护工作发展回顾(2002—2012)》,人民出版社 2012 年版,第 82 页。

③ 《改革开放中的中国环境保护事业 30 年》编委会编:《改革开放中的中国环境保护事业 30 年》,中国环境科学出版社 2010 年版,第 68 页。

④ 《十七大以来重要文献选编》(上),中央文献出版社 2009 年版,第 711 页。

⑤ 《十七大以来重要文献选编》(上),中央文献出版社 2009 年版,第 902—903 页。

⑥ 《改革开放中的中国环境保护事业 30 年》编委会编:《改革开放中的中国环境保护事业 30 年》,中国环境科学出版社 2010 年版,第 321 页。

2010 年 2 月 3 日,胡锦涛在省部级主要领导干部深入贯彻落实科学发展观加快经济发展方式转变专题研讨班上的讲话中指出,"要加快推进节能减排,严格落实节能减排目标责任制,……强化节能减排指标约束,加快企业节能降耗技术改造,加强节能减排重点工程建设"①。能源紧张,能源资源短缺要求我们必须提高能源资源利用效率。在此背景下,注重资源节约,提高能源资源利用率,发展循环经济,成为推动我国经济社会可持续发展的必由之路。在加快发展循环经济方面,党中央和国务院也提出了要通过健全循环经济发展的协调工作机制来实现。2010 年 3 月 9 日,吴邦国在《全国人民代表大会常务委员会工作报告》中指出:"我国作为负责任的发展中大国,一直高度重视气候变化问题并为此做出了巨大努力,把节约资源和保护环境作为基本国策,把实现可持续发展作为国家战略,制定了涵盖影响气候变化各领域的法律法规,制定和实施了《应对气候变化国家方案》,将节能减排和提高森林覆盖率作为国家中长期发展规划的约束性指标,并采取一系列相关政策措施,为减缓和适应气候变化作出了积极贡献。"②

2011 年 10 月 17 日,《国务院关于加强环境保护重点工作的意见》根据我国环境管理出现的新情况新问题,指出要"建立与我国国情相适应的环境保护宏观战略体系、全面高效的污染防治体系、健全的环境质量评价体系、完善的环境保护法规政策和科技标准体系、完备的环境管理和执法监督体系、全民参与的社会行动体系"③。2011 年,印发《环境保护部关于贯彻落实国务院加强法治政府建设意见的实施意见》,对当前和今后一个时期加强法治政府建设的各项工作作出部署。经过上下共同努力,环保系统干部职工依法行政的观念和能力得到明显提高,依法行政工作取得重要进展,正朝着建设法治政府的目标稳步推进。④ 时任国务院副总理李克强在 2011 年 12 月第七次全国环保大会的讲话中指出"市场机制在环境保护中的作用更加显现。"⑤国务院 2011 年以来先后发布的《关于加强环境保护重点工作的意见》、《国家环境保护"十二五"规划》、《节能减排综合工作方案》,和关于深化经济体制改革意见等多部重要文件,都对加快制定和实施环境经

① 《十七大以来重要文献选编》(中),中央文献出版社 2011 年版,第 463 页。
② 《十七大以来重要文献选编》(中),中央文献出版社 2011 年版,第 598 页。
③ 《十七大以来重要文献选编》(下),中央文献出版社 2013 年版,第 555 页。
④ 周生贤:《环保惠民,优化发展——党的十六大以来环境保护工作发展回顾(2002—2012)》,人民出版社 2012 年版,第 73—74 页。
⑤ 李克强:《李克强副总理在第七次全国环境保护大会上的讲话(2011 年 12 月 20 日)》,载《环境保护》2012 年第 1 期。

济政策,建立有利于环境保护的激励和约束机制提出了明确的工作要求。①

　　胡锦涛通过环境保护制度和相关政策,保护生态环境,把生态文明建设融入其他四大建设的各方面和全过程,将环境保护制度和生态补偿制度纳入生态文明制度建设层面,争取把绿化、美化环境变成全社会的广泛共识和自觉行动。

　　总之,在党的十六大至十八大召开前,我国的环境管理制度与政策进一步完善,涉及范围更加广泛,内容更加具体、系统,为我国生态文明建设提供了可靠保障。

第四节　中国生态文明制度建设深化发展阶段的制度建设影响因素与成效

　　这一阶段为推进生态文明制度建设,在以胡锦涛同志为总书记的党中央的领导下,我国积极采取多重举措,建立健全与我国基本国情相适应的环境保护宏观战略体系,完善有关资源节约与管理的各项法律法规,不断弥补有关法律空白,形成有利于资源节约的各种法律法规和规章制度,把节约资源工作纳入制度化、法制化的轨道,取得了重要成就,加快了我国生态文明建设的步伐。

一、中国生态文明制度建设深化发展阶段的制度建设影响因素

　　以胡锦涛同志为总书记的党中央针对我国生态文明建设的实际情况,总结以往经验教训,更加深刻地认识到生态文明制度的建设和完善必须依赖法律制度的硬性保障,唯有如此,才能确保生态文明制度建设的实效性。这一阶段,党中央深化了对环境制度建设的认识,推动我国生态文明制度建设深化发展。

　　第一,党的执政理念深化升华推动环境管理工作迈上新台阶。改革开放以来,虽然我们在贯彻落实可持续发展战略方面取得了一些成就,但是从整体上看,谋求经济高速发展,促进经济总量快速增加,仍然是许多地方政府发展的首要选择。这就在很大程度上决定了这种发展是以能源的大量投入、人力资源的大量使用、粗放式高污染的模式进行,尽管在一定时期能够产生效应,但是带来的长远性危害是明显的,某种程度上重蹈了资本主义

---

　　①　周生贤:《环保惠民,优化发展——党的十六大以来环境保护工作发展回顾(2002—2012)》,人民出版社2012年版,第75页。

"先污染，后治理"的覆辙，至少是"边污染，边治理"，走的依然是高投入、高消耗、高污染、低效益的传统发展模式。

党的十六届三中全会提出以人为本，全面、协调、可持续的科学发展观，是我们党对社会主义现代化建设规律认识的进一步深化，是党的执政理念的一次深化升华，具有重要的现实意义和深远的历史意义。科学发展观要求转变发展理念、创新发展模式、提高发展质量，实现又好又快的可持续发展。贯彻落实科学发展观，要充分发挥制度建设对生态文明建设的牵引作用，促进转变经济发展方式，加强以结构调整为核心的宏观调控。环境保护在新的历史起点上，进入了国家政治、经济、社会发展的主干线、主战场、大舞台。在科学发展观的指引下，党和国家不遗余力地加强了环境保护工作的组织保障。"十一五"规划纲要针对我国资源环境压力不断加大的形势，提出了建设资源节约型、环境友好型社会的战略任务和具体措施。2006年4月，国务院召开第六次全国环保大会，提出从重经济增长轻环境保护转变为保护环境与经济增长并重，从环境保护滞后于经济发展转变为环境保护和经济发展同步推进，从主要用行政办法保护环境转变为综合运用法律、经济、技术和必要的行政办法解决环境问题的"三个转变"的战略思想。2007年10月，党的十七大把首次生态文明建设作为一项战略任务和全面建设小康社会新目标明确下来。2008年3月15日，第十一届全国人大第一次会议第五次全体会议决定，为加大环境政策、规划和重大问题的统筹协调力度，组建环境保护部，不再保留国家环境保护总局。2009年，中国环境宏观战略研究提出了积极探索中国环保新道路的重大理论和实践命题。2011年，国务院召开第七次全国环境保护大会，印发《关于加强环境保护重点工作的意见》和《国家环境保护"十二五"规划》，为推进环境保护事业科学发展奠定了坚实基础。①

第二，实施生态文明建设战略推动提升生态文明制度建设水平。党的十七大在科学分析我国国情和经济发展状况的基础上，提出了生态文明建设目标，把建设生态文明作为一项战略任务确定下来。建设生态文明，是以胡锦涛同志为总书记的党中央坚持以科学发展观统领经济社会发展全局，创造性地回答怎样实现我国经济社会与资源环境可持续发展问题所取得的最新理论成果。党的十七届四中全会提出，全面推进社会主义经济建设、政治建设、文化建设、社会建设以及生态文明建设，把建设生态文明纳入了中

---

①　《环境保护状况》，中华人民共和国中央人民政府网，http://www.gov.cn/test/2012-04/10/content_2110072.htm。

国特色社会主义事业的总体布局。党的十七届五中全会提出了提高生态文明水平的新要求。生态文明建设重大战略思想的提出,既是文明形态的进步,又是社会制度的完善;既是价值观念的提升,又是生产生活方式的转变;既是中国环保新道路的目标指向,又是人类文明进程的有益尝试。① 生态文明制度建设是生态文明建设的重要内容,生态文明制度建设是实施生态文明建设战略的内在要求。实施生态文明建设战略必然要求加强生态文明制度建设。

生态文明建设的薄弱环节是生态文明制度建设,突破口也是生态文明制度建设。生态文明制度建设是生态文明建设的主阵地,加强生态文明制度建设是推进生态文明建设的根本措施。党中央提出生态文明建设战略以来,以解决影响科学发展和损害群众健康的重大环境问题为突破口,以加强生态文明制度建设为抓手,标本兼治,多管齐下,不断推动环境保护政策完善提升、法律制度与时俱进、体制机制健全创新,先后密集地出台和修订了《中华人民共和国清洁生产促进法》、《中华人民共和国水法(修订)》、《中华人民共和国环境影响评价法》等多部法律,印发《关于落实科学发展观加强环境保护的决定》、《国家环境保护“十一五”规划》、《全国主体功能区规划》等多项文件,颁布了《规划环境影响评价条例》、《废弃电器电子产品回收处理管理条例》等多项环境保护行政法规,为培育壮大生态经济、改善生态环境质量、提升社会生态文明意识发挥了重要作用。同时,各地认真落实党中央国务院推进生态文明建设的部署,结合实际,主动实践,取得了积极进展,创造了许多好做法并总结了一些切实可行的经验,比如制定出台生态文明建设的总体规划,截至 2012 年上半年已有 8 个省(区)出台了建设生态文明的文件;创新完善生态文明建设的体制机制,成立环保工作领导小组,多部门联动,并建立相应的考核体系。②

第三,解决重大环境污染问题推动环境管理手段创新。2005 年以来,我国开始进入环境污染事故高发期,环境事件呈现频度高、地域广、影响大、涉及面宽的态势,环境污染损害人体健康问题日益突出,环境问题引发的群体性事件呈加速上升趋势。2005 年至 2009 年,先后发生吉林松花江重大水污染、广东北江镉污染、江苏无锡太湖蓝藻暴发、云南阳宗海砷污染等一系列重大污染事件,对区域经济社会发展和公众生活造成严重影响,环境问

---

① 周生贤:《环保惠民,优化发展——党的十六大以来环境保护工作发展回顾(2002—2012)》,人民出版社 2012 年版,第 2 页。

② 周生贤:《环保惠民,优化发展——党的十六大以来环境保护工作发展回顾(2002—2012)》,人民出版社 2012 年版,第 5 页。

题越来越成为重大社会问题。① 面对一系列环境污染问题,特别是重点流域水污染问题,国家环保局局长周生贤深刻分析了环境保护工作中的紧迫问题和首要问题,提出建立先进的监测预警体系和完备的执法监督体系,将污染防治作为重中之重,将保障广大人民群众饮水安全作为首要任务。② 在松花江流域水污染治理过程中,国家环境保护局深入思考,认真总结国内外经验,于 2007 年 5 月提出严格环境准入"门槛",淘汰落后生产能力,加强饮用水源保护,加大工业污染源治理力度,加快城镇污水处理设施建设,合理开发利用水资源等六条治理措施。2007 年 5 月 10 日,周生贤在松花江流域水污染防治工作会议上,提出让松花江休养生息的政策举措。同年7 月 3 日,国家环保总局针对全国严峻的水污染形势,对长江、黄河、淮河、海河四大流域部分水污染严重、环境违法问题突出的 6 市 2 县 5 个工业园区实行"流域限批"。对流域内 32 家重污染企业及 6 家污水处理厂实行"挂牌督办。"③2008 年 1 月 12 日,国务院办公厅转发国家环保总局、发展改革委、财政部、建设部、水利部《关于加强重点湖泊水环境保护工作意见》,提出到 2010 年,重点湖泊富营养化加重的趋势得到遏制,水质有所改善;到 2030 年,逐步恢复重点湖泊地区山清水秀的自然风貌.形成流域生态良性循环、人与自然和谐相处的宜居环境。④

二、中国生态文明制度建设深化发展阶段的制度建设成效

进入 21 世纪,面对我国日趋严峻的资源环境问题,以胡锦涛同志为总书记的党中央科学决策,从新阶段经济社会发展的实际出发,强调要着力建立健全有利于环境保护的体制机制,逐渐建构起生态文明建设的整体制度架构。2002 年至 2012 年这段时期是我国是环保领域不断拓展的十年,也是环境质量逐步呈现稳中向好态势的十年。十年中,我们积累了许多宝贵经验,生态文明制度建设已取得积极的成效。

(一) 环境保护法律体系不断完善

该阶段为适应经济社会发展的新情况,制定和完善了一大批相关法律

---

① 《环境保护状况》,中华人民共和国中央人民政府网,http://www.gov.cn/test/2012-04/10/content_2110072.htm

② 《改革开放中的中国环境保护事业 30 年》编委会编:《改革开放中的中国环境保护事业 30 年》,中国环境科学出版社 2010 年版,第 69 页。

③ 《改革开放中的中国环境保护事业 30 年》编委会编:《改革开放中的中国环境保护事业 30 年》,中国环境科学出版社 2010 年版,第 69 页。

④ 《改革开放中的中国环境保护事业 30 年》编委会编:《改革开放中的中国环境保护事业 30 年》,中国环境科学出版社 2010 年版,第 70 页。

法规。从环境立法到环境执法层面较之前一阶段均有显著提升。2002 年至 2012 年间,在全国人大和国务院有关部门的大力支持下,环境保护部以建立健全环境保护法律法规体系作为工作重点,环境立法工作取得了较大进展,共制修订环保法律 6 件,行政法规 16 件,部门规章 43 件,基本形成了较为完善的环境制度体系。① 环境保护法律体系不断完善。一是推动制定了《放射性污染防治法》、《环境影响评价法》、《循环经济促进法》、《清洁生产促进法》,修订了《固体废物污染环境防治法》、《水污染防治法》等法律,在这些法律中建立了"总量控制"、"区域限批"、"生态补偿"、"饮用水源保护"、"环境信息统一发布"等一系列重要环境法律制度。二是推动修改《环境保护法》。此阶段现行的《环境保护法》自 1989 年颁布以来,对推动我国环保事业的发展发挥了重要作用。随着我国经济社会快速发展,该法有关规定与经济社会发展现状出现诸多不适应的情况。2011 年 7 月,环境保护部向全国人大环资委正式报送了修订草案建议稿。三是建立核辐射安全法律保障体系。这一阶段,我国推动制定了《放射性污染防治法》、《放射性同位素与射线装置安全和防护条例》、《放射性物品运输安全管理条例》、《放射性废物安全管理条例》、《民用核安全设备监督管理条例》等法律法规,制定了《放射性同位素与射线装置安全许可管理办法》、《放射性物品运输安全许可管理办法》、《放射性同位素与射线装置安全和防护管理办法》等多部环保部门规章。四是做好相关法律法规草案的研究、起草和论证工作。环境保护部积极配合最高人民法院和最高人民检察院分别做出了关于惩治环境犯罪的司法解释,积极支持和配合全国人大有关委员会对刑法)第 338 条"重大环境污染事故罪"扩展适用范围,修改犯罪构成要件,降低入罪门槛,极大地增强了威慑力。推动在《民事诉讼法》修订草案中明确提出"环境公益诉讼"。五是抓紧研究填补环境立法空白。积极开展核安全、土壤污染防治、生物遗传资源获取与惠益分享、饮用水安全、污染事故应急等方面立法的必要性、可行性等前期论证和研究。②

（二）环境经济政策强力出台

这一时期,国家强力出台环境经济政策,经济手段在生态环境保护法律法规中的调节作用不断增强,先后出台脱硫电价、绿色信贷、绿色证券等一系列政策,开展排污权有偿使用及交易、生态补偿、环境污染责任保险等试

---

① 周生贤:《环保惠民,优化发展——党的十六大以来环境保护工作发展回顾（2002—2012）》,人民出版社 2012 年版,第 65 页。

② 周生贤:《环保惠民,优化发展——党的十六大以来环境保护工作发展回顾（2002—2012）》,人民出版社 2012 年版,第 66—67 页。

点。开展了环境标志产品政府采购工作。国家环境保护标准体系初步建立,现行标准超过 1300 项。①

据不完全统计,在"十一五"期间,国家层面共计出台有关环境保护的政策文件 180 余件,地方层面共计出台政策文件 450 多件。如《关于落实环保政策法规防范信贷风险的意见》《关于全面落实绿色信贷政策进一步完善信息共享工作的通知》《关于环境污染责任保险工作的指导意见》《燃煤发电机组脱硫电价及脱硫设施运行管理办法》《节能环保发电调度办法(试行)》《关于开展生态补偿试点工作的指导意见》《关于逐步建立矿山环境治理和生态恢复责任机制的指导意见》等等。②

环境经济政策的制定和实施对环境保护工作产生了深远影响。一系列生态保护政策的出台和完善对经济发展方式做出了较为详细和细致的规定,使其从政策角度显示出对经济发展方式转变的重要倒逼作用。例如,绿色信贷在控制"两高一资"新建项目方面发挥重要作用。环保部门将 4 万余条企业环境违法信息、超过 7000 条环境审批信息等信息纳入人民银行征信系统,银行机构对环境违法企业的贷款实行限制、暂缓,甚至收回已发放的贷款等强制性措施,有力地从资金源头遏制了高污染企业的无序发展。环境污染责任保险试点取得积极成效,利用市场手段防范环境风险、维护污染受害群众利益的新机制正在形成。湖南省投保企业中已有 54 家企业发生环境污染事故后获得保险公司的服务和理赔,已赔付金额达 481. 2 万元。有利于环境保护的税收政策,如环保专用设备、环保项目、资源综合利用等方面的税收优惠政策,对企业加大环境保护投资起到了明显的推进和引导作用。进一步调整完善加工贸易禁止类目录,取消对 200 余种高污染、高环境风险产品的出口退税,对不符合节能环保要求的项目不予新增贷款,有力抑制了"污染留在国内,产品出口国外"的不合理现象。完成环渤海、成渝等五大区域重点产业发展战略环评。从严控制"两高一资"、低水平重复建设和产能过剩项目,对不符合要求的 822 个由国家审批项目的环保文件作出不予受理、暂缓审批或不予审批等决定,涉及投资 3. 18 万亿元。③ 实施燃煤发电机组脱硫电价政策,即如果火电厂发电机组安装了脱硫设施的,每

① 《环境保护状况》,中华人民共和国中央人民政府网,http://www.gov.cn/test/2012-04/10/content_2110072. htm
② 周生贤:《环保惠民,优化发展——党的十六大以来环境保护工作发展回顾(2002—2012)》,人民出版社 2012 年版,第 75—76 页。
③ 《环境保护状况》,中华人民共和国中央人民政府网,http://www.gov.cn/test/2012-04/10/content_2110072. htm

千瓦时电加收 1.5 分电费,专门用于补贴脱硫设施的运行成本,对于脱硫设施的建设和运行发挥了"四两拨千斤"的重要作用,有力促进了电力行业节能减排。"十一五"期间,全国累计建成 5.78 亿千瓦燃煤脱硫机组,脱硫机组比例从 12% 提高到 82.6%。① 同时,不断加强对稀土等重点行业的环保核查,推动稀土行业发展方式转变。通过组织开展稀土企业环保核查,促使稀土行业新增环保投入 20 多亿元。严格开展上市环保核查和后督察。2011 年,向环境保护部申请上市环保核查的 88 家公司核查时段内累计新增环保投入 99.7 亿元,完成 916 个环保治理项目。②

这一时期实施减排法规政策推进污染减排工作的不断深入。以胡锦涛同志为总书记的党中央十分重视污染减排工作。2006 年全国"两会"期间通过《"十一五"国民经济发展规划纲要》草案,提出了 22 个经济社会发展主要指标,其中"十一五"期间主要污染物排放总量减少 10%,成为 8 个约束性指标之一。污染减排成为党的政治意愿和国家意志。③

（三）环境监察机制体制逐步健全

这一期间,全国环境监察标准化建设取得长足进展,为提升环境执法效能、强化科学监管提供了坚实的保障。"十五"期间,各级环境监察机构积极创新工作机制,基本建立起了移送移交制度、挂牌督办制度、联合办案制度、重大违法案件新闻发布会制度等。2005 年,国家环保总局与监察部联合下发了《关于监察机关与环境保护部门在查处环境保护违法违纪案件中加强协作配合的通知》和《环境保护违法违纪行为处分暂行规定》,环保系统与监察系统联合办案机制和责任追究机制正式纳入规范化管理。2006年,国家环境保护总局相继出台了《全国环境监察标准化建设标准》、《环境监察标准化建设达标验收管理暂行办法》、环境监察执法"五项承诺"等规章制度。通过明确职责、制定制度、规范程序,环境监察队伍职、权、责得到理顺,促进了工作效率的提高。2008 年,环境保护部积极探索综合措施强化环境执法。制定发布了《企业环境监督员制度建设指南》,6000 多家国控重点污染源企业分批次逐步开展了试点工作,极大地提高了企业环境自律意识和管理水平。2010 年后,环境保护部先后发布了有关行政处罚、排污

---

① 周生贤:《环保惠民,优化发展——党的十六大以来环境保护工作发展回顾（2002—2012）》,人民出版社 2012 年版,第 77—78 页。

② 《环境保护状况》,中华人民共和国中央人民政府网,http://www.gov.cn/test/2012-04/10/content_2110072.htm

③ 《改革开放中的中国环境保护事业 30 年》编委会编:《改革开放中的中国环境保护事业 30 年》,中国环境科学出版社 2010 年版,第 66 页。

费稽查、执法后督察等多部规章,出台了有关处罚听证、标准化建设标准等数十项规范性文件,制定了电解锰、味精等多个行业的环境监察指南等,制度规范得到进一步加强。①

　　环境执法监察和队伍建设切实加强。国家环保总局增设环境监察局,环境监察职能被正式纳入行政序列。环境监察队伍的职责进一步明确,环境监察队伍的执法地位进一步提高,"国家监察、地方监管、单位负责"的环境监管体系建设持续推进。经过十年的发展,国家、省、市、县四级环境监察机构网络得到进一步完善,全国环保系统已建立 3182 个环境监察机构,人员 7.6 万人。党的十七大之后,新一轮地方机构改革中,重庆、河南、安徽、广东、江苏等省(市)环境监察机构得到加强与升格,陕西、辽宁、黑龙江、江西、甘肃等省成立省级环监局,江苏、河北、内蒙古、陕西等省(区)组建了区域或流域督查中心。② 十一五期间,每年开展"整治违法排污企业保障群众健康"环保专项行动,2006 年以来共查处环境违法企业 8 万多家次,取缔关闭 7294 家,企业环境违法信息纳入银行征信系统。中央安排主要污染物减排专项资金 70 多亿元,支持全国 52% 的县区级环境监测站标准化建设,初步建成了环境监测和污染源自动监控网络。完成第一次全国污染源普查和中国环境宏观战略研究,水体污染控制与治理重大科技专项取得阶段性成果。2011 年,监测执法、环境监察能力建设进一步加强,监测执法业务用房项目下达预算内基建投资近 11 亿元,安排环境监察能力建设资金 4.14 亿元,对 930 多个中西部县(区)级环境监察机构标准化建设予以支持。③

第五节　中国生态文明制度建设深化发展
阶段的基本特征与实践价值

　　党的十六大至 2012 年党的十八大召开,以胡锦涛同志为总书记的党中央密切关注环境保护工作,强调在促进我国经济社会发展的同时,必须增强环境忧患意识,加强生态环境保护,加强生态文明制度建设。这一时期我国生态文明制度建设具有多方面特征,并体现出重要的实践价值。

---

① 周生贤:《环保惠民,优化发展——党的十六大以来环境保护工作发展回顾(2002—2012)》,人民出版社 2012 年版,第 209 页。

② 周生贤:《环保惠民,优化发展——党的十六大以来环境保护工作发展回顾(2002—2012)》,人民出版社 2012 年版,第 212 页。

③ 《环境保护状况》,中华人民共和国中央人民政府网,http://www.gov.cn/test/2012－04/10/content_2110072.htm

一、中国生态文明制度建设深化发展阶段的基本特征

这一时期我国经济增长迅猛,现代化进程加速,同时也加剧了经济快速增长与环境保护之间的矛盾,促使这一时期党的生态文明制度建设呈现出了有别于其他历史时期的特征。

(一) 坚持行政手段和市场机制相结合

行政手段是对生态环境保护实施管理的一种手段,具有权威性、强制性和规范性的特点。市场是生态文明建设的重要推动力,同时又是生态文明制度建设的重要助手,市场在资源配置中发挥着决定性作用,通过市场对资源的合理配置,发挥生态文明制度的制度优势,更好地实现生态的全面、协调和可持续发展,促进人与自然和谐共生。中国生态文明制度建设在深化发展阶段,党中央强调要坚持行政手段与市场机制的有机结合,做到全方位、宽领域、多角度整体推进中国生态文明制度向前发展。

在行政手段方面,充分发挥政府的行政职能加强生态环境治理。生态文明建设是一项系统工程,需要政府发挥行政手段。在环境保护工作中,政府居于主导地位,承担着环境保护的指导、协调、监督、检查等工作,是完成各项环境保护目标和任务的关键。胡锦涛强调强化环境管理要从行政手段上下功夫,将资源指标和环境指标纳入干部考核内容,他指出:“研究绿色国民经济核算方法,探索将发展过程中的资源消耗、环境损失和环境效益纳入经济发展水平的评价体系”,①督促和激励各级领导干部在经济社会发展过程中从行政手段上下功夫推进生态文明建设,据此考核干部的执政能力,也即是干部在工作中改变以经济发展指标为主导的政绩观,树立正确的政绩观。要充分发挥政府在生态环境保护工作中的主导作用,党中央强调要不断完善环境目标责任制和考核评价制度。2005 年 6 月 27 日,胡锦涛在《国务院关于做好建设节约型社会近期重点工作的通知》中明确指出,资源节约的主要工作在地方,地方各级人民政府特别是省级人民政府要对本地区资源节约工作负责,切实加强对这项工作的组织领导,并建立相应协调机制,明确相关部门的责任和分工,大力推进资源节约工作。② 为更好地加强环境质量监管,明确行政领导相关责任,胡锦涛指出,要建立环境质量行政领导负责制,进一步要求落实领导干部的环境保护责任,全面落实目标管理责任制。2005 年 12 月,《国务院关于落实科学发展观加强环境保护的决

---

① 《十六大以来重要文献选编》(上),中央文献出版社 2005 年版,第 853 页。
② 《十六大以来重要文献选编》(中),中央文献出版社 2006 年版,第 956 页。

定》将环境保护纳入领导干部考核体系,明确"考核情况作为干部选拔任用的依据之一,评优创先活动实行环保一票否决",引导领导干部树立正确的政绩观,倒逼领导干部在决策中自觉保护生态环境和节约资源①的重要举措,彰显了党和政府坚持以行政手段加强生态文明制度建设的战略措施。在中央人口资源环境工作会议上,胡锦涛强调,做好我国的人口资源环境工作各级领导是关键,政府在代表和维护公众利益的过程中,必须增强保护环境的履职意识,要坚持党政第一把手亲抓亲为,实现责任到人,措施、投入到位,确保相关法律法规在执行中的权威性和有效性,把中央对各项工作的决策及部署真正落到实处。② 各级政府必须对我国人口资源环境工作的重要性和紧迫性有清晰且深刻的认识,切实履行生态责任,推进我国生态领域不断取得更多新进展和新突破。

在市场机制方面,充分发挥市场在生态环境治理中的积极作用。生态文明制度建设是一项系统工程,政府的宏观调控和公众生态意识的提升都必不可少,市场机制作用的发挥也不可或缺。构建生态市场机制,才能增强生态文明制度建设的活力。党的十六大以来,以胡锦涛同志为总书记的党中央加大对生态文明建设力度,一方面注重发挥政府的行政职能,另一方面注重市场机制的调节作用,发挥市场在生态环境治理中的积极作用。发挥市场机制的调节作用做到深化税务制度改革,努力建立健全资源有偿使用制度和环境补偿机制。胡锦涛在十七大报告中强调要"完善反映市场供求关系、资源稀缺程度、环境损害成本的生产要素和资源价格形成机制","实行有利于科学发展的财税制度,建立健全资源有偿使用制度和生态环境补偿机制","从制度上更好发挥市场在资源配置中的基础性作用"。③ 在构建市场机制方面,政府应当将生态文明的理念融入社会生产、分配、交换和消费的全过程,更加注重市场的配置作用。

(二) 坚持科学立法与严格执法相结合

环境法律具有强制性功能。环境法律保障建设属于生态文明制度建设的正式制度部分,具有强制性的思想特点。随着《环境保护法》的实施,我国有关环境保护的法律制度正不断完善。我国环境法律保障制度的发展经历了从无到有、从少到多的过程。环境法律制度建设是一项系统工程,完善的环境法律制度不仅应加强对环境法律制度建设的顶层设计,建立系统完

---

① 秦书生、王曦晨:《改革开放以来中国共产党生态文明制度建设思想的历史演进》,载《东北大学学报》(社会科学版)2020 年第 3 期。
② 《十六大以来重要文献选编》(中),中央文献出版社 2006 年版,第 825 页。
③ 《十七大以来重要文献选编》(上),中央文献出版社 2009 年版,第 17—20 页。

备的环境立法体系,还应严格执法,加快政府执法监管的环境法律执法体系的建立。坚持科学立法与严格执法是生态文明制度在深化发展阶段的重要手段。坚持完善立法和强化执法,有利于为我国生态文明制度建设提供法制保障,推动我国生态文明制度建设深化发展。坚持完善立法和强化执法,及时做到立法和执法的有机结合,确保生态文明制度的深化发展。

　　坚持科学立法体系是生态文明制度建设有序推进的前提基础。自党的十六大以来,胡锦涛对完善有利于节约能源资源和保护生态环境的法律和政策重要性的认识日益深刻。党的十六大以后,为适应市场经济加速发展形势,党中央进一步强调保护资源和生态环境要运用法律体系、经济手段、技术方法、宣传方法和必要的行政手段,建立完备的资源环境保护法律和政策体系。首先,在生态文明制度深化发展阶段,为推进生态环境立法,在以胡锦涛同志为总书记的党中央领导下,我国积极采取多重举措,完善有关资源节约与管理的各项法律法规,不断弥补有关法律空白,形成有利于资源节约的各种法律法规和规章制度,做到能源节约和环境保护领域的有法可依,在专门立法方面,国家也进一步完善"促进生态建设的法律和政策体系",制定了多项环境保护法,增强了我国环境保护法律的刚性和约束性。2004年3月,胡锦涛提出:"加强人口资源环境方面的立法以及有关法律法规的修改工作,严格执行已经颁布的有关法律法规。"①2005年10月,《"十一五"规划建议》指出,要"提高环境监管能力,加大环保执法力度"②。2005年12月,《关于落实科学发展观加强环境保护的决定》出台,再次要求"综合运用法律、经济、技术和必要的行政手段解决环境问题"③。2006年4月,温家宝在第六次全国环境保护会议上提出了国家环境保护战略的"三个转变",其中之一就是从主要依靠行政手段转变为综合运用法律、经济、技术和必要的行政办法解决环境问题,为我国资源环境保护法律和政策体系建设指明了方向。2006年12月,第一次全国环境政策法制工作会议在北京召开,周生贤提出了今后一段时期我国加强资源环境保护政策法制建设工作的总体要求和重点任务,将资源环境保护政策研究提升到了国家战略层面,突出强调了对环保执法的监督和对环保政策法制工作的领导。随后,在2007年10月,胡锦涛在十七大报告中提出:"实行有利于科学发展的财税制度,建立健全资源有偿使用制度和生态环境补偿机制。"④此外,2009年8

　　① 《十六大以来重要文献选编》(上),中央文献出版社2005年版,第861页。
　　② 《十六大以来重要文献选编》(中),中央文献出版社2008年版,第1073页。
　　③ 《十六大以来重要文献选编》(下),中央文献出版社2008年版,第86页。
　　④ 《胡锦涛文选》第2卷,人民出版社2016年版,第633页。

月 27 日,第十一届全国人民代表大会常务委员会第十次会议通过的《全国人民代表大会常务委员会关于积极应对气候变化的决议》指出:"要把加强应对气候变化的相关立法作为形成和完善中国特色社会主义法律体系的一项重要任务,纳入立法工作议程。适时修改完善与应对气候变化、环境保护相关的法律,及时出台配套法规,并根据实际情况制定新的法律法规,为应对气候变化提供更加有力的法制保障。按照积极应对气候变化的总体要求,严格执行节约能源法、可再生能源法、循环经济促进法、清洁生产促进法、森林法、草原法等相关法律法规,依法推进我国应对气候变化工作。要把应对气候变化方面的工作作为人大监督工作的重点之一,加强对有关法律实施情况的监督检查,保证法律法规的有效实施。"①为加强生态环境立法,2011 年 12 月,李克强在第七次全国环境保护大会上指出,"要加快修改环境保护法等法律法规,形成比较完备的环境法律法规框架"②。其次,为加强生态立法,党中央坚持完善生态文明立法体系,提升生态文明的法律地位,将生态文明写入宪法,使其与物质文明、政治文明、精神文明位列同一层次,由宪法统领其他生态、资源和环境法规,出台《中华人民共和国自然资源保护法》,与新《环保法》、《循环经济促进法》一并作为生态文明建设的基本法统领,诸如《森林法》、《草原法》、《煤炭法》等自然资源单行法规。这一时期在党中央的大力推动下,我国进一步完善了生态环境立法工作的机构保障,进一步加强了生态文明制度的立法工作。再次,系统整理各类单行法,理顺不同部门之间、上下位阶之间的法律法规,清理与生态文明建设相脱节的法律内容,制定生物多样性保护法、湿地保护法、环境税法以及国家土地督察条例等单行法规条例,并对海洋环境保护法等法律进行补充和修订。最后,要对法律责任进行重新界定,加大违法赔偿和处罚的力度,并增加刑法中的罪名和刑罚,以提高破坏生态环境的违法成本。党的十六大以来,党中央多次强调要根据我国生态文明发展的客观实际,不断完善立法,做到有法可依,实现了生态文明制度的新发展。

严格执法是生态文明制度建设有序推进的关键环节。强化执法是加强生态文明制度建设的重要法律保障。好的法律自然还需要好的落实,因此,生态文明法律制度建设不仅要以完善的立法体系为前提,而且要提高环境法律制度的执行力,必须强化生态文明执法体系建设,强化生态执法,把环

---

① 《十七大以来重要文献选编》(中),中央文献出版社 2011 年版,第 111—112 页。

② 李克强:《李克强副总理在第七次全国环境保护大会上的讲话》,载《环境保护》2012 第 1 期。

境法律制度落到实处,真正发挥环境法律制度体系应有的效用。2004年在中央人口资源座谈会上,胡锦涛就已明确提出要"把人口资源环境工作纳入法制轨道。继续加强人口资源环境方面的立法以及有关法律法规的修改工作,真正做到有法可依。严格执行已经颁布的有关法律法规"①。在强化生态文明制度执法的进程中,要在法律建设和实施过程中,加强对司法机关和执法机关工作人员的生态意识的提升,使其在执法行为中做到生态执法、文明执法、提升环境保护的使命感、责任感,发挥表率作用,维护公民权利,使人民群众参与到生态环境保护中来,共建生态文明,形成"科学立法、严格执法、公正司法、全民守法"②的良好法治环境。

(三) 完善制度政策与强化管理相结合

完善制度政策与强化管理相结合是该时期强化生态文明制度建设的一个重要特征。环境政策和制度建设是推进我国环境保护和生态文明建设工作的重要一环,而管理的进一步强化与制度的完善紧密联系,推动了生态文明制度实现新发展。

第一,完善制度政策推动生态文明制度实现新发展。环境政策和制度建设是推进我国环境保护和生态文明建设各项工作的重中之重。环境管理离不开制度和政策的强大保障,以胡锦涛同志为总书记的党中央始终高度重视通过制度和政策的建立与实施来推动我国生态文明建设。党的十六大至十八大召开前我国环境管理制度与政策的建立与实施过程,是践行这一阶段党的环境管理思想的深刻体现,在以胡锦涛同志为总书记的党中央带领下,我国建立、完善并实施了一些行之有效的环境管理政策和制度。这一时期,党中央不断深化对环境保护制度和政策建设的认识,对环境保护制度和政策建设的认识渐趋全面,采取和制定了一系列行之有效的制度和政策。胡锦涛指出:"保护生态环境必须依靠制度。"③我国先后建立健全环境保护制度和严格的资源环境监管制度、建立资源环境保护机构协调管理机制、建立环境质量行政领导负责制、运用经济手段促进资源环境保护与治理等体制机制。在具体制度方面,围绕耕地、水、国土空间开发等具体资源环境等问题建立和完善了一系列制度,并且,不断探索建立资源有偿使用制度和生态补偿制度等。④ 2005年12月3日,《国务院关于落实科学发展观加强环境保护的决定》对"加强环境监管制度"作出了具体部署,指出加强环境监

---

① 《十六大以来重要文件选编》(上),中央文献出版社2005年版,第860—861页。
② 《胡锦涛文选》第3卷,人民出版社2016年版,第634页。
③ 《胡锦涛文选》第3卷,人民出版社2016年版,第646页。
④ 《胡锦涛文选》第3卷,人民出版社2016年版,第646页。

管制度,必须不断健全完善污染物总量控制制度、推行排污许可证制度、严格执行环境影响评价和"三同时"制度、完善强制淘汰制度、强化限期治理制度、完善环境监察制度、严格执行突发环境事件应急预案、建立跨省界河流断面水质考核制度和国家加强跨省界环境执法及污染纠纷的协调。[①]

第二,强化管理推动生态文明制度建设必须完善体制机构。2008 年 7月,国家环境保护总局升格为环境保护部,并成为国务院组成部门,这一重大举措有效推动了生态文明制度的发展,在管理层面有了一个更高层级的行政机关。生态文明建设是一个复杂的系统工程,强化管理既要做到重点控制,抓住影响生态文明建设的突出矛盾,同时又要做到全面监管,同向推进,促进生态文明建设全面进步。强化环境管理要注重建立科学指标体系,重点检测环境保护情况。《中华人民共和国国民经济和社会发展第十一个五年规划纲要》以科学发展观为指导,明确了多个与环境保护和生态建设相关的约束性指标,将耕地保有量、单位 GDP 能耗下降比例和主要污染物排放总量作为各省、自治区、直辖市目标责任考核的指标,明确建立健全责任追究制度和环境监管体制,将环境保护和生态建设放到了前所未有的重要位置。[②] 强化环境管理要做到全面监管。一是加强政府对生态环境的监管,政府在代表和维护公众利益的过程中,必须增强保护环境的履职意识,要坚持党政第一把手亲抓亲为,实现责任到人,措施、投入到位,确保相关法律法规在执行中的权威性和有效性,把中央对各项工作的决策及部署真正落到实处。二是加强对执法机构的监管。2011 年 10 月 17 日,《国务院关于加强环境保护重点工作的意见》指出:"强化环境执法监管。抓紧推动制定和修订相关法律法规,为环境保护提供更加完备、有效的法制保障。"[③]三是加大对司法部门的监管,对于触犯法律的违法行为,不论是个人还是单位组织一律通过司法程序进行处理,以此来保障生态问题的依法进行。

(四) 坚持源头治理与总量控制相结合

坚持源头治理与总量控制的有机结合是该时期强化生态文明制度建设的又一个重要特征。注重从源头解决生态环境的突出问题,将生态环境建设中的突出问题减轻减弱,同时又注重加强总量控制,对生态文明制度建设的源头、过程和结果加强控制,实现对生态环境的总体控制。一方面,坚持以源头保护为核心加强生态文明制度建设。1997 年,国家环保局公布了

[①] 《十六大以来重要文献选编》(下),中央文献出版社 2008 年版,第 93 页。
[②] 陆波、方世南:《中国共产党百年生态文明建设的发展历程和宝贵经验》,载《学习论坛》2021 年第 5 期。
[③] 《十七大以来重要文献选编》(下),中央文献出版社 2013 年版,第 551 页。

《关于推行清洁生产的若干意见》，指出各地环保部门应该将清洁生产纳入环境管理政策。2002年6月，《清洁生产促进法》在第九届全国人大常委会第二十八次会议通过，该法律从系统全局的视角对我国清洁生产的政策制度和技术指南等方面作出了规划安排，对企业生产提出了新的要求，进一步强调企业应从全过程入手，在产品设计、原料替代、设备与技术改造、工艺改革和生产管理改进等几大领域下重点下功夫，在生产的源头、开始和过程中都要充分考虑能源、资源以及实现废物最小化的突出问题，确保环境污染达到最低化，尽最大努力减轻，甚至消除环境污染。2005年10月，党的十六届五中全会通过了《中共中央关于制定国民经济和社会发展第十一个五年规划的建议》提出：必须加快转变经济增长方式。我国经济社会发展模式从"又快又好发展"转变到"又好又快发展"。实现了发展观念上的根本转变，由注重速度向更加注重质量转变。发展观念的转变是根本转变，很多重污染重能耗的项目不再上马，在很大程度上从源头解决了问题。

另一方面坚持源头治理要加强污染物总量的控制，减少污染物排放量。国务院颁布《"九五"期间全国主要污染物排放总量控制计划》，执行全新的《大气污染防治法》，在一些地区开始试点工作，推行污染物排放总量控制，尤其对环境危害较大的12种污染物实行总量控制，逐步克服了以前按照污染物浓度排放标准来控制污染的存在的弊端，有效减缓了环境污染恶化的趋势。这一期间，总体上基于可持续发展战略要求，坚持把源头治理与总量控制相结合，统筹实现经济与环境协调发展。

这一时期来由于我国高能重工业产业的发展，造成了大气污染、水源污染、不可再生资源面临枯竭等严峻的生态问题。坚持源头治理与总量控制相结合，还通过发展循环经济实现生态污染总量下降，控制污染物的排放。此外，面对资源有限的客观事实，我们党把节约资源作为基本国策，国务院每年组织开展省级人民政府节能减排目标责任评价考核，将节能减排目标完成情况作为领导班子和领导干部综合考核评价的重要内容，并实行一票否决制。国务院从"十一五"规划提出6个环境资源保护方面的约束性指标到国家"十二五"规划将约束性指标增加至10个。同时注重加强发展循环经济，减少污染物排放。要做到大力发展循环经济，加快转变经济发展方式，大力推动经济增长由粗放型向集约型转变。

最后，要控制消费总量，树立正确的生态消费观。2006年，胡锦涛在中共中央政治局第三十七次集体学习时强调指出："要提高全民族的节约意识，在全社会倡导节俭、文明、适度、合理的消费理念，倡导绿色消费等现代消费方式,提高消费质量和效益。"①文明消费的关键就是做到节约,要注重精神消费为主,物质消费为辅的消费心理,实现物质资本和资源的节约,实现消费总量控制。

二、中国生态文明制度建设深化发展阶段的实践价值

党的十六大以来,以胡锦涛同志为总书记的党中央了提出科学发展观,提出了生态文明建设目标。为了进一步促进"两型"社会建设,促进节能减排,我国出台了多个环境法律法规,制定了多项环境经济政策,采取多项管理措施,通过加强制度建设推进生态文明建设。这一时期,我国生态文明制度不断完善深化发展并体现出重要的实践价值。

第一,为我国生态文明建设提供规范性的制度引导。传统意义上的"发展"单纯追求产值和利润的增长、单纯追求财富的增多、追求 GNP 的提高,把发展生产,发展经济作为唯一的着眼点,唯一的追求目标。环境保护虽然被列入了国民经济和社会发展规划,但在重经济发展轻环境保护的思想指导下,未得到认真执行。由于缺乏硬性规定和监管,环保投资不足,水平太低,缺乏必备资金,远远无法达到在实现经济快速发展的过程中加大对环境保护的新要求,而有限的资金投入更无法解决历史累积的环境污染问题,造成环境问题的累计和恶化。可见,推进生态文明建设依赖于一个规范的、长期的、稳定的制度机制。用制度保护生态环境,是建设生态文明的关键和根本保障。这是由于,制度的有关规定及其强制执行性可有效地规范和约束人们的利益追求和社会交往的非理性行为,把人们的利益矛盾和冲突控制在一定范围内,并整合因利益分化而出现的各种社会分散力量,减少行为环境的复杂性和不确定性,提高人们相互合作的信任度和安全感。生态文明制度既是人与自然和谐的道德诉求,也是人们对公共道德理性最基本的社会认同。因此,在现代社会中谋求社会和谐,基于人与自然之间的关系的基础性地位,建立以规范人与自然关系为主旨的环境伦理特别是体现正义公平等的制度规范对于保护生态环境则具有重要作用。规范性的制度建设,必须通过有效的顶层设计,建构能体现环境正义和环境公平(包括代内公平和代际公平)的生态文明制度体系,实现政府、企业、公民等不同社会主体利益表达、博弈行为的有序与和谐,开创生态文明建设新局面。②

---

① 《把节约能源资源放在更突出的战略位置加快建设资源节约型、环境友好型社会》,载《人民日报》2006 年 12 月 27 日。

② 田文富:《环境伦理与绿色发展的生态文明意蕴及其制度保障》,载《贵州师范大学学报》(社会科学版)2014 年第 3 期。

第二，为我国生态文明建设提供强制性的制度保障。生态环境是人类社会得以持续发展的根源和基础，随着人类经济社会的持续高速发展，生态环境对人类社会发展的制约和影响作用日益突出，成为人类社会可持续发展所不可回避的重要问题。因此，必须加强生态文明建设解决环境问题。生态文明建设不仅需要树立保护生态环境的意识理念，更重要的是把理念落实于具体的行动之中。生态文明建设不仅需要规范性的制度引导，更需要强制性的制度保障。改革开放以来，我国制定了许多环境法律法规，如果环保法规得到认真执行，就不会出现环境问题泛滥的局面。问题就出在有法不依、执法不严、违法不究。原因是什么呢？曲格平认为，一是政府及其有关部门法治观念薄弱，对环境保护法律执行并不当真，有"利"的执行，无"利"的不执行，形式上执行，实质上不执行；二是缺少法律实施的监督制约机制，包括有效的行政监督、司法监督、群众监督和舆论监督；三是环境保护主管部门及相关部门对于环境执法软弱无力，腰杆不硬，有的甚至不作为。同时，环保部门缺少必要的人力、装备和经费，缺少必备的监测和监督手段，行政执行能力和条件欠缺，也是一个重要原因。① 生态危机的解决不可能是"自发"的，而必须是依靠政治上层建筑。只有通过有效的制度规范，才能解决好生态文明建设中各方的复杂关系，保障生态文明建设的科学方向。因此，加强生态文明建设，正确处理人与人、人与自然之间的关系问题，就必须依赖于体制改革，就要推进我国的生态文明制度建设。制度体系的建立与完善，是理念转换为实践的动力，是确保理念有效实施的保障。只有通过加强强制性的制度建设才能对社会主体的行为形成约束，更好地发挥制度的效能。强制性的生态文明制度以法律制度的监督形式，能够使生态文明建设更好更快的落到实处。党的十六大以来，我们坚持以科学发展观为指导，聚焦经济社会发展和环境保护的突出问题和迫切任务，通过一系列制度的出台、体制机制的改革、政策的制定推进，建立起较为系统完整的生态文明制度体系，不断把生态文明的理念转化为环境保护的实践，为加强生态文明建设的支持和保障。

第三，为污染减排工作的提供了政策支持和制度保障。这一时期我国实施节能减排政策，促使污染减排工作深入推进。2007年5月23日，国务院同意国家发改委会同有关部门制订的《节能减排综合性工作方案》，并发出《关于印发节能减排综合性工作方案的通知》（以下简称《通知》）。《通

---

① 曲格平：《梦想与期待——中国环境保护的过去和未来》，中国环境科学出版社2007年版，第321页。

知》指出,要把节能减排作为当前宏观调控重点,作为调整经济结构、转变增长方式的突破口和重要抓手,坚决遏制高耗能、高污染产业过快增长,切实保证节能减排、保障民生等工作所需资金投入。①

　　这一时期环境保护部修订并颁布实施了《水污染防治法》,明确了重点水污染物排放总量控制的管理规定,强化了地方政府的责任。《规划环境影响评价条例》明确了主要污染物超总量排放施行"区域限批"的处罚规定。环境保护部会同有关部门出台了《节能环保发电调度办法(试行)》、《燃煤发电机组脱硫设施运行及电价管理办法》、《城镇污水处理设施配套管网以奖代补资金管理环保惠民优化发展暂行办法》等环境经济政策,有力地推动和保障了污染减排工作。② "十一五"期间,环境保护部对进展较慢、问题突出的 8 个省(区)发出减排预警,对 14 个城市或企业集团实行"区域限批",对 100 多家重点企业予以通报和挂牌督办,严格的考核问责引起社会强烈反响,进一步形成政府为主导、企业为主体、市场有效驱动、全社会共同参与的推进节能减排工作格局,这是保持污染减排高压态势的关键,也是推进污染减排各项措施得以落实的关键。③ 同时,环境保护部牵头制定"十二五"各地区主要污染物总量控制计划,确定了各地总量控制指标,将减排任务细化分解并落实到具体项目上。在第七次环保大会上,受国务院委托,环境保护部与各省(区、市)、新疆生产建设兵团和有关中央企业签订了总量减排目标责任书,并继续推进工程减排、结构减排和管理减排三大措施,开始启动污染减排绩效管理试点工作。④

　　"十一五"期间,中央环保投资达 1566 亿元,是"十五"投资的近 3 倍,带动全社会环保投入达 2.16 万亿元,有力地推动了环境基础设施建设进入快车道。累计建成城镇污水处理厂 2832 座,污水日处理能力达到 1.25 亿吨,新增污水管网约 6 万千米,全国城市污水处理率由 52% 提高到 77%;污染减排遏制了我国化学需氧量和二氧化硫排放量长期增长的势头,全国部分环境质量指标持续改善。"十一五"累计建成 5.78 亿千瓦燃煤脱硫机组,脱硫机组比例从 12% 提高到 82.6%。全国累计关停小火电机组 7682.5

　　① 《改革开放中的中国环境保护事业 30 年》编委会:《改革开放中的中国环境保护事业 30 年》,中国环境科学出版社 2010 年版,第 67 页。
　　② 周生贤:《环保惠民,优化发展——党的十六大以来环境保护工作发展回顾(2002—2012)》,人民出版社 2012 年版,第 123—124 页。
　　③ 周生贤:《环保惠民,优化发展——党的十六大以来环境保护工作发展回顾(2002—2012)》,人民出版社 2012 年版,第 132—133 页。
　　④ 《环境保护状况》,中华人民共和国中央人民政府网,http://www.gov.cn/test/2012-04/10/content_2110072.htm

万千瓦,淘汰落后产能炼铁 1.2 亿吨、炼钢 7200 万吨、水泥 3.7 亿吨。2010年,全国地表水国控监测断面中 I—III 类水质断面比例为 51.9%,比 2005年提高 14.4 个百分点;劣 V 类水质断面比例为 20.8%,比 2005 年下降 6.6个百分点;全国城市环境空气中二氧化硫、可吸入颗粒物的年均浓度分别下降 26.3%和 12%。①

　　这一时期随着污染减排工作的不断深入推进,环境污染问题得到了初步控制,有效遏制环境质量恶化势头。

---

① 《环境保护状况》,中华人民共和国中央人民政府网,http://www.gov.cn/test/2012-04/10/content_2110072.htm

第五章　中国生态文明制度
建设系统完善阶段

党的十八大至今是中国生态文明制度建设系统完善阶段。党的十八届三中全会系统谋划了生态文明体制改革总体思路,以前所未有的高度强调生态文明制度建设。2015 年 9 月,党中央为生态文明体制改革制定了总体方案,推动我国生态文明制度建设进入系统完善阶段。这一阶段,我国生态文明制度建设事业提高到了一个全新高度,开创了建立系统完整的生态文明制度体系的新阶段。

第一节　中国生态文明制度建设系统完善
阶段的社会背景与思想基础

党的十八大以来,以习近平同志为核心的党中央顺应国际生态文明制度建设发展趋势,针对我国的环境问题,提出我国要大力加强生态文明制度建设。我国生态文明制度建设取得重大进展,系统构建了生态文明制度体系。党的十八大以来,党中央、国务院先后出台了一系列生态文明制度建设指导性文件,为推动我国生态文明制度建设提供了强有力的理论支撑。

一、中国生态文明制度建设系统完善阶段的社会背景

中国生态文明制度体系的系统完善阶段,是我国顺应国际生态治理的潮流和科学应对生态文明建设中存在的问题的社会背景下发展起来的。

（一）依靠制度保护生态环境已经成为国际生态治理的潮流

从国际上看,历经半个多世纪的艰难探索,发达国家已经普遍建立了符合自身国情的环境保护制度,运用环境规制控制污染环境的行为已经成为国际生态治理的潮流。进入新世纪以来,世界各个国家、环保组织都在积极探索环境保护制度建设,取得了丰硕成果,为保护全球生态环境提供了有力的制度保障。

在应对气候变化方面,2012 年年底,第 18 届联合国气候变化大会在卡塔尔首都多哈召开,大会维护了《公约》和《京都议定书》的基本制度框架,并通过了有关气候变化造成的损失损害补偿机制等方面的多项决议。2013

年,第 19 届联合国气候变化大会在波兰华沙开幕。"会议通过了关于德班平台决议、气候资金和损失损害补偿机制等一揽子决议。"①2014 年,第 20 届联合国气候变化大会在利马开幕,与会各方代表就制定新的具有法律约束力的气候变化协议进行了谈判,大会最终达成了《利马气候行动号令》,明确了《公约》的所有原则将适用于气候变化新协议。② 虽然新协定在此次大会上并没有敲定,但却为《巴黎协定》的通过奠定了基础。2015 年,第 21 届联合国气候变化大会在巴黎召开,《巴黎协定》在缔约方的一致同意下予以通过,自此在全球范围内应对全球气候变化的具有里程碑意义的国际法律文件制定生效。2016 年,第 22 届联合国气候变化大会在摩洛哥马拉喀什举行,这是《巴黎协定》正式生效后的第一次国际气候变化大会,可以称之为一次"落实行动"的大会。这次会议在国际层面指出了制度政策建设在应对气候变化中的重要作用。2017 年,第 23 届联合国气候变化大会在德国波恩开幕,此次大会针对《巴黎协定》的实施细则问题进行了进一步商讨。2018 年,第 24 届联合国气候变化大会在波兰卡托维兹召开,会上形成了正式实施《巴黎协定》的工作方案,《巴黎协定》正式进入了实施阶段。③ 2019 年,第 25 届联合国气候变化大会在西班牙马德里召开,在恰逢《联合国气候变化框架公约》生效 25 周年之际,会议通过了以实现《巴黎协定》的控温目标为导向的《智利—马德里行动时刻》文件。"2020 年 3 月 4 日,欧盟委员会向欧洲议会及理事会提交《欧洲气候法》提案(全称为《关于建立实现气候中和的框架及修改欧盟 2018/1999 条例的条例》)"④,该法是全球首个以气候中和为目标的立法,标志着欧盟气候立法实现了从分散立法到专门立法模式的转型。2021 年,第 26 届联合国气候变化大会在英国格拉斯哥召开,受全球疫情影响而延迟一年的大会进一步明确了《巴黎协定》的实施细则。联合国气候变化大会始终以国际全球视野高站位寻求引导全世界各国对大气环境的保护和大气污染的治理,各国也在联合国气候大会的制度约束和共同理念带领下纷纷做出大气保护的重要承诺。

在大气污染治理方面,这一时期各国都积极顺应国际大气污染治理潮流,积极探索适合本国国情的治理制度体系,参与到全球气候治理的体系中

①　《2013 国际十大环境新闻盘点》,载《环境》2014 年第 2 期。
②　吕学都:《利马气候大会成果分析与展望》,载《气候变化研究进展》2015 年第 2 期。
③　陈夏娟:《〈巴黎协定〉后全球气候变化谈判进展与启示》,载《环境保护》2020 年第 Z1 期。
④　兰莹、秦天宝:《〈欧洲气候法〉:以"气候中和"引领全球行动》,载《环境保护》2020 年第 9 期。

来。如 2014 年,韩国公布了 2015—2024 年《首都圈大气环境管理基本计划》,新设了对 PM2.5 和 O3 的治理目标。韩国政府通过加强空气质量监测预警的方式有效推进了大气污染治理进程。同年 6 月,美国政府提出"绿色新政",以发展低碳经济为抓手,减少碳依赖和降低温室气体排放。2017年,"加拿大多伦多批准通过 Transform TO 气候行动战略,提出了一系列长期的低碳目标和战略"①,分别制定了排放水平降低的目标,并在此基础上在建筑方面、能源方面、运输方面、废物处理方面进一步进行目标细化,以实现减排目标的实现。

在保护水资源和治理水污染方面,各国都积极探索适合本国国情的水资源保护和水污染治理的政策制度创新之路。例如,2013 年 4 月,德国在《水法》中对水治理的相关方面作了相应补充和修订。水管理从协调水体使用各方利益,向水体整体改善和保护,以尽可能满足各方面的水体基础功能供应方向发展。

在保护土地资源和治理土壤污染方面,世界各国都积极创新适合本国国情的保护土地资源和治理土壤污染的政策制度。例如,2012 年,"德国还签订了《奥胡斯重金属议定书》(2012 年修订),承诺将减少镉、铅、汞这三种有害金属的排放量。对于已经产生了污染的工业场地,基于'谁污染谁负责'的原则,由排污企业对造成的土壤污染进行修复治理"②。2013 年,荷兰修订了《土壤修复通令》,对应当启动紧急修复的土壤环境风险区分为对人类的风险、对生态系统的风险以及污染扩散的环境风险,基于不同的土壤环境风险进行不同程度的土壤修复工作。

在治理固体废物污染方面,世界各国、各组织的相关制度政策也持续跟进。2015 年,联合国《2030 年可持续发展议程》表决通过,确认全球必须在2030 年之前大幅度减少废物。欧盟委员会先后发布了"迈向循环经济:欧洲零废物计划""循环经济一揽子计划",旨在将欧盟打造成可持续、低碳、资源高效的经济体。③ 2018 年,日本政府第 4 次修订了《循环型社会形成推进基本计划》,在社会建设层面深入推进循环可持续模式,致力于建设循环共生圈、使产品生命周期彻底实现资源循环等七个方面内容与指标,为地区

---

① 吴静、朱潜挺:《后〈巴黎协定〉时期城市在全球气候治理中的作用探析》,载《环境保护》2020 年第 5 期。

② 高阳、刘路路、王子彤、朱文洁:《德国土壤污染防治体系研究及其经验借鉴》,载《环境保护》2019 年第 13 期。

③ 邹权、王夏晖:《"无废指数":"无废城市"建设成效定量评价方法》,载《环境保护》2020 年第 8 期。

社会建设注入新动能。① 2018 年,加拿大温哥华发布了《无废 2040 年》战略计划,提出 2040 年实现城市"零废物"目标。2019 年,新加坡将此年定为"迈向零废弃"年,并提出可持续发展蓝图,旨在建立"零废弃国家"②。

在治理噪声污染方面,这一时期世界各国加强了对机场周围的噪声污染的治理。如 2017 年 12 月,国际民航组织修订了《国际民用航空公约》,在其附件 16 第 Ⅰ 卷第 14 章制订了新的噪声标准③,并出台一套"平衡做法"(Balanced Approach)。该"平衡做法"现已成为全球航空业管理机场噪声的基础。"一些区域也将该做法纳入当地的立法中,如欧盟(EU)通过(EU)598/2014 号法规保障"平衡做法"在当地的实施。"④

在生态系统保护方面,世界各国、各组织也积极探索生态系统保护的制度政策新路。为了保护生物的多样性,"2014 年,印度又制定发布了《遗传资源及相关传统知识获取规则指南》,该指南是《生物多样性法》和《生物多样性条例》具体实施措施的解读与细化"⑤。2015 年,巴西参议院通过了新的《生物多样性保护法》,简化了原版本中的一些官僚性要求。为了保护海洋生态系统,2015 年,美国联邦的微塑料管制的《禁微珠法》对微塑料污染的重要源头进行控制。⑥ 这部法律的制定是海洋垃圾污染防治的重要举措。

在资源节约和能源集约利用方面,为了实现世界经济的健康可持续发展,能源保护制度的建立完善和实施也成为了国际社会强烈关注的重要议题。例如,2012 年,日本召开国家战略会议,推出"生态战略"总体规划,特别把可再生能源和以节能为主题特征的新型机械、加工作为发展重点。在资源管理和评估方面,世界各国也进行了相关制度创新。例如,2012 年,加拿大政府重新修订了《加拿大环境评估法》(CEAA2012),为有效解决资源管理问题与评估效率低下问题提供了重要的制度保障。在此基础上,2016 年加拿大政府又制定了项目审查的临时原则以审查现有法律。2018 年,加拿大成立了专门的影响评估机构——环境评估局,负责领导所有评估工作,

---

① 邱启文、温雪峰:《赴日本执行"无废城市"建设经验交流任务的调研报告》,载《环境保护》2020 年 Z1 期。

② 邹权、王夏晖:《"无废指数":"无废城市"建设成效定量评价方法》,载《环境保护》2020 年第 8 期。

③ 张君周:《机场噪声管理的"平衡做法"及我国立法规制》,载《环境保护》2019 年第 24 期。

④ 张君周:《机场噪声管理的"平衡做法"及我国立法规制》,载《环境保护》2019 年第 24 期。

⑤ 武建勇:《生物遗传资源获取与惠益分享制度的国际经验》,载《环境保护》2016 年第 21 期。

⑥ 鲁晶晶:《美国联邦海洋垃圾污染防治立法及其借鉴》,载《环境保护》2019 年第 19 期。

有效确保了评估方法的一致性。①

以上种种迹象表明,生态文明制度建设在世界范围内广泛开展,已然成为国际大趋势。在这样的国际趋势下,中国必须顺应生态文明建设大趋势,加快生态文明制度建设,大力推进生态文明建设,走向生态文明新时代。

（二）我国生态环境保护仍面临着严峻形势

从国内背景来看,新时代我国的生态文明建设现状已较之前有了较大进步,但是生态环境保护仍面临着严峻形势。我国的生态环境问题比较突出的有大气污染,水资源污染,固体废弃物污染,噪声污染,土地、森林、草地等资源短缺和生物多样性减少等。在大气环境方面,2016 年全国达标地级及以上城市占比不足 1/4,PM2.5、PM10 浓度平均超标 34.3%、17.1%;在水环境方面,部分区域流域污染仍然较重。全国排查出城市黑臭水体 2100个、整治进展不均衡②。我国污染物排放量大。2016 年,我国化学需氧量排放量为 2165.7 万吨,二氧化硫为 1755 万吨,氮氧化物 2078 万吨,接近或超过环境容量。要实现环境质量根本好转,二氧化硫、氮氧化物等总量至少要下降到百万吨级水平。③

较高的资源消耗、日益加重的环境污染,影响了我国经济社会的可持续发展,影响了人民生活质量的提高,生态环境保护形势依然十分严峻,成为全面建成小康社会的明显短板。

（三）生态文明制度建设方面存在一些不足

我国生态文明制度建设虽然取得了一定成效。但现阶段环境污染仍很严峻。我国现行生态文明制度体系仍不完善,还存在诸多问题。

第一,我国在生态文明法律制度建设方面存在一些不足。一方面,在生态环境立法方面,我国生态环境保护法律较多,但在实践中却存在提倡性规定、原则性要求比较多,而在约束性规定、可操作性规定方面不足,这导致法律不能有效地行使监督、检举的权利,因而不能有效地保护好环境。另一方面,长期以来,生态环境保护主要依赖行政手段,没有健全的法治保障,且公众参与生态环境保护没有与之相对应的制度做保障,导致公民参与环境保护意识差。从执法上看,由于利益的驱使,以及干部任免考核制度中存在"重经济发展"等问题,导致环保执行不力,监控方面执法不严等现象时有

①　吴婧、王文琪、张一心:《国内外环境影响评价改革动向及改革建议——以多源流框架为视角》,载《环境保护》2019 年第 22 期。

②　李干杰:《全面加强生态环境保护　坚决打好污染防治攻坚战》,载《时事报告(党委中心组学习)》2018 年第 1 期。

③　李干杰:《全力打好污染防治攻坚战》,载《行政管理改革》2018 年第 1 期。

发生。正是由于生态环境建设在立法和执法方面法治缺失,生态制度不完善,导致了环境污染的发生,加之相关的惩罚力度弱,难以在全社会形成震慑作用,一定程度上弱化了法律的制约性。

第二,生态环境保护的行政管理体制尚不健全。我国行政管理体制总体采用纵向科层制和横向分工制的管理模式。横向分工制是设立专门独立的环境保护部门,环境保护部门与其他相关各部门相分离,使环境管理在某一部门内进行的管理行为,该模式有利于各行政区域内部事务管理效率的提高,但不利于跨地域、跨部门的生态环境管理事务,易出现由于行政主体职权时空差异导致的监管失灵问题。

第三,生态文明制度的"督政"职能发挥不畅。习近平指出,现行环保体制的突出问题之一"是难以落实对地方政府及其相关部门的监督责任"①。长期以来,我国的地方环保部门既没有被赋予完整的执法主体资格,也未能有效发挥对政府及其相关部门履行生态文明建设责任的"督政"职能。在环保系统内部存在"查企"的执法职能与"督政"的监察职能混为一谈的现象。缺乏有效的约束性压力,一些地方党政领导干部的生态意识就难以树立起来,在实践中更加难以自觉承担生态环境保护的政治责任,导致一些地区的环境污染问题成为"老大难",长期得不到有效解决。

我国生态环境保护制度方面存在的问题和缺陷是系统性的,采取头痛医头脚痛医脚的方法无法从根本上解决问题。因此,生态文明领域的体制改革迫切需要从全局统筹把握,谋划生态文明体制改革总体方案。

综上所述,新时代我国生态文明制度建设正不断加强,逐步走向完善,有效查处了各类损害资源环境的行为和事件,一定程度上缓解了我国环境压力。但是,必须清醒地意识到,我国现有的生态文明制度建设仍存在空白和漏洞,有待进一步深化完善。因此,如何推进生态文明制度建设,实现我国经济高质量发展和高水平环境保护协同发展,建设美丽中国就成为这一阶段的当务之急。

二、中国生态文明制度建设系统完善阶段的思想基础

党的十八大以来,习近平围绕生态文明建设发表了一系列重要论述,形成了习近平生态文明思想。习近平生态文明思想是生态文明制度系统完善阶段的思想基础。

---

① 《习近平关于社会主义生态文明建设论述摘编》,中央文献出版社 2017 年版,第 107 页。

（一）树立尊重自然、顺应自然、保护自然的理念

新时代的中国共产党把人与自然和谐共生视为生态良好的根本体现，视为加快推进生态文明建设的根本要求。党的十九大报告指出："人与自然是生命共同体，人类必须尊重自然、顺应自然、保护自然"①。人因自然而生，人类唯有"尊重自然、顺应自然、保护自然"，才能得到来自大自然的滋养、哺育和启迪。人类要善待自然，人类实践活动确立价值尺度不能只以人的利益为标准，必须把伦理观扩展到人与自然的关系向度之中。因为只有人类具有自觉的道德意识，具有道德主体的地位和道德主体的能力，能够进行道德选择和做出道德决定，从而也就决定了人类对自然环境和资源的特殊责任，即人类对自然环境的道德责任。

习近平提出的"人与自然是生命共同体"理念是超越了人类中心主义和生态中心主义的对立，为全世界提供了一种通向人与自然和谐共生的生态文明新时代的"中国方案"，具有世界性意义。习近平始终倡导，全世界应当团结起来，顺应全球向绿色低碳转型的大方向，坚持人与自然和谐共生，坚持绿色发展，坚持系统治理，坚持以人为本，坚持多边主义，坚持共同但有区别的责任原则，共同应对全球气候变化。

尊重自然、顺应自然、保护自然的前提是承认自然界具有不以人的意志为转移的客观价值。尊重自然，是人类与自然界相处时应坚持的首要态度，不仅要尊重自然界中的一切存在物及自然界本身的价值，也要正确认识人与自然界的统一性。在人与自然的关系中，既不能过于推崇自然界，也不能将人类凌驾于自然之上，人与自然相处，不能将二者对立起来，必须正确认识和尊重自然，实现人与自然和谐相处，共同发展。顺应自然，是人类与自然界相处时应遵循的基本原则，要求人们正确认识自然界的客观规律，在利用自然的同时尊重自然界自身的规律，按客观规律办事。人类在利用和改造自然时，必须顺应自然规律，人类不能无限制地改造自然，不能弃自然规律于不顾，任意支配自然界，一旦人类在与自然进行物质交换的过程中忽视了自然界本身的规律，就会导致人与自然关系的对立。保护自然，是人类与自然界相处时应承担的首要责任，就是保护自然的系统价值。保护自然要求人们在利用和改造自然时保护自然生态系统自我恢复的能力和创造生态价值的能力。人类从自然界中获取生存发展资料，就有义务保护自然界内部的平衡，以实现人与自然长期健康可持续发展。

---

① 《习近平谈治国理政》第 3 卷，外文出版社 2020 年版，第 39 页。

（二）　以系统工程的思路统筹山水林田湖草沙的治理

以系统工程的思路处理人与自然的关系，就是将人与自然看作是一个统一的整体，以系统思维把握人与自然的关系。系统思维突破了西方固有的模块化思想和分解式的方法论，以一种整体思维看待自然生态环境。运用系统思维在探讨人与自然生态环境问题的复杂关系时，是以人和自然生态环境相协调为发展前提的。

习近平善于运用系统思维去观察分析问题，他指出：“要用系统论的思想方法看问题。”①“山水林田湖草是生命共同体”②，“环境治理是一个系统工程”③。山水林田湖草是生命共同体是生态系统思想的生动表达，山脉、河湖、森林、农田、草地自身既是一类生态系统，河湖、山脉、森林、农田等又构成流域生态系统，流域生态系统同时是大陆生态系统的一部分，大陆生态系统则是全球海陆生态系统的构成要素，共同处于地球生态系统之中。它们之间相互联系、相互作用，具有唇齿相依、一荣俱荣、一毁俱毁的必然性。世界上任何事物都与其他事物处于相互关联之中，事物自身诸要素之间也相互关联，并通过相互作用形成一个有机整体。系统的各要素通过有机联系组合在一起，各要素之间存在相互促进、相互依赖的关系。因此，以系统思维抓生态文明建设，就要善于按照系统的整体性原理的要求，从整体上把握全局，把握运用好要素与整体之间的关系。

习近平强调，“在生态环境保护上，一定要树立大局观、长远观、整体观”④。大局观强调要在经济社会发展全局中系统把握生态环境保护，在经济、政治、文化、社会以及党的建设各方面全领域融入对生态环境保护的思考。生态环境保护是功在当代、利在千秋的事业，关系到中华民族永续发展和子孙后代的生存基础，不能以短浅目光只看到眼前的经济利益，忽视生态环境保护。要“按照系统工程的思路综合考虑经济效益、社会效益、环境效益，节约利用资源，减少环境污染，实现美丽中国建设的目标”⑤，要以系统思维推进生态文明建设，坚决摒弃部门分割管理和本位思想，围绕生态环境系统性调整行政部门及其运行机制，构建多元协同的环境治理体系。

---

① 《习近平关于社会主义生态文明建设论述摘编》，中央文献出版社 2017 年版，第 56 页。
② 《习近平谈治国理政》第 3 卷，外文出版社 2020 年版，第 363 页。
③ 《习近平关于社会主义生态文明建设论述摘编》，中央文献出版社 2017 年版，第 51 页。
④ 《习近平关于社会主义生态文明建设论述摘编》，中央文献出版社 2017 年版，第 12 页。
⑤ 秦书生、吕锦芳：《习近平新时代中国特色社会主义生态文明思想的逻辑阐释》，载《理论学刊》2018 年第 3 期。

（三）建设人与自然和谐共生的现代化格局

人与自然的和谐是生态文明的本质特征。习近平在党的十九大报告中指出，"我们要建设的现代化是人与自然和谐共生的现代化"①。习近平上述论断，立足现代化视野，将人与自然和谐共生视为现代化的基本要素，把实现人与自然和谐共生作为现代化的基本要求，积极推进环境治理现代化，深化了人与自然关系的认识，丰富了现代化的内涵。

首先，人与自然和谐共生内化于国家治理体系与治理能力现代化。人与自然和谐共生作为中国特色社会主义现代化建设的重要目标之一，其背后的生态治理逻辑必然包含在国家治理体系与治理能力现代化范畴之内。推进人与自然和谐共生的现代化建设，必须将生态文明理念转化为一整套系统完整的生态文明制度体系，进而形成一套政府、企业、社会组织和公众共同参与的运行有效的生态治理体系，提升生态治理能力将治理体系转化为生态治理效能，才能逐步实现人与自然和谐共生的现代化，推动实现国家治理现代化。

其次，人与自然和谐共生的现代化的核心是产业体系的绿色化转型。人与自然和谐共生根本上是要处理好经济发展与生态环境之间的关系问题，主要涉及产业发展方式的绿色转型。产业体系的绿色转型是全产业链的绿色化，从上游设计、生产，到下游销售、回收等各个环节实现低碳、循环、绿色化，产业链全过程对资源环境的影响大幅度减低，或保持在自然恢复能力以内。产业体系绿色化转型是一个长期过程，必然伴随"三高"企业的更新、退出以及新绿色技术、绿色产业的崛起。在这一过程中，只有坚持久久为功，不断深化生态文明体制改革，处理好绿色产业生产过程中的各方面利益关系与体制机制弊病，才能真正推进人与自然和谐共生的现代化。

再次，实现人与自然和谐共生的现代化要以科学技术作为支撑。习近平提出，要"依靠科技创新破解绿色发展难题"②，"需要依靠更多更好的科技创新建设天蓝、地绿、水清的美丽中国"③。产业体系绿色化转型离不开绿色技术创新的"染绿"，运行有效的生态治理体系同样需要相应绿色监测技术的支撑，通过绿色技术更新渐次推进经济社会的绿色化转型，向人与自然和谐共生的现代化迈进。

最后，人与自然和谐共生现代化的价值归宿指向人民群众。温饱问题

---

① 《习近平谈治国理政》第3卷，外文出版社2020年版，第39页。
② 《习近平谈治国理政》第2卷，外文出版社2017年版，第272页。
③ 《习近平谈治国理政》第2卷，外文出版社2017年版，第271页。

解决后,人民群众对美好生活的需求日益强烈,反映在生态环境领域的需求即是对美丽家园的热切向往。人民群众渴望生活在山清水秀、鸟语花香的自然环境中,对生态产品和服务的需求日益旺盛。因此,我们要建设的现代化必须能够在生态环境领域回应人民群众的重大关切,努力打造绿水青山的生态环境,实现人与自然和谐共生现代化。这是中国共产党对人民群众生态幸福的责任担当。

（四）着力解决损害群众健康的突出环境问题

中国共产党历来十分重视民生问题。民生问题不仅局限于人民群众对物质生活资料的满足,以及享有生存和发展的权利,还包括人的生存环境。保护环境既是中国共产党执政的基本理念,又是国家的基本国策,其价值指向人民群众的生态获得感、幸福感。改善人民生态福祉要从环境、产品、公共服务等多个层面着手,创造优良的生产生活环境、让人民群众呼吸到新鲜空气、提供绿色健康的产品和服务,以保障最广大人民群众的生态利益,促进人与自然之间和谐相处。

习近平指出,"良好生态环境是最公平的公共产品,是最普惠的民生福祉"[1],要"改善环境质量,保护人民健康,让城乡环境更宜居、人民生活更美好"[2],集中展现了习近平的生态民生观。习近平生态民生观是新时代我国特定时代背景下的产物。改革开放以来至我国经济发展进入新常态,我国人民温饱问题早已得到解决,人民群众生活水平显著提高,消费升级悄然发生人们开始从更为现实的层面思考生态幸福问题。但是,我国供给水平的提升远不能满足群众消费升级需求,特别是人民群众对生态产品和服务的需求。基于这一背景,习近平提出一系列关于生态民生的重要论述,形成了习近平生态民生观,强调要关注和重视人民的生态诉求,真正做到生态为民、生态惠民、生态利民,为群众带来实惠,必须着力解决损害群众健康的突出环境问题,解决好人民群众最关心的生态环境问题。具体来说,解决损害群众健康的突出环境问题,增进人民生态福祉,需要在制度设计层面统筹谋划,在源头约束层面确保政府决策和企业行为充分考虑环境影响,对于不符合环评要求的项目要严禁"上马";在过程控制层面监测各主体行为,确保按照环保要求设计施工;在后果严惩层面严厉惩处环境违法乱纪行为,以"带牙齿的老虎"坚决扭转生态环境恶化的趋势,切实维护公众的生态环境权益,保障人民安居乐业。

---

① 《习近平关于社会主义生态文明建设论述摘编》,中央文献出版社 2017 年版,第 4 页。
② 《习近平关于社会主义生态文明建设论述摘编》,中央文献出版社 2017 年版,第 83 页。

总之,党的十八大以来,以习近平同志为核心的党中央高度重视生态文明建设,提出了人与自然和谐共生的生态文明理念,科学回答了新时代我国生态文明建设的若干问题,形成了习近平生态文明思想。习近平生态文明思想是中国生态文明制度系统完善的思想基础。

第二节　中国生态文明制度建设系统完善阶段的环境法制建设

法律是制度的底线和最正式的约束规范,代表国家和人民意志的正式固化。生态环境领域的立法能够将党和国家推进生态文明的理念与制度设计固化为法律制度,通过执法和司法将体制改革的措施加以落实和纠偏,并通过普法教育引导和约束全民行为,为生态文明建设提供可靠保障。21世纪初以来,我国颁布多部环境法律,取得了一些成果。但是,我国生态环境领域立法还存在法律缺位、立法不严、程序冗杂等主要问题,执法层面也存在多头执法、交叉执法等问题。这些问题导致行为主体守法成本高、违法成本低。针对上述情况,我国加强了环境法制建设,环境立法正逐步走向完善。

一、中国生态文明制度建设系统完善阶段党的环境法制思想

我国环境立法是遵循宪法中有关环境保护的基本内容而制定的相关生态环境保护的各种法律制度。党的十八大以来,以习近平同志为核心的党中央高度重视生态文明制度建设,提出了加快环境法制建设等若干思想观点。

第一,用严格的法律制度保护生态环境。以习近平同志为核心的党中央重视环境法治建设,提出了用严格的法律制度保护生态环境的重要论断。2013年5月,习近平在十八届中央政治局第六次集体学习时的讲话中提出:"只有实行最严格的制度、最严密的法治,才能为生态文明建设提供可靠保障。"①2014年10月20日,党的十八届四中全会出台《关于全面推进依法治国若干重大问题的决定》,指出要"用严格的法律制度保护生态环境,加快建立有效约束开发行为和促进绿色发展、循环发展、低碳发展的生态文明法律制度"②。习近平在2016年11月28日就生态文明建设作出重

---

① 《习近平关于社会主义生态文明建设论述摘编》,中央文献出版社2017年版,第99页。
② 《中共中央关于全面推进依法治国若干重大问题的决定》,载《人民日报》2014年10月29日。

要批示,指出要"尽快把生态文明制度的'四梁八柱'建立起来,把生态文明建设纳入制度化、法治化轨道"①。2017年5月,在十八届中央政治局第四十一次集体学习时习近平明确指出,要通过建章立制完善生态文明制度体系。要"用最严格的制度、最严密的法治保护生态环境。……以法治理念、法治方式推动生态文明建设"②。除此之外,在依靠法治治理环境的成效上,习近平还指出环境保护制度的建设工作不仅要有立竿见影的措施,更要有可持续的制度安排③,即要"标本兼治、常抓不懈"④,还要"下大气力解决当前突出问题"⑤,要具体问题具体分析,推动法律制度体系的创新发展。2018年5月,在全国生态环境保护大会的讲话中,习近平再次指出,要"用最严格制度最严密法治保护生态环境。要加快制度创新,强化制度执行,让制度成为刚性的约束和不可触碰的高压线"⑥。2019年11月,党的十九届四中全会明确提出坚持和完善生态文明制度体系,明确其在中国特色社会主义制度中的地位与位置,重点提出了"实行最严格的生态环境保护制度……完善生态保护法律体系和执法司法制度"⑦。分别探索了环境保护在立法、执法和司法三个方面的法律制度的建设工作。2020年4月,习近平在陕西调研时再次强调,要"实行最严格的生态环境保护制度,全面建立资源高效利用制度,健全生态保护和修复制度,严明生态环境保护责任制度"⑧。在源头严防、过程严管和后果严惩各个环节做好制度顶层设计,不断完善我国生态文明法律制度体系,为生态文明建设全局提供可靠保障。

第二,加大环保执法力度,提高环境违法成本。近年来,我国一直致力于加强对环境执法的力度,尽管起到了良好的效果,但有法不依、执法不严的问题依旧存在。我国生态环境破坏问题之所以反复发生,一个重要的原因就是违法成本较低,难以对污染者形成警示威慑。对此,2013年12月10日,习近平在中央经济工作会议中明确提出了"加大执法力度,对破坏生态环境的要严惩重罚。要大幅提高违法违规成本,对造成严重后果的要依法追究责任"⑨。只有提高违法成本,真追责、敢追责,才能让生态文明法律体

---

① 《习近平关于社会主义生态文明建设论述摘编》,中央文献出版社2017年版,第109页。
② 《习近平关于社会主义生态文明建设论述摘编》,中央文献出版社2017年版,第110页。
③ 《习近平关于社会主义生态文明建设论述摘编》,中央文献出版社2017年版,第107页。
④ 《习近平关于社会主义生态文明建设论述摘编》,中央文献出版社2017年版,第83页。
⑤ 《习近平关于社会主义生态文明建设论述摘编》,中央文献出版社2017年版,第83页。
⑥ 《习近平谈治国理政》第3卷,外文出版社2020年版,第363页。
⑦ 《十九大以来重要文献选编》(中),中央文献出版社2021年版,第289页。
⑧ 本报评论员:《绿水青山既是自然财富又是经济财富》,载《人民日报》2020年4月26日。
⑨ 《习近平关于社会主义生态文明建设论述摘编》,中央文献出版社2017年版,第103页。

系效能充分发挥,有效扼制生态环境破坏行为的反复发生。党高度重视环境保护监管执法工作,尤其是要依法管理、依法执法,将行政管理工作体制化、法治化。此外,习近平还指出要推进生态环境保护综合行政执法,严厉打击破坏生态环境的行为。生态文明制度只有坚决执行,才能发挥出制度效能,促进环境质量的实质性改善。2016 年 11 月,《国务院关于印发"十三五"生态环境保护规划的通知》要求,以提高环境质量为核心,实施最严格的环境保护制度,加快推进生态环境领域国家治理体系和治理能力现代化,不断提高生态环境管理系统化、科学化、法治化、精细化、信息化水平。这意味着,生态环境执法不仅要关注对纸面上的环境法律的遵守,更要注重环境行政执法的实效性。

2017 年 5 月在十八届中央政治局第四十一次集体学习时,习近平指出:"一些重大生态环境事件背后,都有领导干部不负责任、不作为的问题,都有一些地方环保意识不强、履职不到位、执行不严格的问题,都有环保有关部门执法监督作用发挥不到位、强制力不够的问题"①。环境保护法律的执行程度决定了法律效用的发挥程度。制度与法律法规如果不能执行,其生命力就不能常青。因此,执法的重要性不亚于立法过程。因此,要想把生态环境治理好,必须严格科学执法。要做到"各级党委和政府要切实重视、加强领导,纪检监察机关、组织部门和政府有关监管部门要各尽其责、形成合力"②。加强环境法制建设,就是要约束权力和各种经济主体的行为,把各种资源开发和经济主体的经营活动都关进包括环保法律在内的制度笼子里。当前,在"十三五"收官与"十四五"开局的转换期,我国已经初步建立起生态文明制度"四梁八柱",面向"十四五"规划和 2035 年远景目标,当前最重要的任务是进一步健全和完善生态文明制度体系和加强生态文明制度执行效力与执法力度,坚决依法惩处环境污染和生态破坏行为,严厉追究责任。

总的来说,这一阶段党的环境法律制度思想比较健全,生态环境领域依法治国迈出了坚实步伐,为我国生态文明建设提供了有力的法律保障。

二、中国生态文明制度建设系统完善阶段的环境立法

法律是治国之重器,良法是善治之前提。完善的环境法律制度能够为大力推进生态文明建设,建设美丽中国提供有力的法治保障。党的十八大

---

① 《习近平关于社会主义生态文明建设论述摘编》,中央文献出版社 2017 年版,第 110 页。
② 《习近平关于社会主义生态文明建设论述摘编》,中央文献出版社 2017 年版,第 111 页。

以来,我国既创新出台了新的相关法律条文,也对现有相关环境保护法律进行了修订。环境立法工作既包括宏观层面法律法规的制定出台和修订完善,也包括具体层面涉及生态环境保护各领域的法律条文的建设工作。在全面推进依法治国的大背景下,生态环境保护相关法律制度的完善和发展,既是对国家环境保护决策部署的充分落实,也对解决突出的环境问题、建设向好的生态环境发挥了重要的导向作用。这一阶段,中国生态文明制度建设进入系统完善阶段。

　　这一时期我国制定出台及修订完善了一系列一般性环境保护法律。2014 年 4 月,第十二届全国人大常委会第八次会议审议通过并修订了我国的第一部环保法律《中华人民共和国环境保护法》(1979 年试行)。新修订的《环境保护法》的实施标志着我国生态文明法治建设取得了新进展。新《环保法》是新时代全面贯彻落实党中央关于生态文明建设和依法治国要求的环保领域根本法,是全党全国人民生态文明意志的集中体现。新修订的《环境保护法》共 7 章 70 条,与原法 6 章 47 条相比,有较大变化,重点突出更加严厉的企业法律责任、政府监管职责的强化、公众参与治理环境。具体而言,一是更加强调企业环境保护的法律责任。《环境保护法》首次明确规定"保护优先"的原则,加强了对污染环境行为的惩处力度,加大排污惩治力度,对于拒不改正的排污企业实施"按日处罚"制度。新环保法的第 59 条中规定的"按日连续处罚"制度有力地提高了环境违法的成本,运用经济手段给企业环境违法设置了刚性约束。对未批先建、无证排污等四类行为,可以对主管人员和直接责任人员处以治安拘留的法律规定则直接运用法律手段给企业的环境污染行为以强力约束。二是强化政府监管职责。新《环境保护法》在第 6 条申明了"地方各级人民政府应当对本行政区域的环境质量负责"的内容,在前《环境保护法》中本内容只是第三章"保护和改善环境"中的一般条款,修改后则成为总则中关于基本义务的条款。这一位置的改变,使"政府对环境质量负责"的要求从一个宣示性的规定变为基本义务要求。① 《环境保护法》强化了对监管执法人员的责任追究,追究处分从记过、记大过到降级处理,对于因自身错误对辖区内生态环境造成严重后果的,给予撤职或开除处分,对其过错实行终身追责,主要责任人应"引咎辞职"。此外,针对长期以来各级地方政府排污总量控制制度实施成效不佳现状,修订后的《环境保护法》第 44 条第 2 款将"未完成国家确定的环境质

---

① 李挚萍:《论以环境质量改善为核心的环境法制转型》,载《重庆大学学报》(社会科学版) 2017 年第 2 期。

量目标"确定为区域环评限批的依据之一。① 三是优化公众参与治理环境。《环境保护法》将民间力量纳入环境治理机制中,设立了环保公益诉讼制度等。新修订的《环境保护法》在立法目的上融入了生态文明立法理念,立法目的在一定程度上体现了先进的环境法律理念,新增了环境保护基本原则,补充了环境财政保障,更加突出经济社会可持续发展以及环境治理的现代化、法治化。新《环保法》的修订和实施,为我国环境保护事业发展提供了新的动力。

2016年12月,为了保护和改善环境,减少污染物排放,推进生态文明建设,《中华人民共和国环境保护税法》由中华人民共和国第十二届全国人民代表大会常务委员会第二十五次会议审议通过。《环境保护税法》"是我国首部专门体现'绿色税制'、推进生态文明建设的单行税法,是落实党的十八届三中、四中全会精神的重大举措,是十八届三中全会提出'落实税收法定原则'改革任务后制定的第一部税法"②。此项法律最大的特点是排污费改税。在此项法律实施以前,在费用方面,环保领域征收的是排污费,并没有以纳税的形式将其固定下来。而此项修改将各方面的环境污染作为征税对象,给环境污染行为通过强制性的法律设定了刚性的约束。这是我国环境保护法律建设和环境管理工作的一次重大变革。根据《中华人民共和国环境保护税法》,随后又于2017年12月25日发布了《中华人民共和国环境保护税法实施条例》,自2018年1月1日起施行,同时废止了《排污费征收使用管理条例》。《条例》除总则和附则外,分别对"计税依据"、"税收减免"、"征收管理"三方面做了规定。

2018年3月,《宪法》修正案在序言中将"推动生态文明协调发展"作为国家的根本任务,《宪法》第八十九条将"引导和管理生态文明建设"作为国务院的职权。③《宪法》第二十六条规定:"国家保护和改善生活环境与生态环境,防治污染和其他公害。"④这一原则性规定,为相关立法提供了根本依据。⑤《宪法》有关生态环境保护相关法律条文的修订,从根本大法的角度为我国的生态环境保护提供了最高的法律保障。

---

① 张忠利:《改革开放40年来生态环境监管执法的回顾与展望》,载《中国环境管理》2018年第6期。

② 曹俊:《开征环境保护税,与生态环境保护关系多大?》,载《中国生态文明》2018年第2期。

③ 李爱年、周圣佑:《环境法学专业特色高校智库的探索》,载《智库理论与实践》2019年第2期。

④ 吕梦醒:《生态环境损害多元救济机制之衔接研究》,载《比较法研究》2021年第1期。

⑤ 李爱年、周圣佑:《我国环境保护法的发展:改革开放40年回顾与展望》,载《环境保护》2018年第20期。

2018年12月，为推动经济发展与生态环境保护相协调，使生态环境保护相关法律规定切实激励与约束市场主体的经济行为走向环境友好，第十二届全国人民代表大会常务委员会第二十一次会议对《中华人民共和国环境影响评价法》进行了第二次修订，现行的《环评法》即是这一版本。新修订的《环评法》明确鼓励各单位、专家和公众参与环境影响评价，这充分体现了我国环境保护公众参与制度的完善，强化了公民的环境意识。

这一时期我国聚焦环境保护和污染防治的不同领域针对性地开展了专门性环境立法及修订工作。

在大气污染治理方面，为了保障大气污染治理的有效性，我国加紧了相关立法工作，有效保障了我国大气污染治理工作的推进。2015年8月29日，第十二届全国人民代表大会常务委员会第十六次会议对《大气污染防治法》进行了二次修订，新修订的《大气污染防治法》进一步突出了大气环境质量标准在环境管理中的地位和作用①新修订的《大气污染防治法》将大气污染防治以目标—追责的形式固化，显示出了法律制度的"钢牙利齿"。2018年10月，再次修订此法，在此次修改中主要修改了主管部门的名称，如在52条和107条中将"环境保护主管部门"修改为"生态环境主管部门"，这一名称的变化，深刻体现了我党对生态文明建设的理论和实践成果的不断深化。除此之外，在地方立法方面，针对大气污染治理也进行了积极的立法探索。2019年12月1日，《秦皇岛市船舶大气污染防治暂行办法》正式实施，这是目前我国首部关于船舶大气污染的单行地方立法。这一立法填补了国家环境保护立法层面对于船舶大气污染防治工作中的制度空白。

在治理水污染方面，为了防治水污染，保护水生态，保障饮用水安全，维护公众健康，我国加紧了水污染治理的相关立法工作。2016年，第十二届全国人民代表大会常务委员会第二十一次会议修改了《中华人民共和国水法》，对水环境治理进行了更为细化和严格的规定，进一步规定了水环境保护和水环境治理的法治建设。2017年，第十二届全国人民代表大会常务委员会第二十八次会议修正了《水污染防治法》，这是党的十八大以来继《大气污染防治法》的修订后，对污染法治法律体系相关法律的第二次修订，进一步完善了我国的污染防治法律体系，稳步推进生态文明制度体系的健全和完善。在现行的《水污染防治法》中值得一提的是加快了水污染防治法

① 李挚萍：《论以环境质量改善为核心的环境法制转型》，载《重庆大学学报》（社会科学版）2017年第2期。

律制度体系的建设。在法律第 5 条规定"省市县乡建立河长制",第 6 条规定在水保护上实行"目标责任制和考核评价制度",第 20 条明确规定"国家对重点水污染物排放实施总量控制制度。",第 21、23、24 条规定了建立和实行排污许可制度,第 46 条规定"国家对严重污染水环境的落后工艺和设备实行淘汰制度"等。2018 年,开始实行《全国人民代表大会常务委员会关于修改〈中华人民共和国水污染防治法〉的决定》,对水污染防治的标准和规划、水污染防治的监督管理、水污染防治措施、工业水污染防治、城镇水污染防治、农业和农村水污染防治、船舶水污染防治、饮用水水源和其他特殊水体保护以及水污染事故处置等进行了详细说明,并明确了对严重破坏水资源的行为需要承担法律责任。2020 年,十三届全国人大常委会第二十四次会议表决通过《中华人民共和国长江保护法》,自 2021 年 3 月 1 日起施行,开始开展了长江入河排污口的专项整治,打破了国家流域立法的冷清状态。

在治理土壤污染方面,为了防治土壤污染,保障公众健康,推动土壤资源永续利用,我国加紧了土壤污染治理的相关立法工作。2018 年,十三届全国人大常委会第五次会议对《土壤污染防治法》进行了修订,并于 2019 年 1 月 1 日起开始施行。《土壤污染防治法》是继我国《大气污染防治法》和《水污染防治法》后制定的专门针对污染防治的法律,它弥补了我国现行的污染防治法律的一项空白,完善了我国污染防治的法律制度体系。该法"对土壤污染防治主要制度进行顶层设计,提出了土壤污染防治应当坚持预防为主、保护优先、分类管理、风险管控、污染担责、公众参与 6 项原则,为开展土壤污染防治攻坚、扎实推进'净土保卫战'提供了法律保障,进一步完善了我国生态环境保护法律体系,标志着以《环境保护法》为统领的各环境要素污染防治法律体系逐步建立健全"①。

在治理固体废物污染方面,2013 年,全国人大常务委员会第三次会议对《固体废物污染环境防治法》展开第二次修订,在该法第四十四条中规定确有必要关闭、闲置或者拆除的生活垃圾处置的设施、场所,必须经所在地的市、县人民政府环境卫生行政主管部门和环境保护行政主管部门核准,并采取措施。② 2015 年,全国人大常务委员会第十四次会议对该法展开第三次修订,删去第三款中的"列入自动许可进口目录的固体废物,应当依法办

---

① 《〈土壤污染防治法〉:为"净土保卫战"护航》,载《环境保护》2018 年第 18 期。
② 《全国人大常委会关于修改文物保护法等十二部法律的决定》,载《法制日报》2013 年 7 月 5 日。

理自动许可手续"①。2016 年,第十二届全国人民代表大会常务委员会第二十四次会议对此法进行四次修订,将第五十九条第一款修改为"转移危险废物的,必须按照国家有关规定填写危险废物转移联单。"②2020 年,十三届全国人大十七次会议第五次修订该法,将生活垃圾分类制度写入该法。先后五次修订,完善了固体废物污染的法律制度,给我国固体废物污染的预防和治理工作提供了法律依据和制度遵循。

在生态系统保护方面,我国加紧了各类生态系统保护的相关立法工作。2013 年,我国对《中华人民共和国渔业法》进行第四次修正,修订后的《渔业法》规定设定水域滩涂规划编制以保护生物生长的水环境。2014 年,我国通过了关于《刑法》第三百四十一条、第三百一十二条的解释规定。按照解释,对于知道或应当知道是国家重点保护的珍贵、濒危野生动物及其制品,为食用或其他目的而非法购买的,属非法收购行为,应追究刑事责任。③2016 年 2 月,我国出台了《中华人民共和国深海海底区域资源勘探开发法》,此法的制定对于有效保护海洋生物多样性,维护海洋资源的可持续利用具有重要意义。2017 年,我国对《中华人民共和国海洋保护法》进行了第三次修正。《海洋保护法》的修订"有助于我国推进生态文明建设,并将使海洋生态保护、海洋生态补偿有更为完善的、全面的法律规定和执法依据"④。2018 年,第十三届全国人民代表大会常务委员会第六次会议审议修订了《中华人民共和国野生动物保护法》。最新的现行《野生动物生物保护法》中提出了关于"国家对野生动物实行保护优先、规范利用、严格监管的原则,鼓励开展野生动物科学研究,培育公民保护野生动物的意识,促进人与自然和谐发展"⑤。2020 年,十三届全国人大常委会第二十二次会议审议通过《中华人民共和国生物安全法》,自 2021 年 4 月 15 日起施行。此法的制定和实施对于防范和应对生物安全风险、保护生物资源和生态环

---

① 李洪涛、朱亚冠、凌浩宇、王彪、魏迎松:《进口固体废金属管理及再生金属原料风险评估》,载《科技视界》2021 年第 15 期。

② 《全国人民代表大会常务委员会关于修改〈中华人民共和国文物保护法〉等十二部法律的决定》,载《中华人民共和国全国人民代表大会常务委员会公报》2013 年第 4 期。

③ 常纪文、常杰中:《关于修改〈野生动物保护法〉、健全禁食野生动物名录制度的思考》,载《环境保护》2020 年第 6 期。

④ 《全国人大常委会分组会议审议〈海洋环境保护法修正案(草案)〉增加海洋生态补偿和生态保护红线的内容,加大对污染海洋行为的处罚力度》,载《中国环境科学》2016 年第 9 期。

⑤ 张牧遥:《论自然资源使用权上公共价值的制度实现》,载《学术交流》2021 年第 2 期。

境①等具有重要意义。

在草原森林资源保护方面,为了践行绿水青山就是金山银山理念,保护、培育和合理利用森林草原资源,加快国土绿化,保障森林和草原的生态安全,我国加紧了森林草原资源保护的相关立法工作。2013年6月,我国修订了《中华人民共和国草原法》,新修订的《草原法》更加有利于合理利用草原资源、保护草原生态平衡、维护草原生物多样性,是一部推动现代畜牧业朝可持续发展方向前进的一部草原根本大法,此法严格限制了破坏草原生态系统的行为,并利用罚款等行政处罚惩处违法行为。2019年12月28日,十三届全国人大常委会第十五次会议通过了《中华人民共和国森林法》,这是对我国《森林法》的第三次修订。本次森林法修订以坚持和完善生态文明制度体系,促进人与自然和谐共生为出发点,以问题为导向,新增了"森林权属"一章,明确了森林权属关系,明确了权利主体和权责义务,加强了产权保护,充分调动了林业主体和投资者对于保护森林资源的积极性和有效性。此外,在法律第37条规定"国家根据生态保护的需要,将森林生态区位重要或者生态状况脆弱,以发挥生态效益为主要目的的林地和林地上的森林划定为公益林。未划定为公益林的林地和林地上的森林属于商品林。"体现了我国对森林资源进行分类管理的理念。

在资源能源利用方面,为了提高资源能源的利用率,实现资源能源的节约集约利用,我国加紧了资源能源利用相关立法工作。2016年7月2日,全国人大常委会第二十一次会议第一次修订《中华人民共和国节约能源法》;2018年10月26日,十三届全国人大常委会第六次会议第二次修订该法。现行最新的《能源法》再次明确了节约能源作为我国的基本国策,其总目标是"为了推动全社会节约能源,提高能源利用效率,保护和改善环境,促进经济社会全面协调可持续发展"②,这部法给我国能源节约设定了法律的刚性约束,在法律层面为能源的节约集约利用提供了保障。在能源节约利用的行政管理制度和措施方面,在《能源法》的第6条继续强化和健全节能标准体系和监管制度,提出了"国家实行节能目标责任制和节能考核评价制度,将节能目标完成情况作为对地方人民政府及其负责人考核评价的内容"③。此外,本法还专门提出了"国家鼓励、支持开发和利用新能源、可再生能源"④。体现了我党对发挥科技在资源能源节约利用中的作用的重

---

① 《2020年生态环境领域十大热词盘点》,载《纸和造纸》2021年第1期。

② 《中华人民共和国节约能源法》,载《人民日报》2007年12月11日。

③ 《中华人民共和国节约能源法》,载《人民日报》2007年12月11日。

④ 《中华人民共和国节约能源法》,载《人民日报》2007年12月11日。

视和关注。

在治理噪声污染方面，为防治环境噪声污染，保护和改善生活环境，保障人体健康，促进经济和社会发展，2018 年 12 月 29 日，十三届全国人大常委会第七次会议修订了《中华人民共和国环境噪声污染防治法》，将第四十八条修改为"由县级以上生态环境主管部门责令限期改正，并对单位和个人处以罚款；造成重大环境污染或者生态破坏的，责令停止生产或者使用，或者报经有批准权的人民政府批准，责令关闭"。① 这一修改把对产生噪声污染的生产生活行为进行处罚作为强硬的刚性约束，旨在以经济手段着力调控噪声污染行为，体现了我国政府对噪声污染治理的坚决态度。

综上，党的十八大以来，我国加紧了宏观和微观各层面的生态环境保护的法律制度建设工作，并取得了重大成就。至此，我国生态文明制度体系日益完善和成熟。

第三节　中国生态文明制度建设系统完善阶段的环境保护政策和管理体制机制

党的十八大至今是中国生态文明制度建设系统完善阶段。这一阶段，以习近平同志为核心的党中央提出深化生态文明体制改革和构建生态文明制度体系的思想，并就生态文明体制改革的各个方面提出具体要求。在以习近平同志为核心的党中央指导下，我国生态文明体制改革取得了重大突破，一些政策制度已经发挥出制度效能。

一、中国生态文明制度建设系统完善阶段党的环境管理思想

党的十八大以来，习近平围绕环境保护政策和管理体制机制发表了一系列重要论述，阐明了党的环境管理思想，主要内容有以下几方面。

第一，要构建系统保护生态环境的管理机制。习近平指出，"山水林田湖是一个生命共同体"②。人与包括山、水、林、田、湖在内的整个生态空间是唇齿相依的共生关系。在生态空间的使用管理上尤其要注意生态空间的整体性与系统性，不可分而治之。习近平指出要对整个生态空间的使用进行统一的管理，可以有效避免多部门间的行政管理顾此失彼，导致生态环境

---

① 《全国人民代表大会常务委员会关于修改〈中华人民共和国劳动法〉等七部法律的决定》，载《人民日报》2018 年 12 月 31 日。

② 《习近平关于社会主义生态文明建设论述摘编》，中央文献出版社 2017 年版，第 47 页。

破坏的现象,这里也体现了系统思维在环境保护中的运用。2014年2月,习近平在北京考察工作时提出,"要加强生态环境保护合作。去年已经启动了大气污染防治协作机制,还要在防护林建设、水资源保护、水环境治理、清洁能源使用等领域完善合作机制"①。针对我国的生态环境治理长期存在条块分割、部门分割、城乡分割、陆海分割、源汇分割等情况,造成政出多门、责任不明、推诿扯皮等问题。党的十八大以来,习近平反复强调山水林田湖草沙是一个生命共同体,不能将护林、治水、防污、护田割裂开来,顾此失彼,实行单一资源要素治理,而要对整个生态系统进行系统监管和治理,构建生态环境保护系统各环节各部门的合作协作机制。

第二,要完善主体功能区制度。国土空间是人民生产生活的活动场所和环境的地域集合,一定范围的国土空间可以具有多种功能,但是一定要有一种主体功能。随着主体功能区制度的不断落实,习近平指出环境管理工作也要坚定不移的贯彻执行主体功能区战略,因地制宜实施管理。习近平指出,"主体功能区是国土空间开发保护的基础制度,也是从源头上保护生态环境的根本举措"②。2013年12月12日,在中央城镇化工作会议上的讲话中,习近平指出,"承载能力减弱的区域要实行优化开发,重点开发区域要集约高效开发,限制开发区域要做好点状开发、面上保护,禁止开发区域要令行禁止、停止一切不符合法律法规要求的开发活动"③,推动各地区依据主体功能定位发展,要不断优化国土空间开发保护格局,为我国生态文明建设提供适宜且可持续的国土空间载体。

第三,改革自然资源资产管理体制。生态文明体制改革涉及面广,各类问题交错复杂。习近平敏锐地观察到我国现行的自然资源资产管理制度仍存在与经济社会发展和生态文明建设不相适应的突出问题。对此,2013年11月9日,习近平在十八届三中全会《关于〈中共中央关于全面深化改革若干重大问题的决定〉的说明》中明确提出将自然资源的所有权和管理权相分离的思想,即"按照所有者和管理者分开和一件事由一个部门管理的原则,落实全民所有自然资源资产所有权,建立统一行使全民所有自然资源资产所有权人职责的体制"④,"使国有自然资源资产所有权人和国家自然资源管理者相互独立、相互配合、相互监督"⑤,有效保障全民所有自然资源资

① 《习近平关于社会主义生态文明建设论述摘编》,中央文献出版社2017年版,第52页。
② 《习近平关于社会主义生态文明建设论述摘编》,中央文献出版社2017年版,第64页。
③ 《习近平关于社会主义生态文明建设论述摘编》,中央文献出版社2017年版,第48页。
④ 《习近平关于社会主义生态文明建设论述摘编》,中央文献出版社2017年版,第102页。
⑤ 《习近平关于社会主义生态文明建设论述摘编》,中央文献出版社2017年版,第102页。

产所有权人权益。

第四，要建立自然资源保护和高效利用制度。习近平十分重视环境资源的保护，主张构建相应的政策制度有效保护与管理各类环境资源。在海洋生态环境方面，2013年7月30日，习近平在十八届中央政治局第八次集体学习时的讲话中做出重要指示，要求加快构建源头性预防制度和环评制度，并要求对"三边工程"进行严肃查处，除此之外还要加快建立海洋生态补偿和生态损害赔偿制度，①保证在源头上对海洋生态环境的保护进行刚性约束，对已经对海洋生态环境造成损害的行为后果严肃查处并进行赔偿。在"源头"和"尽头"上对损害海洋生态环境的行为进行约束。在促进资源合理有效利用方面，习近平首先要求建立长效机制保护各类能源资源。2014年3月14日，习近平在中央财经领导小组第五次会议上的讲话中强调，"在做好日常性建设投资和管理工作的同时，要拿出更多时间和精力去研究制度建设"②，并针对目前存在的自然资源"产权不到位、管理者不到位"③的问题做出重要指示，要求制度建设要着重划清权责问题，廓清所有权、使用权、管理权的关系。同年9月28日，在中央民族工作会议上的讲话中习近平指出要深刻贯彻执行"绿水青山就是金山银山"的发展理念，推动我国资源能源永续发展。在此基础上，习近平又指示水资源和建设用地等资源能源的使用要实施总量和强度双重约束和管理控制。习近平还要求推动绿色低碳循环发展，实现废物资源化。此外，党中央还提出要普遍实行垃圾分类制度。习近平指出，垃圾分类"这项工作关系十三亿多人生活环境改善"④，垃圾分类不仅是改善环境质量的全民行动，而且是培育绿色生活方式的重要举措，"要加强考核评价，建立健全激励机制，对做得好的地区要表扬，做得差的要批评"⑤。

第五，构建现代环境治理体系。环境治理体系是生态文明建设的基础性制度，关系到广大人民群众的生产生活环境，同时是生态文明领域国家治理现代化的重要环节。2020年3月，中共中央办公厅、国务院办公厅联合印发的《关于构建现代环境治理体系的指导意见》指出："构建党委领导、政府主导、企业主体、社会组织和公众共同参与的现代环境治理体系。"⑥该指

---

① 《习近平关于社会主义生态文明建设论述摘编》，中央文献出版社2017年版，第101页。
② 《习近平关于社会主义生态文明建设论述摘编》，中央文献出版社2017年版，第105页。
③ 《习近平关于社会主义生态文明建设论述摘编》，中央文献出版社2017年版，第105页。
④ 《习近平关于社会主义生态文明建设论述摘编》，中央文献出版社2017年版，第93页。
⑤ 《习近平关于社会主义生态文明建设论述摘编》，中央文献出版社2017年版，第94页。
⑥ 《十九大以来重要文献选编》（中），中央文献出版社2021年版，第422页。

导意见提出健全环境治理领导责任体系、健全环境治理企业责任体系、健全环境治理全民行动体系、健全环境治理监管体系、健全环境治理市场体系、健全环境治理信用体系、健全环境治理法律法规政策体系、强化组织领导等方面内容。该文件明确现代环境治理体系要坚持党委领导、政府主导、企业主体、社会组织和公众共同参与，提出到 2025 年要形成导向清晰、决策科学、执行有力、激励有效、多元参与、良性互动的现代环境治理体系。现代环境治理体系的构建要求多主体协同参与，党、政府、企业、社会组织和公众共同在现代环境治理体系的构建过程中发挥作用，形成合力推进我国环境治理体系建设。

　　第六，要加大环境督查工作力度。2015 年 10 月，党在"十三五"规划纲要中明确提出了实行省以下环保机构监测监察执法垂直管理制度，明确了省级环保部门在市（县）级实行环保监测检查的直管权利，提升了环境执法的统一性和规范性，提升了生态环境执法制度的执行效率。省以下环保机构监测监察执法垂直管理体制改革是我国的生态文明体制改革的一大创新，通过改革环境保护监管事权的分配，增强环境监测监察执法的独立性、统一性、权威性和有效性，同时实现对地方政府的监管，克服地方保护主义。

　　2016 年 11 月 28 日，习近平在《关于做好生态文明建设工作的批示》中指出了环境督查工作要紧密参与生态环境保护工作中。"要加大环境督查工作力度，严肃查处违纪违法行为，着力解决生态环境方面突出问题"[1]。2018 年 5 月，习近平在全国生态环境保护大会上进一步要求，"对涉及生态文明体制改革的一些重要举措要尽快到位、发挥作用。中央环境保护督察要强化权威，加强力量配备，向纵深发展。要探索政府主导、企业和社会各界参与、市场化运作、可持续的生态产品价值实现路径，开展试点，积累经验。要健全环保信用评价、信息强制性披露、严惩重罚等制度"[2]。

　　第七，要建立防范生态环境风险制度，维护国家生态安全。生态环境安全是国家安全的重要组成部分，防范化解生态环境风险至关重要。我国在长期的发展过程中，也积累了大量生态环境问题，而生态环境问题的堆积，正在进一步加大生态环境风险。习近平指出，"要有效防范生态环境风险"[3]。生态环境安全是国家安全的重要组成部分，是经济社会持续健康发展的重要保障。维护生态环境安全必须防范生态环境风险，建立防范生态

① 《习近平关于社会主义生态文明建设论述摘编》，中央文献出版社 2017 年版，第 109—110 页。
② 《习近平谈治国理政》第 3 卷，外文出版社 2020 年版，第 370—371 页。
③ 《习近平谈治国理政》第 3 卷，外文出版社 2020 年版，第 370 页。

环境风险制度。习近平指出,"要把生态环境风险纳入常态化管理,系统构建全过程、多层级生态环境风险防范体系"①。防范生态环境风险需要建立生态环境风险防范管理机构,主要对现有以及潜在的生态环境风险开展评估,进行风险识别。在预测和预警基础上,制定生态环境风险防范预案,提前做好各种生态环境风险发生的应对准备,以避免损失。要制定生态环境风险管理目标,制定综合性的生态环境风险管理战略,完善生态环境风险管理的支撑体系,加强生态环境风险应对能力建设。2018 年 5 月,习近平就防范生态环境风险提出,"着力提升突发环境事件应急处置能力"②。我国现有的生态安全管理职能仍然较为分散,缺乏统一的生态安全宏观调控机制,亟须加强维护生态安全方面的制度建设。

第八,完善党政领导干部生态环境损害责任追究制度。2015 年 8 月,习近平重点部署了领导干部政绩考核机制改革相关问题,对于压实领导干部生态文明建设的政治责任,习近平要求"终身追责",即无论在任期内还是任期后,只要有发生损害生态环境的决策进而对辖区生态环境造成重大破坏的事件,都要对其主要责任人和相关责任人进行追责,坚决不放过"生态有过"和"生态无为"的行为。2015 年 8 月,中共中央国务院联合印发《党政领导干部生态环境损害责任追究办法(试行)》③,这是党中央、国务院针对党政领导干部生态文明建设责任制度首次颁发的责任追究办法,该《办法》的颁布标志着我国领导干部生态文明建设责任追究制度进入实质问责阶段。《办法》按照不同责任主体细分了 25 种程度不同的追责情形和处理办法,强调贯彻终身追责原则,提出了对所在地区发展中造成资源环境严重破坏的责任人,不论是否调离、提拔或退休,都实行严格的责任追究。这一办法的出台使领导干部生态文明建设责任制度真正落地,推进了生态文明建设"一岗双责、党政同责、失职追责"。党政领导干部生态文明建设责任制度面向对象主要涵盖党和政府领导干部和工作人员在生态文明建设中决策部署不力、对严重环境污染和生态破坏(灾害)事件处置不力、对公益诉讼裁决和资源环境保护督察整改要求执行不力而造成所辖区域污染物超标、生态环境恶化、生态系统损害时如何追究责任的问题。

在党政领导干部方面,领导干部履职尽责情况是环境保护管理工作的

① 《论把握新发展阶段、贯彻新发展理念、构建新发展格局》,中央文献出版社 2021 年版,第 264 页。

② 《习近平谈治国理政》第 3 卷,外文出版社 2020 年版,第 370 页。

③ 《中共中央办公厅　国务院办公厅印发〈党政领导干部生态环境损害责任追究办法(试行)〉》,载《中华人民共和国国务院公报》2015 年第 25 期。

关键一环。2017 年 5 月,习近平提出要实行生态环境保护方面的领导干部责任追究制度,并实行终身追究。除此之外,为了压实生态环境保护的责任,2018 年 5 月,习近平在全国生态环境保护大会上进一步提出了"生态环境保护第一责任人"思想,指出,"地方各级党委和政府主要领导是本行政区域生态环境保护第一责任人,对本行政区域的生态环境质量负总责,……要抓紧出台中央和国家机关相关部门生态环境保护责任清单,使各部门守土有责、守土尽责,分工协作、共同发力"①。同时加强生态环境保护队伍建设,力争打造一支"生态环境保护铁军"。

二、中国生态文明制度建设系统完善阶段环境 保护政策和管理体制机制的建立完善

2015 年,中共中央、国务院先后发布了《关于加快推进生态文明建设的意见》《生态文明体制改革总体方案》,形成了覆盖源头预防、过程严管、后果严惩全过程的生态文明制度体系建设总体方案。这一方案既是对我国以往环境保护制度的查缺补漏,又是针对深层次生态环境问题的制度重构和创新。在《意见》和《方案》精神的指导下,我国环境立法工作持续推进并不断深化,同时加紧了生态环境保护各方面的制度政策建设和改革的步伐。在党中央深化生态文明体制改革思想和构建生态文明制度体系思想的指导下,新时代我国生态文明领域体制改革和制度建设取得阶段性成效。

(一)新环境管理制度与政策的制定出台

大气污染防治政策出台实施。2013 年 9 月 12 日,国务院印发《大气污染防治行动计划》(简称《大气十条》)的通知(国发〔2013〕37 号),按照《大气十条》的指示和精神,国家和地方层面陆续制定出台了一系列防治大气污染的政策措施。这是深入贯彻落实党的十八大报告中关于"以解决损害群众健康突出环境问题为重点,强化水、大气、土壤等污染防治"②的要求的重要体现。《大气十条》在第一条第三款中明确了大气移动污染源的防治措施,分别从"加强城市交通管理"、"提升燃油品质"、"加快淘汰黄标车和老旧车辆"、"加强机动车环保管理"、"加快推进低速汽车升级换代"、"大力推广新能源汽车"六个方面提出了控制措施,③逐渐形成并完善了"车—

---

①　习近平:《推动我国生态文明建设迈上新台阶》,载《求是》2019 年第 3 期。
②　《胡锦涛文选》第 3 卷,人民出版社 2016 年版,第 646 页。
③　国务院:《国务院关于印发大气污染防治行动计划的通知》,载《辽宁省人民政府公报》2013 年 21 期。

油—路"一体化的机动车综合控制体系。①　在"大气十条"顶层设计的指导下,各省市针对地域实际情况加紧贯彻和落实。以湖南省为例,已经出台并启动了大气污染防治条例。把长株潭三市作为一个大气污染治理单元,开展大气污染联防联控。2015 年新增新能源发电装机 100 万千瓦以上火电机组全部完成烟气脱硫设施建设。2015 年起限制黄标车进入主城区。②2016 年 10 月 27 日国务院印发并实施《"十三五"控制温室气体排放工作方案》。该方案从低碳引领能源革命、打造低碳产业体系、推动城镇化低碳发展、加快区域低碳发展、建设和运行全国碳排放权交易市场、加强低碳科技创新、强化基础能力支撑、广泛开展国际合作 8 个方面提出了"十三五"控制温室气体排放的重点任务。③

水污染防治政策出台实施。2013 年 10 月 8 日国务院审议通过《畜禽规模养殖污染防治条例》,进一步细化了农村畜禽养殖的水环境约束。同年,国务院印发了《全国资源型城市可持续发展规划(2013—2020 年)》,加强对城市地下水体的保护。此外,最高法、最高检制定了《关于办理环境污染刑事案件适用法律若干问题的解释》,环境保护部和公安部联合发布《关于加强环境保护与公安部门执法衔接配合工作的意见》,推动综合执法和执法衔接,显示出国家层面坚决打击水环境破坏犯罪的决心。2014 年,环境保护部颁布和实施了一系列排放标准和技术标准,最高人民法院颁布了《关于全面加强环境资源审判工作为推进生态文明建设提供有力司法保障的意见》,为水环境治理的法庭审判、典型案例指导、司法解释等作出了重要贡献。2014 年 1 月 1 日正式实施了《城镇排水与污水处理条例》,在水环境治理中,更加注重通过相关制度建设推进城镇污水治理。2015 年 4 月 2日,国务院印发《水污染防治行动计划》的通知(国发〔2015〕17 号),即"水十条",这是当前和今后一个时期全国水污染防治工作的行动指南。"水十条"的颁布旨在通过系统推进水污染防治、水生态保护和水资源管理,即"三水"统筹的水环境管理体系,构建水质、水量、水生态统筹兼顾、协调推进的格局。"水十条"的颁布实施有利于推动全社会共同节水、洁水,有效保护水资源,保障人民群众用水安全。2016 年 12 月,中办国办印发了《关于全面推行河长制的意见》,这是对水治理体系、保障国家水安全的制度创

①　王韵杰、张少君、郝吉明:《中国大气污染治理:进展·挑战·路径》,载《环境科学研究》2019 年第 10 期。

②　陈晓红:《生态文明制度建设研究》,经济科学出版社 2018 年版,第 348—349 页。

③　《国务院印发〈"十三五"控制温室气体排放工作方案〉》,载《人民日报》2016 年 11 月5 日。

新。2020年12月22日,生态环境部发布《"十四五"国家地表水监测及评价方案(试行)》,明确"十四五"国家地表水按"9+X"方式进行监测,按"5+X"方式进行评价,该方案进一步完善国家地表水监测及评价方式,优化监测资源配置,充分发挥国家地表水水质自动监测站(以下简称水站)实时、连续监测优势,实现地表水主要污染指标的实时监控和特征指标的精准监测。① 2021年9月,国务院第149次常务会议通过发布了《地下水管理条例》,本条例补充了水污染防治政策体系中的漏洞,对于加强地下水管理,防治地下水污染,保证地下水环境可持续发展具有重要意义。

具体到省市层面,在国家层面的宏观制度政策指导下,各省市也积极探索水污染治理和水资源保护的制度建设之路。以湖南省为例,湖南省在国家水资源立法的调控引导下,确立了严格的水资源保护红线,"通过设立水资源开发利用控制红线保障水资源利用量;通过设立水效率控制红线不断提升水资源的利用效率;通过设立水功能区限制纳污红线控制水体受污染程度"②。同时。湖南省还率先在全国将资源有偿使用制度落实到水资源保护中来。2014年11月17日,湖南省水利厅发布了《关于加快城市供水价格改革有关问题的通知》,率先在全国全面推行资源性产品价格改革,在水资源保护方面推行了水价改革,改革了水价的分类方法;对居民用水实行超定额累进加价;调整全省水资源费征收标准等。除此之外,湖南省积极开展了流域生态补偿方面的制度实践探索。2015年,湖南省环保厅、省财政厅、省水利厅联合出台《湘江流域生态补偿(水质水量奖罚)暂行办法》,使湘江出现的水污染事故赔偿、下游对上游水质优于目标值补偿双向担责,对流域内3475万亩生态公益林实施生态补偿。总体来看,湖南省对水资源保护制度的建立和完善已经相对成熟,但是在实践中仍存在很多问题,有待进一步完善。③

土壤污染防治政策出台实施。2015年10月29日通过的《中共中央关于制定国民经济和社会发展第十三个五年规划的建议》明确指出,探索实行耕地轮作休耕制度试点。这是为了切实加强土壤污染防治,逐步改善土壤环境质量而制定的法规。2016年5月20日,《探索实行耕地轮作休耕制度试点方案》由中央全面深化改革领导小组第二十四次会议审议通过,开

---

① 国务院:《生态环境部有关负责人就〈"十四五"国家地表水监测及评价方案(试行)〉答问》,中央人民政府网,2020年12月29日,http://www.gov.cn/zhengce/2020－12/29/content_5574923.htm

② 陈晓红:《生态文明制度建设研究》,经济科学出版社2018年版,第343页。

③ 陈晓红:《生态文明制度建设研究》,经济科学出版社2018年版,第343—346页。

始试点与逐步推进重金属污染治理的轮作休耕模式。会议强调,在部分地区探索实行耕地轮作休耕制度试点,既有利于耕地休养生息和农业可持续发展,又有利于平衡粮食供求矛盾、稳定农民收入。要在坚守耕地保护红线、保障国家粮食安全、不影响农民收入前提下,在有关地区开展轮作试点和休耕试点。要建立利益补偿机制,稳定农民收益。① 2016 年 5 月 28 日,国务院发布了《土壤污染防治行动计划》(简称国家土十条)的通知(国发〔2016〕31 号),这是我国现行的土壤污染防治的纲领性文件。《通知》提出了工作目标和主要指标任务,指示在土壤污染防治中坚持实事求是和一切从实际出发的原则。首条就明确指出"开展土壤污染调查,掌握土壤环境质量状况"的任务。在土壤污染防治中坚持问题导向和底线思维,在具体实施过程中抓关键找重点,第三条至第五条将土壤管理依据土地的不同情况进行了农业用地、建设用地和微污染土地的三层分类,并且坚持系统论的原则方法,分类管理,系统推进。第六条和第七条分别从严防和严管两个方面设定了"加强污染源监管"和"开展污染治理与修复"的两大靶向,最后三条提出了"加大科技研发力度"、"发挥政府主导作用"、"加强目标考核,严格责任追究"三大管理措施。② "土十条"是《土壤防治法》出台之前的土壤防治的行动纲领,为土壤污染防治工作奠定了法治基础。至此,大气、水和土壤三大污染防治工作的阶段性目标和措施初步完成设定,系统的行动纲领基本完成。2017 年 1 月,环境保护部发布了《污染地块土壤环境管理办法(试行)》,自 2017 年 7 月 1 日起施行,提出从开展土壤环境调查、土壤环境风险评估、风险管控、污染地块治理与修复、治理与修复效果评估等几个方面解决污染地块及周边土壤突出环境问题。2018 年 6 月,生态环境部发布了《工矿用地土壤环境管理办法(试行)》,针对性地为加强工矿用地土壤和地下水环境保护监督管理,防控工矿用地土壤和地下水污染,提供制度保障和政策依据。

除"土十条"顶层设计外,各省市都加快了土壤污染防治和土地资源保护的立法工作,加强对土壤污染的行政监管工作。以湖南省为例,一是开展了土地资源的资产产权制度建设。在农村推进了土地确权登记发证;推进了宗地统一编码工作,编制了《湖南省宗地统一代码编制工作实施方案》、《湖南省宗地统一代码编制工作实施细则》;完善登记农村土地承包经营

---

① 《坚定改革信心注重精准施策　提高改革效应放大制度优势》,载《人民日报》2016 年 5 月 21 日。

② 《土壤污染防治行动计划》,载《光明日报》2016 年 6 月 1 日。

权,保证土地合法合规流转。二是全面推动了生态保护红线制度建设,实行了分级分类管控措施,分别划定了生态功能区保护红线、生态敏感区红线、禁止开发区红线和生态保护空缺红线,对管辖土地空间进行了规划。三是进行了主体功能区制度建设,2012 年 12 月湖南省制定出台了《湖南省主体功能区规划》,从城市建设、农业发展、生态安全等方面,确立了湖南省未来国土空间开发的"一核五轴四组团"为主体的城市化、"一圈一区两带"为主体的农业、"一湖三山四水"为主体的生态安全三大战略格局和重点开发区域、农产品主产区、重点生态功能区、禁止开发区域四类主体功能区。四是实行了国有建设用地有偿使用制度,限定和规范划拨用地,严格控制协议出让,严格落实经营性用地和工业用地招拍挂出让制度。①

　　约束企业排污行为的环境信息公开制度和以排污许可制为核心的固定污染源监管制度出台实施。2014 年 12 月 15 日,环境保护部部务会议审议通过了《企业事业单位环境信息公开办法》,自 2015 年 1 月 1 日起开始实行。《办法》第八条明确划定了重点排污单位名录范围。第九条规定了上述重点排污单位应该具体公开的包括"基础信息"、"排污信息"等信息在内的环境信息内容,第十六条规定了实施责令公开和罚款严惩措施的违法违规情况。②《办法》是现行的关于事业单位环境信息公开制度法律的主要规范,为规范企事业单位的环境保护管理工作提供了有力的法律保障。2016年 11 月,国办印发了《控制污染物排放许可制实施方案》(以下简称《方案》),此次《方案》标志着国家对污染物排放的监管由行政区域控制转变为更加精准的固定污染源监管,建立了固定污染源环境管理制度,直接对企事业单位实施排放污染物控制,确立企事业单位污染物排放主体责任。排污许可证将实施分类管理,为保证排污许可证改革的推进,《方案》也提出要衔接环评制度,根据《方案》,中国将实施"一企一证"、"一证多种污染物"③,还提出改革以行政区为主的总量控制制度,建立企事业排污单位污染物排放总量控制制度,更好地促进环境质量改善。④ 2017 年 1 月 5 日,环保部发布《排污许可证管理暂行规定》,《规定》是为了规范管理排污许可证而出台的,《规定》的实施规范了排污许可证的发放、使用和监管。但是不可忽视的是,它在内容上与《生态文明体制改革总体方案》中明确提出的

①　陈晓红:《生态文明制度建设研究》,经济科学出版社 2018 年版,第 342—344 页。
②　《企业事业单位环境信息公开办法》,载《中华人民共和国国务院公报》2015 年第 9 期。
③　《控制污染物排放许可制实施方案》,载《中华纸业》2016 年第 24 期。
④　李挚萍:《论以环境质量改善为核心的环境法制转型》,载《重庆大学学报》(社会科学版)
　　2017 年第 2 期。

"产权清晰、多元参与、激励约束并重、系统完整的生态文明制度体系,推进生态文明领域国家治理体系和治理能力现代化"的改革目标仍然存在一定差距。随后,2017 年 11 月 6 日,环境保护部部务会议审议通过了《排污许可管理办法(试行)》,全国各省市排污许可证管理条例陆续出台。2020 年 12 月 9 日,国务院第 117 次常务会议通过中华人民共和国国务院令第 736 号《排污许可管理条例》,自 2021 年 3 月 1 日起施行。上述政策制度的出台有效推动了我国污染物监管工作更加制度化、法治化。

出台实施新的环境监测相关制度。2017 年 9 月,中共中央办公厅、国务院办公厅印发了《关于建立资源环境承载能力监测预警长效机制的若干意见》,提出了资源环境承载能力监测预警的基本原则、管控机制、管理机制和保障措施。2018 年 2 月,环境保护部印发了《关于强化建设项目环境影响评价事中事后监管的实施意见》,指出:"环评的事中事后监管,主要针对项目环评审批、技术评估、建设单位落实环境保护责任以及环评单位从业等各环节,针对不同的监管对象,事中事后监管内容也有区分。"①

出台实施新的环境行政执法相关政策。2014 年 11 月 12 日,国务院办公厅发布了《关于加强环境监管执法的通知》,明确提出了"严格依法保护环境,推动监管执法全覆盖"、"对各类环境违法行为'零容忍',加大惩治力度"、"积极推行'阳光执法',严格规范和约束执法行为"、"明确各方职责任务,营造良好执法环境"、"增强基层监管力量,提升环境监管执法能力"五项内容。② 此项通知加强了环境执法监管,为环境保护提供了有力的行政保障,通过严格执法监督,将环保法律坚实落地。2019 年 5 月 30 日,生态环境部发布《关于进一步规范适用环境行政处罚自由裁量权的指导意见》,明确进一步规范环境行政处罚裁量权的行使,惩治违法要"合法合理,过罚相当,公开公平公正",以确保法律赋予的自由裁量权交到执法者手中依然公平公正。③ 2020 年 3 月 9 日,国务院出台了《关于生态环境保护综合行政执法有关事项的通知》,指出 2020 年版《生态环境保护综合行政执法事项指导目录》是落实统一实行生态环境保护执法要求、明确生态环境保护综合行政执法职能的重要文件,各地区、各部门要高度重视,坚决贯彻执行。2021 年 1 月,生态环境部印发《关于优化生态环境保护执法方式提高

---

① 国务院:《环境保护部就〈关于强化建设项目环境影响评价事中事后监管的实施意见〉答问》,中央人民政府网,2018 年 2 月 7 日,http://www.gov.cn/zhengce/2018-02/07/content_5264608.htm

② 寇江泽:《2016 年底前全面整改违建项目》,载《人民日报》2014 年 11 月 28 日。

③ 《裁量有公式　执法更公平》,载《人民日报》2019 年 6 月 3 日。

执法效能的指导意见》(以下简称),《指导意见》共分为四个部分,共涉及18项具体制度,分别侧重明确职责(3项制度)、优化方式(5项制度)、完善机制(5项制度)、规范行为(5项制度)。《指导意见》的出台既向全国生态环境执法队伍指明了当前工作的总体方向和路径,也向企业和社会释放优化执法方式的积极信号。① 2021年11月,生态环境部印发了《关于深化生态环境领域依法行政持续强化依法治污的指导意见》(简称《依法治污意见》)。《意见》以习近平关于依法治污、加强生态环境法治的重要指示精神为指导,提出具体细化生态环境法治工作的落实举措。《意见》旨在通过提升生态环境领域"尊法"意识、构建包括"十一个持续"的生态环境领域"学法、守法"新格局、提升包括十一个"依法推进"的生态环境领域"用法"水平三个方面积极推进生态环境保护部门的依法行政、依法治污的相关法治工作。

出台实施新的环境督查相关政策。中办、国办先后发布了《环境保护督察方案(试行)》、《生态环境监测网络建设方案》、《开展领导干部自然资源资产离任审计的试点方案》、《党政领导干部生态环境损害责任追究办法(试行)》、《生态环境损害赔偿制度试点方案》、《生态环境损害赔偿制度改革方案》,②基本形成了健全严密的环保督查体系。首次在国家层面提出了环境保护"党政同责"、"一岗双责"等要求。2015年8月,中办、国办出台《党政领导干部生态环境损害责任追究办法(试行)》,首次对党政领导干部生态环境和资源保护职责实施责任追究制,该《办法》细分了25种党政领导干部生态损害的追责情形。对于压实领导干部环境保护责任具有重要作用。《办法》的制定明确了环境管理领导干部的职责和义务,以制治吏,对于环境管理工作的顺利开展和有效进行具有重要意义。2019年6月,《中央生态环境保护督察工作规定》出台,中央环保督察制度的框架、程序和规范首次以党内法规的形式加以确立,督察权限和责任自此得以更加明确和规范。2021年,《关于全面推行林长制的意见》出台,明确了地方党政领导干部保护发展森林草原资源目标责任,在构建党政同责、属地负责、部门协同、源头治理、全域覆盖的长效机制上又迈进一步。

在地方层面,以湖南省为例,积极改革领导干部考评机制,完善经济社

---

① 国务院:《生态环境部有关负责人就〈"十四五"国家地表水监测及评价方案(试行)〉答问》,中央人民政府网,2020年12月29日,http://www.gov.cn/zhengce/2020-12/29/content_5574923.htm

② 张忠利:《改革开放40年来生态环境监管执法的回顾与展望》,载《中国环境管理》2018年第6期。

会发展考核评价体系。通过探索建立绿色 GDP 评价体系,把资源消耗、环境损害、生态效益等指标纳入评价范围,对 14 个市州进行测算,将绿色 GDP 考评制度的理念和要求准确转达并监督实施。除此之外,也坚决贯彻落实了领导干部环境保护责任追究制度,建立生态环境损害责任终身追究制。①

环保部门监测监察执法合作协作机制出台实施。通过加强环境立法、环境执法和环境司法各部门合作,系统强化生态环境保护的监管工作。一是建立环境立法与环境执法合作机制。2013 年 12 月 3 日,公安部与原环境保护部联合制定了《关于加强环境保护与公安部门执法衔接配合工作的意见》,《意见》分为明确职责、深化合作和衔接配合三个部分,分别规定了环保和公安部门的职责、衔接配合的工作机制和保障措施。② 这体现了我国的环境管理工作深入贯彻执行了我党"要加强生态环境保护合作"的重要指示,切实落实了环境保护和污染防治的协作机制,在立法和执法两个方面协同推进我国环境的改善和生态文明的建设。二是建立环境保护行政执法与刑事司法合作机制。2017 年 1 月 25 日,公安部、最高人民检察院、原环境保护部联合制定了《环境保护行政执法与刑事司法衔接工作办法》。我党除了重视立法和执法在环境保护工作中的协作配合外,这一时期也逐步关注和重视制定执法和司法的衔接合作机制。通过运用治安管理处罚措施和刑法手段来提高环境执法的有效性和权威性。《规定》从"案件移送与法律监督"、"证据的收集与使用"、"协作机制"、"信息共享"四个方面明确了生态环保部门、执法部门和司法部门应该加强环境保护的交流协作,推进构建环境保护立法、环境行政执法和环境监管司法三方面的长效合作机制。三是建立环境治理的公众参与机制。2018 年 8 月,生态环境部印发了《环境影响评价公众参与办法》,强化对公众参与生态环境保护的保障和监督,在法律层面保障公众参与的充分性和有效性。2020 年 3 月,《关于构建现代环境治理体系的指导意见》中明确提出了构建党委领导、政府主导、企业主体、社会组织和公众共同参与的现代环境治理体系新格局。2020 年 4 月,《关于实施生态环境违法行为举报奖励制度的指导意见》出台实施,在生态环境保护领域实行举报奖励制度,提高公众参与生态环境保护的积极性。2021 年,生态环境部等六部门联合编制的《"美丽中国,我是行动者"提

① 陈晓红:《生态文明制度建设研究》,经济科学出版社 2018 年版,第 349 页。
② 环境保护部环境监察局:《发挥联动优势强化衔接配合重拳打击环境污染犯罪——〈关于加强环境保护与公安部门执法衔接配合工作的意见〉解读》,载《环境保护》2013 年第 23 期。

升公民生态文明意识行动计划（2021—2025 年）》，再次对社会各界及公众身体力行参与生态环境保护发出倡导。

细化到环境保护各领域，环境监管协作机制也积极推行，例如海洋环境协同监管制度出台指南。2014 年 10 月 20 日，国家海洋局印发了《国家级海洋保护区规范化建设与管理指南》，《指南》中规定所在地政府、有关单位及当地社区和居民应积极参与海洋保护区管理。由此可见对海洋环境的多元协同治理体制已经初具雏形。① 自然保护地生态系统协同监管机制出台。2020 年 12 月，生态环境部印发了《自然保护地生态环境监管工作暂行办法》，坚持了生态环境部门"统一政策规划标准制定、统一监测评估、统一监督执法、统一督察问责"的"四个统一"的思想，全面构建自然保护地生态环境监管各项基本制度。具体到地方层面，全国各省市都对于环境保护协作合作机制的构建进行了积极探索。湖南省探索建立环境监测、污染控制、处罚一体的环境联合执法机制。② 湖南省建立了环保厅负责统筹，其他厅局与地方政府协调的生态环境保护管理体制。环保厅做好顶层设计，对省生态环境保护作统一规划和协调工作，相关厅局部门分工负责专项环境保护管理。这样的职能体系和人员配置在湖南省生态环境保护中发挥着重要作用。③

出台实施生态产品价值实现机制。2021 年 4 月，《关于建立健全生态产品价值实现机制的意见》出台实施。《意见》分别从建立生态产品调查监测机制、建立生态产品价值评价机制、健全生态产品经营开发机制、健全生态产品保护补偿机制、健全生态产品价值实现保障机制、建立生态产品价值实现推进机制几个方面对机制运行进行了制度规划设计。生态产品价值实现机制是有效将生态价值转化为经济价值，将地方生态环境治理与地方经济发展紧密联系的有效路径，能够有效提高各部门推进生态环境保护工作的积极性、主动性。

（二）现行环境管理制度与政策的修正

自党的十八届三中全会提出"紧紧围绕建设美丽中国深化生态文明体制改革"④以来，我国不仅在生态文明制度创新方面取得重要突破，而且调整了若干与生态文明建设和经济社会转向高质量发展不相适应的政策措施和管理体制，推动我国生态文明建设纵深发展。

---

① 《国家级海洋保护区规范化建设与管理指南》，载《中国海洋报》2014 年 11 月 10 日。
② 陈晓红：《生态文明制度建设研究》，经济科学出版社 2018 年版，第 349 页。
③ 陈晓红：《生态文明制度建设研究》，经济科学出版社 2018 年版，第 347—348 页。
④ 《中共中央关于全面深化改革若干重大问题的决定》，载《人民日报》2013 年 11 月 16 日。

改革建设项目环境保护管理办法,简化审批程序,严格监管处罚。2017年7月,国务院修改了《建设项目环境保护管理条例》。《条例》主要包括6方面,一是删除有关行政审批事项;二是简化环评程序;三是细化环评审批要求;四是强化事中事后监管;五是加大处罚力度;六是强化信息公开和公众参与。①《条例》充分适应放管服要求,对推动实现建设项目环境管理的转型升级具有重要意义。

改革国家自然保护区管理办法,推动自然保护区建设和管理规范化。2017年10月7日,国务院总理李克强签署第687号中华人民共和国国务院令,对《中华人民共和国自然保护区条例》进行了修改。自然保护区是人类社会的绿色屏障,为了加强对自然保护区进行建设和管理,切实保护和管理自然资源,我党进一步修改了《条例》。《条例》分别从"保护区建设"和"保护区管理"两个角度明确了自然保护区的保护措施和要求,并在第三章明确了违反《条例》内容应该承担的包括罚款在内的法律责任。

改革生态环境监测监察执法管理体制,建设新型生态环境监管网络。党的十八大以来,党中央高度重视环境监测监察执法管理体制的建设工作。2015年至2018年,党中央先后出台实施了《生态环境监测网络建设方案》、《关于省以下环保机构监测监察执法垂直管理制度改革试点工作的指导意见》、《关于深化环境监测改革提高环境监测数据质量的意见》、《深化党和国家机构改革方案》等环境监测方面的改革文件。多次推动了生态环境监测监察执法管理体制的改革和发展。直到2019年7月11日,生态环境部部务会议审议通过的《生态环境部关于废止、修改部分规章的决定》中指出废止由城乡建设环境保护部颁布于1983年7月21日的《全国环境监测管理条例》,并于2019年10月审议通过了《生态环境监测条例》。《条例》坚持问题导向和底线思维,明确了生态环境监测的法律地位,廓清了生态环境监测的权利和义务,进一步贯彻落实了"放管服"的改革要求。条例的制订,利用九章共六十条的内容弥补了生态环境监测立法的空白,进一步推动了生态文明的建设。

改革生态保护补偿制度,形成多元化补偿格局。2021年9月,中办国办印发了《关于深化生态保护补偿制度改革的意见》,专门针对生态保护补偿制度的深化改革专章给予重要指示。生态保护补偿制度作为生态文明制度的重要组成部分,是落实生态保护权责、调动各方参与生态保护积极性、

---

① 《适应放管服要求推动建设项目环境管理转型——关于〈国务院关于修改〈建设项目环境保护管理条例〉的决定〉的解读》,载《中国环境报》2017年8月3日。

推进生态文明建设的重要手段。为进一步深化生态保护补偿制度改革,加快生态文明制度体系建设,《意见》提出了深化生态保护补偿制度的改革目标,即要从完善分类补偿制度、健全综合补偿制度、形成多元化补偿格局、完善政策配套等方面深化改革,到 2025 年,实现与经济社会发展状况相适应的生态保护补偿制度基本完备。到 2035 年,实现适应新时代生态文明建设要求的生态保护补偿制度基本定型。①

习近平指出:"制度的生命力在于执行,关键在真抓,靠的是严管"②。党的十八届三中全会以来,我们已经出台了一系列加强生态环境保护的政策措施。目前,这些政策措施正在逐步落地,发挥保护生态环境的积极作用。总之,党的十八大以来,生态环境保护和生态环境管理的理论思想和实践活动都得到了不断发展和完善,可以说这一时期是我国的生态文明制度蓬勃发展的时期。尤其是自十八大将生态文明纳入"五位一体"总体布局以来,生态文明制度的建设就作为我国全面深化改革和全面依法治国中的重要内容被纳入中国特色社会主义制度建设的轨道中来,也成为了实现我国"两个一百年"奋斗目标的小的阶段性目标。在此思想的指导下,我党指导的立法、执法和司法三方面协同发展的生态文明制度体系得到了不断发展和完善。

第四节　中国生态文明制度建设系统完善阶段的制度建设影响因素与成效

党的十八大以后,习近平在多个场合就生态文明制度建设问题发表了重要讲话。党中央深刻认识到当前我国生态环境恶化的原因之一就是保护生态环境的制度体系不健全,环境法律法规执行不严格。生态文明制度建设成为这一时期我国生态文明建设的重要着力点。这一时期,我国开创了系统构建生态文明制度体系的新阶段,加大生态文明制度建设力度之大前所未有,推动我国生态文明制度建设取得重大进展。

一、中国生态文明制度建设系统完善阶段的制度建设影响因素

系统完善阶段的中国生态文明制度建设的影响发展因素是多方面的,其中坚持和完善党的领导是生态文明制度建设的根本保证;严格执法、公正

---

① 《深化生态保护补偿制度改革》,载《人民日报》2021 年 9 月 13 日。
② 《论把握新发展阶段、贯彻新发展理念、构建新发展格局》,中央文献出版社 2021 年版,第 258 页。

司法是生态文明制度落实的重要保障;市场主体积极性是影响生态文明制度建设的核心问题;公众参与积极性是推动生态文明制度建设的有效途径;国内外生态制度建设经验是生态文明制度建设的动力源泉;制度耦合联动机制是影响生态文明制度建设成效的重要因素。

（一）党中央的全局统领是系统构建生态文明制度的根本保障

中国共产党在中国特色社会主义事业中发挥着总揽全局和协调各方的领导核心作用,东南西北中,党是领导一切的,必然也涵盖了对生态文明制度建设的领导,党的领导决定着生态文明制度建设顶层设计的方向和全局,决定着生态文明制度的生命力,党中央的全局统领是系统构建生态文明制度的根本保障。

党对于生态文明制度建设具有强大的全局统领力。这一时期,在以习近平同志为核心的党中央的领导下,生态文明制度建设的具体思路逐渐明晰,为新时代生态文明制度的建设提供了思想指引。2013 年,党的十八届三中全会通过了《中共中央关于全面深化改革若干重大问题的决定》,在生态文明领域,提出要加快生态文明制度建设,为生态文明建设提供制度保障。2014 年,十二届全国人大常委会第八次会议进一步修改完善了《环境保护法》,内容结合了新的环保形势和社会条件,生态文明建设有了更为完善的法律保障,新法从 2015 年 1 月 1 日起开始施行。党的十八届四中全会提出用最严格的法律制度保护生态环境。2015 年 5 月,《中共中央国务院关于加快推进生态文明建设的意见》确立了生态文明制度体系在生态文明建设中的核心地位,并提出了一系列建立系统完整的生态文明制度体系的方向性要求。同年 8 月,中共中央和国务院印发的《党政领导干部生态环境损害责任追究办法(试行)》通过了一系列规章制度,对没有履行或没有履行好相应环境保护职责的党政领导干部追究其责任,使其接受党纪国法的处罚。《党政领导干部生态环境损害责任追究办法(试行)》中提出的生态责任追究制度充分体现出敢于追究、终身追究的原则;同时,生态政绩考核机制将引导各级政府加大力度推进生态文明建设。2015 年 9 月,中共中央、国务院印发的《生态文明体制改革总体方案》正式对外公布,这个方案是我国生态文明领域改革的顶层设计和战略部署。① 党的十九届四中全会明确要"坚持和完善生态文明制度体系,促进人与自然和谐共生"②。坚持完善生态文明制度体系是新时

---

① 秦书生:《中国共产党生态文明思想的历史演进》,中国社会科学出版社 2019 年版,第212 页。

② 《中共中央关于坚持和完善中国特色社会主义制度　推进国家治理体系和治理能力现代化若干重大问题的决定》,人民出版社 2019 年版,第 31 页。

代中国生态文明建设和美丽中国的战略目标和重点任务,是生态文明建设在顶层设计方面的总体要求和生态蓝图,是推进新时代生态文明建设的重要举措,为新时代推进生态文明制度建设提供了方向指引。

正是在以习近平同志为核心的党中央的强有力的领导下,才可以保证我国生态文明制度建设沿着正确的轨道持续推进,使其在新时代生态文明建设中发挥重要作用。

(二) 解决当前中国的环境问题要求坚持和完善生态文明制度体系

党的十八大以来,我国生态文明建设进入全新阶段。然而,我国的生态环境质量还没有实现根本好转,在当前我国大力推进生态文明建设的新历史方位下,我国的生态文明建设面临严峻形势。一方面,我国的资源消耗居高不下。中国作为世界上最大的发展中国家,对各类资源能源的需求量十分巨大,特别是基础建设与工业生产对化石能源等不可再生资源需求日益攀升,已经显示出经济发展与资源短缺的矛盾。从自然资源的消耗来看,我国在经济社会发展过程中仍存在很明显的资源约束,如"资源数量减少、资源质量下滑、资源开发难度提高"①等等。这是因为我国在发展过程中不仅存在着资源消耗速度过快的问题,还存在很低的资源利用效率和资源污染问题。另一方面,新时代仍存在严重的环境污染问题。这一时期的包括大气污染、水污染、土壤污染、固体废物污染在内的环境污染严重、生态环境恶化、全球气候变暖等问题是不容忽视的生态环境问题,亟待解决。"我国的环境恶化情况愈演愈烈,空气污染、水污染、噪声、交通阻塞、生物多样性被破坏等问题十分突出……我国生态环境的承载能力已接近极限"②。总之,较高的资源消耗、日益加重的环境污染、日渐失衡的生态系统已经对我国经济社会发展构成了负面影响,特别是人民群众对环境质量、水土污染等事件意见较大,已经引发了各类群体事件,党和政府公信力受到挑战,同时增加了社会不安定因素。所以,针对我国资源危机和环境恶化严峻形势,加强生态文明制度建设刻不容缓。解决这些环境问题,要通过严格的制度和严明的法治来规范资源能源不合理利用行为,惩处环境污染行为,以此来保护自然资源。

加强生态文明制度建设,坚持和完善生态文明制度体系,有助于破解资源环境瓶颈,推进我国生态文明建设。习近平指出,必须加快建立健全"以

---

① 陈晓红:《生态文明制度建设研究》,经济科学出版社 2018 年版,第 3 页。
② 陈晓红:《生态文明制度建设研究》,经济科学出版社 2018 年版,第 115—116 页。

治理体系和治理能力现代化为保障的生态文明制度体系"①。新时代,我国基本形成了包含着强制性制度、选择性制度和引导性制度在内的生态文明制度体系,为我国各类生态环境问题的解决提供了行动指针。其中,强制性制度是规范,标志着各领域环境保护的最低标准;引导性制度是主体,是政府可以采取的制约手段;选择性制度是辅助,是前两种制度的补充。② 诸如,为了解决实际中的自然资源供求矛盾、环境资源供求矛盾、气候资源供求矛盾,实施创新了空间管制制度、总量控制制度、产业准入制度、环境标准制度等严格的自然资源管理强制制度;针对市场机制下出现的问题以及呈现出的经济和生态矛盾,实施创新了绿色财税制度、绿色金融制度、绿色产权制度、绿色价格制度引导制度等,对于推动资源节约型、环境友好型、气候舒适型社会建设具有重要意义③;针对在生态环境保护实践中出现的轻视公众利益,缺乏公众监督的实际问题,实施创新了相关的环境宣传与教育制度、环境保护公众参与制度、环境公益文化引领制度等。上述制度的制定和实施都有助于破解资源环境瓶颈,通过制度革新推进我国生态文明建设。

所以,这一时期,坚持和完善生态文明制度体系正是顺应了我国生态文明建设的需求,致力于解决中国的环境问题。时代的需求催生了我国生态文明制度体系不断完善,我国破解环境问题的实践的需要推动了新时代生态文明制度体系的系统构建。

(三) 推进生态文明领域的治理体系和治理能力现代化战略的影响

党的十八大以来,我国生态文明建设进入全新阶段,我国环境治理工作也开启了新纪元。我国环境治理工作成为生态文明建设的重要组成部分,环境治理理念不断更新,环境治理力度不断加强,并且加快构建政府为主导、企业为主体、社会组织和公众共同参与的环境治理体系。然而,我国的生态环境质量还没有实现根本好转,在当前我国环境治理的新历史方位下,我国环境治理依然存在有待解决的难题。例如,我国的大气污染治理方面存在顽固性问题、企业非法排污问题、农村环境污染问题等等。当前环境治理的难题是我国生态环境治理困境的充分体现。这些现象显示出的环境治理问题,实质上是生态文明制度不完善的深刻体现。当前我国环境治理存在的诸多难题和陷入的困境,原因在于我国环境保护和治理的起步较晚,长

---

① 《习近平谈治国理政》第3卷,外文出版社2020年版,第366页。
② 陈晓红:《生态文明制度建设研究》,经济科学出版社2018年版,第2页。
③ 沈满洪:《生态文明制度建设研究》(上),中国环境出版社2017年版,第7—8页。

期以来经济发展方式粗放、多年来环境保护的法律、政策和管理体制机制不健全造成的。

当前我国环境治理所面临的难题具有其历史必然性,然而这些难题要求加强生态文明制度建设,推进生态文明领域的治理体系和治理能力现代化。党的十八届三中全会确立了新时代全面深化改革的总目标,即完善和发展中国特色社会主义制度,推进国家治理体系和治理能力现代化。进一步完善国家治理体系,提高国家治理能力,必须要有强大的制度支撑。系统完善阶段的生态文明制度建设则有助于生态文明领域国家治理体系的完善和生态治理能力的提升。一方面,这一阶段的生态文明制度建设完善了生态文明制度体系,基本建立了生态文明制度的"四梁八柱",实现了用最严格的制度、最严密的法治保护生态环境;另一方面,这一阶段的生态文明制度建设的理论成果可以为党政领导干部落实生态文明建设责任提供思想范本和制度约束,以此强化生态文明制度执行力。制度建设体系的完善和制度执行力的提高两方面协同发力,共同推进生态文明领域治理体系与能力现代化,进而推进国家全面深化改革总目标的实现。

推进国家治理体系和治理能力现代化,为解决当前我国环境治理难题提供了新的解题思路。加强生态文明制度建设正是顺应了推进国家治理体系和治理能力现代化的需求。时代的需求催生了我国生态文明制度体系不断完善,我国破解环境治理难题实践的需要推动了新时代生态文明制度体系的系统构建。

二、中国生态文明制度建设系统完善阶段的制度建设成效

党的十八大以来,以习近平同志为核心的党中央科学决策,强调要全面推进生态环境领域国家治理体系和治理能力现代化。这一时期,我国加快了生态文明制度体系建设,深化了生态文明领域体制改革,加快建立了生态文明法律体系。这段时期是我国生态环保工作深化完善和系统推进的重要阶段,也是环境质量呈现总体改善的关键时期。这一时期,我国不仅在生态文明法律制度建设方面取得重要突破,而且调整了若干与生态文明建设和经济社会转向高质量发展不相适应的政策措施和管理体制,推动我国生态文明建设向纵深发展,生态文明制度建设取得了显著成效。

（一）环境法制建设成效显著

党的十八大以来,我们国家非常重视生态环境保护领域法律修订工作,先后推进了生态环境法律法规体系建设。这一时期,我国在生态环境保护法制建设方面取得了突出成效。

首先,专门化的环境立法不断完善。据不完全统计,这一时期,在生态文明建设领域我国一共制定了 7 部法律,颁布了 1 项关于法律问题的专门决定,修改了 20 部法律,制定和修改了 30 多件行政法规。"迄今为止,我国的生态文明专门法已形成了由 39 部法律、150 多件行政法规、250 多件部门规章、2100 多项技术标准和 50 多项国际条约等所构成的立法体系。"①具体而言,一是填补了生态文明建设领域的立法空白。"先后制定了《深海海底区域资源勘探开发法》(2016 年)、《核安全法》(2017 年)、《环境保护税法》(2018 年)、《土壤污染防治法》(2018 年)、《资源税法》(2019 年)、《生物安全法》(2020 年)、《长江保护法》(2020 年)等生态文明专门法。"②二是修订了现行法律。这一时期重点对《土地管理法》、《农村土地承包法》、《野生动物保护法》、《水法》、《大气污染防治法》、《水污染防治法》、《固体废物污染环境防治法》、《森林法》、《环境影响评价法》、《海洋环境保护法》、《节约能源法》、《循环经济促进法》以及《环境保护法》等 20 部法律进行了修改。③

其次,传统部门法的法律生态化成效显著。"环境法的立法专门化和传统部门法的法律生态化,是生态文明法制建设的两个方面,有如车之两轮、鸟之两翼,必须协同进行,不可偏废。"④党的十八大以来,我国持续关注了部门立法工作的生态化建设。一是高度重视宪法生态化建设。2018 年的《宪法修正案》中实现了将"生态文明"写入《宪法》,使生态文明建设具有国家意志和普遍约束力。并在第 89 条增设并明确了国务院领导和管理"生态文明建设"的职权。⑤ 二是民法生态化成效显著。"2017 年制定的《民法总则》,首次确认了'民事主体从事民事活动,应当有利于节约资源、保护生态环境'的绿色原则。2020 年颁布的《民法典》更是在物权行使、合同履行之绿色约束、环境污染和生态破坏侵权责任等方面规定了近 30 个绿色条款。其中,对生态破坏特殊侵权责任、生态环境损害赔偿责任、惩罚性

---

① 杨朝霞、王赛、林禹秋:《我国生态文明法制建设的回顾和展望:从"十三五"到"十四五"》,载《环境保护》2021 年第 8 期。

② 杨朝霞、王赛、林禹秋:《我国生态文明法制建设的回顾和展望:从"十三五"到"十四五"》,载《环境保护》2021 年第 8 期。

③ 杨朝霞、王赛、林禹秋:《我国生态文明法制建设的回顾和展望:从"十三五"到"十四五"》,载《环境保护》2021 年第 8 期。

④ 杨朝霞、王赛、林禹秋:《我国生态文明法制建设的回顾和展望:从"十三五"到"十四五"》,载《环境保护》2021 年第 8 期。

⑤ 杨朝霞、王赛、林禹秋:《我国生态文明法制建设的回顾和展望:从"十三五"到"十四五"》,载《环境保护》2021 年第 8 期。

赔偿等方面进行了大胆创新。"①三是行政法生态化持续探索。2021年修订通过的《行政处罚法》中规定在生态环境等涉及生命健康安全领域的违法行为适用5年的行政处罚时效(第三十六条)。② 四是刑法生态化大胆革新。"2020年12月公布的《刑法修正案(十一)》,不仅增加了污染环境罪的刑档、提高了法定刑,将环评、环境监测'造假'的行为入罪,强化了对环境污染原因行为的打击范围和惩罚力度,而且拓宽了环境刑法的调整范围,补全了在保障生命健康安全、维护生态和生物安全方面的功能。"③五是诉讼法生态化不断创新。"2017年新修订的《民事诉讼法》第五十五条和《行政诉讼法》第二十五条对检察机关提起环境民事公益诉讼和环境行政公益诉讼作出了原则性规定。"④六是经济法生态化稳步推进。2018年通过的《电子商务法》中规定了商务经营者的销售商品应当符合"环境保护要求",同时还直接规定使用环保包装材料。在此文件出台后,同一年通过的《快递暂行条例》以及2020年农业农村部联合生态环境部等印发的《农用薄膜管理办法》,均提出了使用可回收可重复利用的环保材料的规定。⑤

最后,制定了生态环境保护责任机制的党内法规。2016年至今,党"颁布了《党政领导干部生态环境损害责任追究办法》、《生态文明建设目标评价考核办法》、《领导干部自然资源资产离任审计规定(试行)》、《中央生态环境保护督察工作规定》等党内法规。"⑥以法律形式对环境保护的主管责任压实压牢。

(二) 环境政策建立和完善取得了显著成效

党的十八大以来,国家层面先后出台了百余项关于生态文明建设的改革方案、政策措施和环保体系标准,环境政策建立和完善取得了显著成效。

一是建立及改革政策指导,加强了顶层设计。这一时期,我国先后制定了《关于加快推进生态文明建设的意见》(2015年)、《生态文明体制改革总

① 杨朝霞、王赛、林禹秋:《我国生态文明法制建设的回顾和展望:从"十三五"到"十四五"》,载《环境保护》2021年第8期。
② 杨朝霞、王赛、林禹秋:《我国生态文明法制建设的回顾和展望:从"十三五"到"十四五"》,载《环境保护》2021年第8期。
③ 杨朝霞、王赛、林禹秋:《我国生态文明法制建设的回顾和展望:从"十三五"到"十四五"》,载《环境保护》2021年第8期。
④ 杨朝霞、王赛、林禹秋:《我国生态文明法制建设的回顾和展望:从"十三五"到"十四五"》,载《环境保护》2021年第8期。
⑤ 杨朝霞、王赛、林禹秋:《我国生态文明法制建设的回顾和展望:从"十三五"到"十四五"》,载《环境保护》2021年第8期。
⑥ 杨朝霞、王赛、林禹秋:《我国生态文明法制建设的回顾和展望:从"十三五"到"十四五"》,载《环境保护》2021年第8期。

体方案》（2015年）、《"十三五"生态环境保护规划》（2016年）、《关于构建现代环境治理体系的指导意见》（2020年）等纲领性文件，对我国的生态文明建设工作的开展具有全面性的指导意义。除此之外，还提出了生态环境保护相关政策的改革方案，特别是对生态环境损害赔偿制度进行了改革。在2015年出台的《生态环境损害赔偿制度改革试点方案》基础上进一步推进改革，先后制定了《生态环境损害赔偿制度改革方案》（2017年）、《关于审理生态环境损害赔偿案件的若干规定》（2019年）、《生态环境损害赔偿资金管理办法（试行）》（2020年）、《关于推进生态环境损害赔偿制度改革若干具体问题的意见》（2020年）等政策文件。这一时期，我国将生态环境损害责任写入了《民法典》，生态环境损害赔偿制度初见成效，"十三五"期间全国共办理生态环境损害赔偿案件达到近2000件。

二是完善了污染防治政策体系。这一时期，我国先后出台了《大气污染防治行动计划》（2013）、《水污染防治行动计划》（2015年）、《土壤污染防治行动计划》（2016）、《关于全面推行河长制的意见》（2016年）、《关于全面加强生态环境保护　坚决打好污染防治攻坚战的意见》（2018）、《打赢蓝天保卫战三年行动计划2018—2020》（2018）①等国家计划和指导意见，此类政策文件为打好大气、水、土壤污染防治三大战役提供了政策指导，污染防治阶段性目标顺利实现，七大标志性战役进展顺利，全国生态环境质量总体改善。

三是建立了生态保护红线制度，积极实施了主体功能区战略。《关于划定并严守生态保护红线的若干意见》（2017年）是生态保护红线制度全面启动的标志性文件，在此之后，生态保护红线制度全面推行，并相继出台了《自然生态空间用途管制办法（试行）》（2017年）、《关于完善主体功能区战略和制度的若干意见》（2017年）、《关于建立以国家公园为主体的自然保护地体系的指导意见》（2019年）和《关于在国土空间规划中统筹划定落实三条控制线的指导意见》（2019年）等政策文件。在相关政策的指导下，"符合主体功能定位的县域空间格局基本划定，陆海全覆盖的主体功能区战略格局精准落地，'多规合一'的空间规划体系建立健全"②。

四是深化了环境经济政策改革，提高了环境违法成本。这一时期，基本建立了完善的协同推动绿色生产和绿色消费的长效环境经济政策体系。我

---

① 郑振宇：《党的十八大以来生态文明建设的主要成效与基本经验》，载《福建省社会主义学院学报》2020年第5期。

② 黄新焕、鲍艳珍：《我国环境保护政策演进历程及"十四五"发展趋势》，载《经济研究参考》2020年第12期。

国先后修订了相关环境财政政策、环境资源价格政策、生态补偿政策、环境权益交易政策、绿色税收政策、绿色金融政策、环境污染治理市场政策、环境资源价值核算政策、行业环境经济政策等。如脱硫脱硝环保电价补贴政策、可再生能源发电价格补贴政策、北方地区清洁能源供暖补贴等政策从生产源头上引导生产者进行"绿色生产",很大程度上扼杀了生产领域的环境污染源头。在《关于促进绿色消费的指导意见》政策的指导下,绿色采购制度、阶梯水价、阶梯电价、新能源汽车补贴等经济政策稳步落实,直接促进了公众的绿色消费行为,大力调动了大众节约资源能源的积极主动性。①

（三）环境管理体制机制建设成效显著

党的十八大以来,在以习近平同志为核心的党中央的大力推动下,我国生态文明体制改革加快推进,调整了若干与生态文明建设和经济社会转向高质量发展不相适应的环境管理体制,试点总结并探索建立了一些运行有效的环境管理机制,推动我国环境管理和执法效能大幅提升。

一是省以下生态环境机构垂直管理体制改革稳步推进,环境执法效能显著增强。2016年9月,中办、国办印发《关于省以下环保机构监测监察执法垂直管理制度改革试点工作的指导意见》,要求各地区各部门结合实际认真贯彻落实。此后,环保部、中央编办、中组部、国家发改委等7部委共同组成垂直管理改革领导小组,环保垂改试点快速推进。2018年5月,首批试点省份通过上收市县两级生态环境部门的环境监察职能,建立了专司"督政"的环境监察体系,强化了对市县两级党委政府及其相关部门的监督。从2020年起,各地陆续成立省级生态环境保护综合行政执法局,由单一的环境执法向综合执法转变。目前,31个省级政府和新疆生产建设兵团均印发生态环境保护综合行政执法改革实施方案,执法职责整合基本到位。随着改革推进,地方保护主义对生态环境监测执法的干预明显减少。地市级环保局领导班子成员任免由以地市为主调整为以省级环保部门为主,县级环保局成为市级环保局的派出机构,有效解决了环保干部"站得住顶不住,顶得住站不住"的老大难问题。同时,生态环境质量监测事权"上收",把现有市级生态环境监测机构调整为省级环保厅（局）驻市生态环境监测机构,提高了监测数据的质量。而"下沉"执法力量,由市级环保局统一管理、统一指挥县级生态环境保护执法力量,执法行动更有效,省以下生态环境机构监测监察执法垂直管理制度改革任务基本完成,组织体系调整到位

---

① 董战峰、陈金晓、葛察忠、毕粉粉、王金南:《国家"十四五"环境经济政策改革路线图》,载《中国环境管理》2020年第1期。

并按新体制运行,极大地增强了环保监管执法的统一性、权威性和有效性。

　　二是进行了"环保大部制"改革,形成了统一保护、统一管理的大环保格局。在国务院层面,2018年3月,十三届全国人大一次会议审议通过《国务院机构改革方案》,明确把环境保护部的全部职责和其他六部委涉及环境治污领域的职责全部进行了整合,组建生态环境部,不再保留环境保护部;明确整合国土资源部职责、国家发展和改革委员会的组织编制主体功能区规划职责,住房和城乡建设部的城乡规划管理职责等六部门职责,组建自然资源部,不再保留国土资源部、国家海洋局、国家测绘地理信息局。同时,2018年下半年,自然资源部、生态环境部分别印发大部制改革配套"三定"规定,落实了党中央赋予"两部"的各项职责到司到处到岗,优化了"两部"人员配置、加强了协同、形成了合力,整合后的"两部"不仅合并了原分散在不同部门的同一领域或相关领域的事务;还实现了原同属一个部门的"规划与决策、执行与实施、监管与问责"同一领域的不同职能的拆分和相互制约,生态环境和自然资源"大部制"管理效能得到释放。在区域流域海域层面,2017年,中央全面深化改革领导小组分别审议通过《按流域设置环境监管和行政执法机构试点方案》和《设置跨地区环保机构试点方案》,生态环境部组织编制了赤水河跨省流域机构试点实施方案,指导福建、江西、山东等省级环保部门编制九龙江、赣江、南四湖、东平湖等省内流域机构试点实施方案,有序推进流域机构试点工作,在长江、黄河、淮河、海河、珠江、松辽、太湖流域设立生态环境监督管理局,作为生态环境部设在七大流域的派出机构;此外,在2018年出台的《关于成立京津冀及周边地区大气污染防治领导小组的通知》的指导下,生态环境部大气环境司挂牌设立了京津冀及周边地区大气环境管理局,区域机构改革、按流域设置环境监管和行政执法机构改革取得实质性进展,初步解决了区域流域生态环境被不同行政单位碎片化分割管理、统筹协调困难等问题,一定程度上实现了区域流域环境问题的系统治理。如江苏等20个省份组建了省、市、县生态环境保护委员会,由党委、政府主要负责同志担任主任,实现对省内跨区域、跨流域生态环境保护问题的统筹协调。山东、福建等省份建立了流域环境监管和行政执法机构。湖北等省份设置了区域流域环境监测机构,实现了流域生态环境保护统一规划、统一标准、统一环评、统一监测、统一执法。

　　三是生态环境保护综合执法体制改革持续推进,综合执法机构基本完成组建,执法力量得到合理配置。2018年3月,《深化党和国家机构改革方案》提出整合组建五支执法队伍的要求,其中包括"整合组建生态环境保护综合执法队伍"。2018年3月该项改革工作启动,2018年12月出台《关于深化生态环境保护综合行政执法改革的指导意见》，2020 年 3 月形成《生态环境保护综合行政执法事项指导目录》，全面梳理了执法事项，指导各省制定公布省级生态环境综合行政执法事项清单目录，明确职责范围。目前，已有超过 15 个省份报经省政府同意完成了省级目录的制定和社会公开。2022 年 1 月生态环境部引发《"十四五"生态环境保护综合行政执法队伍建设规划》，持续深化生态环境保护综合行政执法改革。截至 2020 年 12 月底，全国省、市、县级执法机构基本完成组建，改革的"前半篇文章"基本到位，全国共有 2883 个生态环境保护综合行政执法机构，比改革前减少 765 个。省一级出台的改革实施方案中，均将自然资源、农业、水利、林业等部门的生态环境保护相关执法事项纳入生态环境保护综合行政执法范围。一些地区还将内部职责与跨部门执法职责一并整合。天津、黑龙江、江苏等地将涉及核与辐射、机动车、固体废物的执法工作一并归入综合执法，实现综合行政执法职责上的规范。改革落实过程中也存在一些问题，一些地方在基层执法方面该加强的没有加强，基层人员关心的岗位、编制、人员力量等还没有完全落实到位。

　　四是开创性地建立了一项运动式环保督察工作机制——中央环保督察组。自 2015 年 7 月，中央全面深化改革领导小组第十四次会议审议通过《环境保护督察方案（试行）》《关于开展领导干部自然资源资产离任审计的试点方案》《党政领导干部生态环境损害责任追究办法（试行）》以来，环保督察工作机制建设成为生态文明建设的重要抓手，对改善全国的生态环境质量、推动经济高质量发展发挥了重要作用。中央环保督察机制是对我国以往环保监管模式的一种技术创新，也是粗放型环保监管的对称。中央环保督察小组入驻各省（区、市）之后，着力开展督察的 3 个阶段，即省（区、市）级层面的督察，督察的下沉阶段以及补充梳理阶段。通过重点跟进和精准督察两个执行机制，中央环保督察组有效保证了工作的进度和成效①。2016 年 7 月第一批 8 个中央环保督察组对内蒙古、黑龙江、江苏、江西、河南、广西、云南、宁夏等 8 省（自治区）开展首轮环境保护督察，共受理群众信访举报 13.5 万余件，累计立案处罚 2.9 万家，罚款约 14.3 亿元；立案侦查 1518 件，拘留 1527 人；约谈党政领导干部 18448 人，问责 18199 人。督察中发现了一批各省（区、市）在环保方面存在的共性问题，也是环保督察着力推进的重点问题。"十四五"开局以来，第二轮第三批、第四批、第五批

---

① 张亚鹏：《环保督察：中国当下环境治理谱系中的高压机制》，载《山东行政学院学报》2019 年第 6 期。

中央生态环保督察陆续启动,截至目前,已集中曝光山西、辽宁、安徽等17个省(自治区)和中国有色矿业集团、中国黄金集团两家央企共91个典型案例。

　　五是推进了生态环境科技体制改革。"十三五"期间,生态环境部在全面贯彻落实党中央、国务院的决策部署下,协同相关部门积极推进了生态环境科技体制改革,积极开展了生态环境科技创新工作。一方面,顺利进行了科技体制改革。先后制定了《关于深化生态环境科技体制改革激发科技创新活力的实施意见》,《关于落实深化科技项目评审、人才评价、机构评估改革的实施办法》等文件,大力推动生态环境科技管理"放管服"。二是不断创新科研组织实施机制。以"1+X"模式组建"国家大气污染防治攻关联合中心"、"国家长江生态环境保护修复联合研究中心",形成了"大兵团联合作战"的协作攻关模式,为实现生态环境的科学治理和智慧治理提供了科技引领和支撑。① 在生态环境科技创新政策的推动下,这一时期在生态环境科技创新方面取得了诸多成效。例如在水环境领域,形成了八大标志性成果和三大技术体系;"在土壤环境领域,开展了铬、砷重金属污染地块修复工程示范;在生态环境保护领域,形成生态保护红线划定技术方法体系"②;在固废领域,在支撑无废城市建设领域取得了一批关键技术突破;"在环境基准领域,首次发布了我国保护水生生物镉和氨氮水质基准,实现了我国在该领域零的突破。"③

　　六是推动了环保体系标准完善健全。据统计,"十三五"期间,"我们完成制修订并发布国家生态环境标准551项,包括4项环境质量标准、37项污染物排放标准、8项环境基础标准、305项环境监测标准、197项环境管理技术规范。其中配套'大气十条'的实施,发布了122项涉气标准。配套'水十条'的实施,发布了107项涉水标准。配套'土十条'的实施,发布了49项涉土标准和40项固体废物标准"④。至此构建并完善了与污染防治攻坚战相适应的法规标准框架,并取得了积极进展。

①　国务院:《国务院新闻办就"十三五"生态环境保护工作有关情况举行发布会》,中央人民政府网,2020年10月21日,http://www.gov.cn/xinwen/2020-10/21/content_5552990.htm

②　国务院:《国务院新闻办就"十三五"生态环境保护工作有关情况举行发布会》,中央人民政府网,2020年10月21日,http://www.gov.cn/xinwen/2020-10/21/content_5552990.htm

③　国务院:《国务院新闻办就"十三五"生态环境保护工作有关情况举行发布会》,中央人民政府网,2020年10月21日,http://www.gov.cn/xinwen/2020-10/21/content_5552990.htm

④　国务院:《国务院新闻办就"十三五"生态环境保护工作有关情况举行发布会》,中央人民政府网,2020年10月21日,http://www.gov.cn/xinwen/2020-10/21/content_5552990.htm

第五节 中国生态文明制度建设系统完善 阶段的基本特征与实践价值

党的十八大报告首次提出"加强生态文明制度建设",党的十八届三中全会将生态文明体制改革提上日程,要求"建立系统完整的生态文明制度体系"①,我国生态文明制度建设走向了注重顶层设计的系统完善阶段。这一时期我国生态文明制度建设具有多方面特征,并体现出重要的实践价值。

一、中国生态文明制度建设系统完善阶段的基本特征

党的十八大以来,我国的生态文明制度建设得到了进一步的丰富和完善,逐渐形成了相对全面和系统完善的生态文明制度体系。这一阶段的生态文明制度建设有如下特征。

（一）问题导向与制度研究相结合

党的十八大以来,以习近平同志为核心的党中央在深入推进生态文明制度建设过程中始终坚持问题导向和制度研究相统一,通过问题导向找准生态环境现状中理想和现实的差距,通过制度研究解决生态环境现状中理想和现实的矛盾。问题导向和制度研究两方面同向同行,为解决现状问题而进行相应的制度研究,制定可以解决突出问题的法律政策和治理措施,通过二者统一共同实现生态环境现状的改善和生态文明建设的持续推进。

习近平曾指出,"旧的问题解决了,新的问题又会产生,制度总是需要不断完善"②,新时代中国生态文明制度建设和改革也是如此,习近平对于生态文明建设的指导也始终以实际问题为突破口,始终聚焦现存生态问题和环境问题,科学认识、准确把握、正确解决这些问题,"对症下药",在推动生态文明制度建设的路上始终坚持实事求是,一切从实际问题出发。

2013年11月9日,《关于〈中共中央关于全面深化改革若干重大问题的决定〉的说明》中指出了我国生态文明制度体制不健全的问题并针对问题提出了解决思路,该《说明》指出"我国生态环境保护中存在的一些突出问题,一定程度上与体制不健全有关,原因之一是全民所有自然资源资产的所有权人不到位,所有权人权益不落实"③。

---

① 《中共中央关于全面深化改革若干重大问题的决定》,人民出版社2013年版,第52页。
② 《习近平谈治国理政》第1卷,外文出版社2018年版,第74页。
③ 《习近平谈治国理政》第1卷,外文出版社2018年版,第85页。

2013 年 12 月 10 日,习近平在中央经济工作会议上的讲话中系统性指出了当时我国生态文明领域的改革中存在的突出问题,他指出:"生态文明领域改革,三中全会明确了改革目标和方向,但基础性制度建设比较薄弱,形成总体方案需要做些功课。"①2015 年 10 月 26 日,《关于〈中共中央关于制定国民经济和社会发展第十三个五年规划的建议〉的说明》(以下简称《说明》)中更为明确提出了地方环保管理体制存在的突出问题,针对相关问题,提出实行"省以下环保机构监测监察执法垂直管理"的改革方案。该《说明》中还提及了资源能源方面存在的问题,包括"资源约束趋紧、环境污染严重、生态系统退化的问题"②,针对这一问题在《说明》中既肯定了已取得的制度建设成绩,也进行了新的制度创新。2016 年 8 月 19 日,习近平再一次针对生态环境问题提出了制度建设的解决方案,他指出要"建立健全环境与健康监测、调查、风险评估制度"③等。2017 年 5 月 26 日,习近平在十八届中央政治局第四十一次集体学习时的讲话中明确指出了推进生态环境保护工作中领导干部不负责、不作为的问题,并针对这一问题提出解决方案,即落实领导干部任期生态文明建设责任制,实行自然资源资产离任审计及终身追究制度等。在本次集体学习中,习近平还指出了要解决好大气、水、土壤污染等突出问题,就要加大环境污染综合治理和污染防治。新时代生态文明制度的建设正是在习近平问题导向思维的指导下,通过解决一个个具体问题、化解一个个矛盾,从而推进我国生态文明制度建设理论和实践的创新和发展,进而推动我国生态环境现状的不断改善和优化。

（二）制度创新和制度执行相结合

制度创新是推进生态文明制度建设的基础工程,是制度执行的前提。习近平在《中美元首气候变化联合声明》中曾明确指出"加快制度创新,强化政策行动"④,这是新时代推进生态文明建设的一项重要原则。由此可见,党的十八大以来,以习近平同志为核心的党中央始终坚持创新生态文明制度,并同时坚决推进制度运行和政策执行。

制度创新主要体现在创新理论和制度上的顶层设计、创新环境保护管理制度和创新制度的动力机制三个方面。

在创新制度的顶层设计方面,习近平非常重视体制机制创新在推进生态文明建设中的重要作用。在习近平的多次重要讲话中体现了这一时期党

---

① 《习近平关于社会主义生态文明建设论述摘编》,中央文献出版社 2017 年版,第 103 页。
② 《习近平谈治国理政》第 2 卷,外文出版社 2017 年版,第 389 页。
③ 《习近平谈治国理政》第 2 卷,外文出版社 2017 年版,第 372 页。
④ 《中美元首气候变化联合声明》,载《人民日报》2015 年 9 月 26 日。

在生态文明制度建设领域思想理论的创新,并在思想创新的指导下,推动了生态保护领域的法律政策的创新。党的十八大报告首次提出了加强生态文明制度建设,自此在党的诸多重要文献中开始频繁出现"生态文明制度建设"、"生态文明体制改革"等词汇。总体而言,这一阶段生态文明制度思想的创新主要体现在深化生态文明体制改革和创新制度动力机制两个方面。

一方面,在深化生态文明体制改革中,党的十八大以来,党中央以强烈的问题意识,从认清现存生态文明体制弊端和缺陷出发进行改革创新。2018年5月,习近平在全国生态环境保护大会上提出了深化生态文明体制改革的新要求,他指出要"及时制定新的改革方案"①,这表明了生态文明体制的改革要通过落地执行而见效起效,并要通过在贯彻执行中发现新的问题,由新的问题倒逼新的制度创新。在生态文明体制改革的驱动下,新的生态文明制度体系构建正在落地开花。党的十八大以来,"史上最严"《环境保护法》开始实施;源头预防、过程严管、后果严惩的全过程生态文明制度体系建设总体方案提出;实行最严格的生态环境保护制度,全面建立资源高效利用制度,健全生态保护与修复制度,严明生态环境保护责任制度四方面紧密联系的生态文明制度体系形成。这一阶段,以习近平同志为核心的党中央坚持运用创新思维,统筹规划改革生态文明制度建设各领域的制度设计,推动生态文明制度体系的顶层设计走向成熟。

另一方面,在制度的动力机制方面也有所创新。"制度的动力机制包括激励性制度体系和约束性制度体系两个方面。"②激励性制度作为正外部性的动力机制同约束性制度这一负外部性动力机制同向发力,共同刺激和约束市场主体和社会大众共同执行生态文明制度体系,保障生态环境保护得到全社会的关注。2013年,习近平在十八届中央政治局第六次集体学习时的讲话中就明确提出要建立符合生态文明建设要求的奖惩机制。2014年,习近平在中央财经领导小组第五次会议上的讲话中针对缺水地区的政绩考核指出要"把节水作为约束性指标纳入政绩考核"③。同年,习近平在指导加快转变农业发展方式时指出要"完善节水、节肥、节药的激励约束机制"④。2015年,在《关于〈中共中央关于制定国民经济和社会发展第十三个五年规划的建议〉的说明》中,习近平再次针对水资源保护问题提出建立

① 《习近平谈治国理政》第3卷,外文出版社2020年版,第370页。
② 陈德钦:《生态文明制度体系建设内在特征与时代价值探析》,载《湖州师范学院学报》2021年第3期。
③ 《习近平关于社会主义生态文明建设论述摘编》,中央文献出版社2017年版,第105页。
④ 《习近平关于社会主义生态文明建设论述摘编》,中央文献出版社2017年版,第60页。

预算管理制度、有偿使用和交易制度等。2016 年习近平在中央财经领导小组第十四次会议上的讲话中指导贯彻落实国家发展改革委制定的生活垃圾强制分类制度时指出："要加强考核评价，建立健全激励机制，对做得好的地区要表扬，做得差的要批评。"①在研究建立规模化养殖场废弃物强制性资源化处理的制度时也指出："要完善促进市场主体开展多种形式畜禽养殖废弃物处理和资源化的激励机制，采取优惠政策，支持利用畜禽养殖废弃物、秸秆、餐厨垃圾等生产沼气和提纯生物天然气，对生产沼气和提纯生物天然气用于城乡居民生活的可参照沼气发电上网补贴方式予以支持。"②党的十八大以来，包括自然资源资产产权制度、生态补偿制度、排污权交易制度等在内的激励性生态文明制度体系已基本确立并取得成效；环境损害责任追究制度、环境资源有偿使用制度等在内的约束性生态文明制度体系也逐步趋于成熟。在习近平的科学指导下，新的生态环境保护动力机制已基本形成并取得重大创新性的突破和进展。

制度创新的效能发挥程度取决于制度执行。生态文明制度执行是制度体系建设的生命力所在。党的十八大以来，我国已经建立了一系列生态文明制度，对生态环境领域体制机制进行了一系列改革。当前，生态文明制度"四梁八柱"已经基本成型，能否将生态文明制度落到实处，能否让人民群众真正享受到生态文明制度建设带来的生态福利，关键要看制度执行情况。多年以来，在环境治理领域始终存在着执行制度不严，违反制度不究不惩的问题，究其原因则是利益驱使下的唯 GDP 的错误政绩观导致的。"制度制定了以后，各级部门在经济效益和生态效益，部门利益和公共利益之间博弈，有利的制度执行，不利的制度不执行，形式上执行，实际上却不执行。"③可见，制度执行是否到位，公众的生态权益和生态利益是否能得到维护，在很大程度上取决于领导干部的政绩观和制度执行力，这其中必然也涉及监管部门的责任落实不到位的问题。

习近平十分看重制度执行。早在 2004 年，习近平就针对制度执行问题发表短论明确指出不可把制度当成"稻草人"摆设。党的十八大以后，习近平仍然以强烈的问题意识，认识到了制度执行力和治理效能问题仍然是政

---

① 中共中央文献研究室编：《习近平关于社会主义生态文明建设论述摘编》，中央文献出版社 2017 年版，第 94 页。

② 中共中央文献研究室编：《习近平关于社会主义生态文明建设论述摘编》，中央文献出版社 2017 年版，第 95 页。

③ 刘建伟：《新中国成立后中国共产党认识和解决环境问题研究》，人民出版社 2017 年版，第 294 页。

府部门存在的顽固弊病,他指出:"制度执行力、治理能力已经成为影响我国社会主义制度优势充分发挥、党和国家事业顺利发展的重要因素。"①由此,他再次强调要"使制度成为硬约束而不是橡皮筋。"②可以看出,习近平带领全党上下强化生态文明制度执行和提高生态治理效能的决心。

在以习近平同志为核心的党中央的指导和大力推动下,党的十八大以来,我党健全了生态环境保护责任追究制度、建立生态环境损害责任终身追究制及责任倒查机制、开展领导干部自然资源资产离任审计等,更加明确了党政领导干部损害生态环境应承担的责任以及具体的责任追究形式和实施办法,是严管党政领导干部履行职权的"制度利剑",是督促党政领导干部形成正确政绩观,约束其强化责任意识的"制度屏障"。通过划定领导干部在生态环境领域的责任红线,明确"关键少数"在生态文明建设领域的权力责任,实现有权必有责、用权受监督、违规要追究。③ 标志着我国在生态文明制度建设领域对于领导干部责任的监督得到了进一步的落实,进一步推动了我国生态环境保护监管制度的发展,有力推动和保证了现行制度的执行效度。

可见,随着党中央对制度执行的重视,党的十八大以来,全党上下加紧了提高制度执行力的制度设计和落实。习近平一系列相关重要论述和一系列制度政策的颁布出台,都标志着这一时期打开了生态文明建设领域中强化领导干部责任,推动制度执行的新局面。

（三） 顶层设计与基层创新相结合

生态文明制度的顶层设计是"自上而下"的设计,是党中央运用系统工程思维,从全国各方面全领域的生态环境现状出发做出的总体性的战略性考量和方向性指引。生态文明制度建设的基层创新是包括各级政府、环保部门、企事业单位以及社会公众在内的多主体坚持一切从实际出发的理念,实事求是,求真务实,在生态文明建设的推进实践中遵循党中央指示的发展方向而因地制宜、先行先试的发展战术。顶层设计与基层探索的创新充分体现了党中央对加强顶层设计与摸着石头过河的辩证统一的马克思主义基本原理的科学运用。实践已经证明,在生态文明制度建设领域通过坚持二者的统一,可以最大限度地发挥党中央和地方政府部门以及社会公众的积极性,从而在推进生态文明制度建设上发挥最大合力。

---

① 《习近平关于全面深化改革论述摘编》,中央文献出版社 2014 年版,第 29 页。
② 《在党的群众路线教育实践活动总结大会上的讲话》,载《人民日报》2014 年 10 月 9 日。
③ 盛若蔚:《损害生态环境,终身追责!》,载《人民日报》2015 年 8 月 18 日。

党的十八大以来,随着生态文明理念的提出以及生态文明制度"四梁八柱"的建立,党中央对于推进生态文明制度建设的顶层设计日臻完善和成熟。党中央始终坚持在生态文明制度建设领域作出统一部署,提供方向性的发展蓝图。除此之外,这一时期的生态文明建设除了日益完善的"自上而下"的设计外,比以往任何时期都更加重视"自下而上"的补给,即充分重视发挥基层部门的首创意识和创新精神,在示范性工程的推进中将中央部署规划和地方落实创新相结合,同向推进我国生态文明制度建设的发展。

习近平在多次重要讲话中提出要针对地方实际对于生态文明制度的贯彻落实进行地方性创新并先行先试。比如在节水领域,2014 年,习近平在中央财经领导小组第五次会议上的讲话中针对节水纳入严重缺水地区的政绩考核机制时明确指出相关制度可以在严重缺水地区先试行。可以说这些论述都为基层创新提供了有力强心剂和强大推动力。除了习近平的上述重要讲话外,在中办国办的重要文件中也相继做出了相关重要指示。在"十三五"规划中也明确提出了"设立统一规范的国家生态文明试验区"、"整合设立一批国家公园"、"实施近零排放区试验工程"等等顶层制度设计下推动基层创新的重要举措。

在以习近平同志为核心的党中央的大力鼓励和推动下,各地区纷纷针对地方实际进行制度创新,掀起了生态文明制度建设先行先试的浪潮。2014 年,习近平在党的十八届四中全会第一次全体会议上关于中央政治局工作的报告中再次强调要"稳步推进健全自然资源资产产权制度"[①]。在上述思想的指导下,2016 年,原国土资源部等 7 部门联合印发《自然资源统一确权登记办法(试行)》,决定自然资源统一确权登记率先在福建等 12 个省(自治区)启动试点。自开展试点工作以来,福建省精心组织、加强顶层设计、鼓励基层创新,查清了试点区域内自然资源权属家底,用不到两年时间就形成了可复制可推广的"福建试点经验",引来十多个省、市前来学习借鉴。明确权属,为山山水水找到"主人"。福建省根据各市的不同实际情况和环境特色,鼓励各市找到自身的试点重点工作,例如晋江市重点探索全要素自然资源统一确权登记的路径和方法等。2017 年 5 月,在《福建省自然资源统一确权登记试点实施方案》基础上,省国土厅、省委编办、省财政厅等 8 部门联合印发了《福建省自然资源统一确权登记办法(试行)》。福建办法以国家七部委《自然资源统一确权登记办法(试行)办法》为依据和蓝

---

① 《习近平关于社会主义生态文明建设论述摘编》,中央文献出版社 2017 年版,第 106—107 页。

本,结合自身实际情况展开了创新性探索。如在第十二条,增加了已探明储量的矿产资源为登记单元的登记要求,在第二十五、二十六条增加了更正登记、注销登记类型,规定了办理更正登记、注销登记的情形等。除此之外,福建省在贯彻执行中央的自然资源产权制度方面,还通过自主探索和创新,开创了多个"首创"。晋江市是全国第一个开展自然资源统一确权登记试点的区域,它制定了全国首个自然资源调查技术规范,首创边界划分方法,建成首个自然资源统一确权登记信息系统。全国多个省市地区以及企事业单位和社会团体、个人均纷纷参与到生态文明制度建设的基层创新和探索中来,并为推进我国的生态文明制度建设作出了突出贡献。2016 年和 2019年生态环保部先后两次表彰了在生态文明建设领域作出贡献的先进集体和优秀个人,这其中不乏生态文明制度建设的基层创新的先进事例,这些集体和个人荣获的"生态文明奖"实至名归。

（四） 全面监管与重点突破相结合

党的十八大以来,以习近平同志为核心的党中央坚持了全面监管与重点监管的统一推进生态文明制度建设,总的思路即"在统筹上下功夫,在重点上求突破"①。2015 年出台的《中共中央国务院关于加快推进生态文明建设的意见》中明确指出了新时代推进生态文明建设的基本原则,其中之一为"把重点突破和整体推进作为工作方式"②。

第一,建立联防联控机制,共同治理重点污染源。2013 年 6 月出台的"大气十条"中明确规定了"建立环渤海包括京津冀、长三角、珠三角等区域环境治理的联防联控机制"③,这标志着我国在生态环境治理领域开始探索区域联防联控治理机制。在此指导下,很快京津冀及周边地区的大气污染防治协作小组办公室印发了《京津冀及周边地区大气污染联防联控 2014 年重点工作》等指导性文件,部署了如何破解共性的区域性问题的联防联控互动机制,包括"成立专门的委员会、共享相关信息、共同治理重点污染源、推动技术合作等"④。"十三五"规划随之对区域之间系统协调治理生态环境做出了战略性部署,规划指出"推进多污染物综合防治和环境治理,实行联防联控和流域共治,深入实施大气、水、土壤污染防治行动计划"、"建立

①　《习近平关于社会主义生态文明建设论述摘编》,中央文献出版社 2017 年版,第 65 页。
②　《中共中央国务院关于加快推进生态文明建设的意见》,载《人民日报》2015 年 5 月 6 日。
③　国务院:《国务院发布〈大气污染防治行动计划〉十条措施》,中央人民政府网,2013 年 9 月 12 日,http://www.gov.cn/jrzg/2013-09/12/content_2486918.htm
④　刘建伟:《新中国成立后中国共产党认识和解决环境问题研究》,人民出版社 2017 年版,第 325 页。

全国统一的实时在线环境监控系统"、"探索建立跨地区环保机构"、"实行省以下环保机构监测监察执法垂直管理制度"等。① 以上制度创新和政策的改革都大大的加强了各区域在生态环境保护、环境污染治理和生态文明建设领域的联动联控,强化了对大气、水、土壤污染的重点防治与治理,提升了新时代我国生态环境治理的效度和效能,使各地区、各区域的生态环境保护呈现出各自有生机活力的景象,推动了我国生态文明制度的进一步发展。

第二,全面加强环境污染防治,全过程治理,找出症结,重点突破。2017年,习近平在十八届中央政治局第四十一次集体学习时的讲话中再次强调要"全面加强环境污染防治"②,同时还要注意"要以解决大气、水、土壤污染等突出问题为重点"③。2014年在中央财经领导小组第五次会议上的讲话中习近平明确指出:"治水要良治,良治的内涵之一是要善用系统思维统筹水的全过程治理,分清主次、因果关系,找出症结所在。"④在此基础上,习近平进一步指出:"当前的关键环节是节水,从观念、意识、措施等各方面都要把节水放在优先位置。"⑤针对治水中的解决水供给这一具体问题,他指出一方面要"统筹上下游、左右岸、地上地下、城市乡村"⑥,另一方面还要"从涵养水源入手,从修复破损的生态入手,采取必要的工程性措施,搞一些水库和调水工程"⑦。综上可见,习近平从全局规划到具体措施的指导上均坚持了全面监管和重点突破的统一。以上论述中的"统筹"、"全过程"、"全面加强"等言语体现了习近平在生态文明建设中的全面监管,而"症结"、"关键"、"优先位置"等则体现了重点突破,这为新时代推进生态文明制度建设提供了方向遵循。

总体而言,新时代的生态文明制度体系注重从"源头严防,过程严管,后果严惩"三方面协同发力,将激励与约束、监管与惩罚、防范与化解的体制机制贯穿在生态文明建设的全过程,由此形成了一个从始及终的全面监管的完整的制度体系。与此同时,在"三管齐下"的各个领域各有制度的实施重点和重点突破。在源头严防中,关键是制定并执行长效投入机制、科学决策机制、自然资源资产产权制度划定生态保护红线、改革生态环境保护体

①　刘建伟:《新中国成立后中国共产党认识和解决环境问题研究》,人民出版社2017年版,第326页。
②　《习近平谈治国理政》第2卷,外文出版社2017年版,第395页。
③　《习近平谈治国理政》第2卷,外文出版社2017年版,第395页。
④　《习近平关于社会主义生态文明建设论述摘编》,中央文献出版社2017年版,第54页。
⑤　《习近平关于社会主义生态文明建设论述摘编》,中央文献出版社2017年版,第54页。
⑥　《习近平关于社会主义生态文明建设论述摘编》,中央文献出版社2017年版,第56页。
⑦　《习近平关于社会主义生态文明建设论述摘编》,中央文献出版社2017年版,第56页。

制等工作。在过程严管中,注重更多用市场手段建立双控的市场化机制,建立预算管理制度、生态补偿、资源有偿使用制度以及排污许可证制度,同时制定并完善主体功能区制度、环境保护公众参与制度、污染总量控制制度、生态空间用途管制等生态环境保护制度。在后果严惩中,关键是建立并执行绿色科学的政绩考核机制、责任追究制度及生态环境损害赔偿制度等。全面监管和重点突破的统一贯穿在这一时期生态文明制度建设中,是这一时期生态文明制度建设的重要特征。

二、中国生态文明制度建设系统完善阶段的实践价值

党的十八大以来,以习近平同志为核心的党中央高度重视生态文明制度建设,不断为生态文明制度建设"把脉开方"。从习近平提出"两个最严"到党的十八届三中全会提出要建立系统完整的生态文明制度体系,再到党的十九届四中全会明确要坚持和完善生态文明制度体系,这一系列重要论断深刻彰显了新时代中国共产党人对生态文明建设规律的认识不断深化,充分认识到了加强和完善生态文明制度建设的紧迫性和重要性,不断将生态文明制度建设推向新高度,推动我国生态文明建设迈上新台阶,体现出重要的实践价值。

第一,这一时期的生态文明制度建设开启了坚持和完善生态文明制度体系的新篇章。党的十九届四中全会从完善和发展中国特色社会主义制度的战略高度提出加强生态文明制度建设的要求,明确了生态文明制度建设是中国特色社会主义制度建设的有机组成部分。由此,生态文明制度正式定位于中国特色社会主义制度体系的重要内容,开启了坚持和完善生态文明制度体系的新篇章。这种定位明确了生态文明制度建设绝不能游离于中国特色社会主义制度之外构建起另外一套独立的制度,而是要深刻融入国家制度之中,与经济、政治、文化、社会和党的建设等有机结合,形成一套系统规范、运行有效的中国特色社会主义制度体系。这种定位有利于生态文明制度充分贯穿和融入于中国特色社会主义制度体系中,推进国家治理体系和治理能力现代化。党的十八大以来,加强生态文明制度建设是生态文明建设的主要着力点之一。党的十九大报告将加快生态文明体制改革单列一部分做出部署,进一步强调了生态文明制度建设是生态文明建设的重要保障。人与自然能否和谐共生归根结底取决于人与人之间的关系能否协调好,这是一个社会问题,需要依靠社会各项制度来解决。因此,生态文明制度要与其他国家制度相结合,共同调整人与自然之间的关系。此次全会对生态文明制度的定位不仅顺应了生态文明建设的要求,而且明确了坚持和

完善生态文明制度体系在国家制度和推进国家治理体系和治理能力现代化中的重要意义①,对于推动生态文明制度充分融入中国特色社会主义制度,整体推进国家治理体系和治理能力现代化意义重大。坚持和完善生态文明制度体系,不仅能够将生态文明制度定位于中国特色社会主义制度之中,从发展和完善中国特色社会主义制度、推进国家治理现代化的战略高度系统谋划生态文明制度建设,还能发挥我国国家制度和治理体系的显著优势助推生态文明制度体系的制度效能充分释放。

第二,这一时期的生态文明制度建设进一步强化制度执行,使制度成为刚性约束和不可触碰的高压线,提升生态文明领域的治理能力,提升了生态文明建设水平。制度的价值在于贯彻落实,制度的生命力在于执行,关键在真抓,靠的是严管。党的十九届四中全会提出坚持和完善生态文明制度体系,不仅有助于加强建章立制,完善生态治理体系,而且有助于强化制度执行,发挥制度效能,提升生态治理能力。习近平在2018年生态环境保护大会提出"用最严格制度最严密法治保护生态环境"②,解决我国生态环境保护中存在的制度不严格、法治不严密、执行不到位、惩处不得力的突出问题,并将重点落在强化制度执行、树立制度刚性与权威上。改革开放以来,我国的生态文明制度在实际执行中起到了一定成效,特别是总体上避免了我国经济高速增长背景下环境质量出现急剧恶化的局面,保证了我国经济社会的可持续发展。但是,应当看到,由于我国整体制度环境不够厚重,加之制度的"督政"职能发挥不畅,我国环境保护制度的执行力仍然偏低,制度绩效差强人意,一些地方政府甚至长期存在忽视环保制度、曲解制度为我所用、利用制度大搞"潜规则"却未能得到有效惩处的现象,导致我国的生态文明制度往往在党中央层面是一个好制度,经过层层传导最终却大打折扣,与制度设计之初的目的出现较大偏差,留下了说一套做另一套的不良形象。当前,我国生态文明体制改革进入深水区,就是要解决制度执行不力这一老大难问题。这一时期的生态文明制度建设提出坚持和完善生态文明制度体系,有助于保障制度的贯彻落实,使制度成为刚性约束和不可触碰的高压线,进而提升生态治理能力,推进我国生态文明建设,促进人与自然和谐共生。

第三,这一时期的生态文明制度建设有助于压实领导干部生态文明建设的政治责任,为生态文明建设提供可靠保障。习近平在2018年生态环境

---

① 穆虹:《坚持和完善生态文明制度体系》,载《宏观经济管理》2019年第12期。

② 《习近平谈治国理政》第3卷,外文出版社2020年版,第363页。

保护大会上明确指出：地方各级党委和政府主要领导是本行政区域生态环境保护第一责任人，对本行政区域的生态环境质量负总责。① 这一时期的生态文明制度建设提出坚持和完善生态文明制度体系，严明生态环境保护责任制度，有助于进一步强化领导干部生态文明建设的政治责任。习近平指出，"一些重大生态环境事件背后，都有领导干部……履职不到位、执行不严格的问题"②。掌握公共权力的地方各级领导干部和公职人员是生态文明制度的执行主体，抓住了执行主体，就等于牵住了制度执行的"牛鼻子"。领导干部生态文明建设责任制是环保监察督察部门依据责任清单、考评机制和追责办法对领导干部履行环境保护职责的状况进行相应的奖惩处罚和责任追究的制度，直接关系到领导干部的任免提拔，是地方领导干部生态文明建设的刚性约束。坚持和完善生态文明制度体系，有助于压实领导干部生态文明建设的政治责任，真正树立起制度的刚性和权威，确保党中央做出的生态文明制度重大部署落地生根见效。深化生态文明体制改革，强化环境保护督察制度，对省、自治区、直辖市党委和政府、国务院有关部门等开展环保督察，强化督察问责，形成警示震慑，推进工作落实，及时发现并惩处地方政府有令不行、有禁不止的行为，对造成生态环境严重损害的责任人，抓住不放，终身追责。只有压实领导干部生态文明建设的政治责任，将责任制这条高压线悬于各级领导干部头顶，释放出严加惩处的强烈信号，才能促使领导干部时刻绷紧生态环境保护这根弦，牢牢把握治污攻坚这条主线，提升我国在生态文明领域的治理能力，进而加快推进生态文明建设，向美丽中国建设目标迈进。

---

① 习近平：《推动我国生态文明建设迈上新台阶》，载《求是》2019 年第 3 期。
② 《习近平关于社会主义生态文明建设论述摘编》，中央文献出版社 2017 年版，第 110 页。

第六章 中国生态文明制度建设的基本经验

改革开放以来,党和政府不断加强环境保护工作,不断加强生态文明制度建设,在发展中继承,在继承中发展,一脉相承并与时俱进,积累和创造了十分宝贵的历史经验。中国生态文明制度建设的发展历程是一个历史与现实相交融、理论与实践相结合的历史过程,其基本经验包括以下几个方面。

第一节 建立健全生态环境保护领导体制

2018年全国环境保护大会正式确立了习近平生态文明思想。习近平生态文明思想集中体现了中国共产党建设生态文明制度的历史使命、执政理念和责任担当,为新时代中国生态文明制度建设和生态环境保护事业的发展提供了科学的行动指南。党的领导是中国特色社会主义最本质的特征和中国特色社会主义制度的最大优势。党的领导是从决策源头落实绿色发展、推进生态文明建设的根本保障。打好污染防治攻坚战,建设美丽中国,必须深入贯彻落实习近平生态文明思想,必须全面加强党对生态环境保护的领导。加强生态环境保护的关键在领导干部。习近平强调要加强党对生态文明建设的领导,指出,"打好污染防治攻坚战时间紧、任务重、难度大,是一场大仗、硬仗、苦仗,必须加强党的领导"①。党的领导是中国特色社会主义最本质的特征和中国特色社会主义制度的最大优势。在价值指向上,党始终坚守人民立场,从人民群众的生态利益出发,促进经济社会发展和生态环境保护这两项重要工作的协同发展,使人民群众拥有更为良好的生存、生活与发展环境。在领导作用上,党充分发挥总揽全局、协调各方的领导核心作用,从全局高度作好顶层设计和整体部署工作,统筹协调生态文明建设过程中影响全局、互相关联的各个环节、各个方面。在能力水平上,党紧紧把握制度建设这一关键,不断提升我国在生态文明领域的领导能力与执政水平。

---

① 《推动我国生态文明建设迈上新台阶》,载《求是》2019年第3期。

一、全面加强党对生态环境保护的领导

全面加强党对生态环境保护的领导,就要落实党政主体责任。我国"生态文明建设正处于压力叠加、负重前行的关键期"①。大力推进生态文明制度建设,打好污染防治攻坚战时间紧、任务重、难度大,急需扬鞭奋进。构建生态文明制度体系,急需强化党政领导干部生态文明建设的政治意识,担负起生态文明建设的政治责任。习近平在环境保护大会上指出:"地方各级党委和政府主要领导是本行政区域生态环境保护第一责任人。"②他强调,党委要和政府协同管理区域生态环境。以往我国生态文明建设面临着"企业污染、群众受害、政府买单"的困局,为摆脱和克服这一困境,我们必须加强党对生态文明建设的组织领导,充分发挥党委在生态环境保护治理体系中的作用。党政领导干部要深刻认识党中央坚决打好污染防治攻坚战的鲜明态度、坚定意志、坚强决心,深刻认识到在生态环境保护上肩负的特殊责任,自觉把思想和行动统一到习近平生态文明思想上来,加强环境污染治理,坚持把解决突出环境问题作为当务之急,以习近平生态文明思想引领美丽中国建设,用实际行动扛起生态环境保护政治责任,坚决打好污染防治攻坚战,为建设美丽中国履职尽责。③

全面加强党对生态环境保护的领导,党政领导干部要亲自抓,带头干,带头察实情、带头解决问题。环境治理千难万难,领导重视就不难;环境治理大路小路,领导重视就有出路④。习近平指出:"地方各级党委和政府主要领导是本行政区域生态环境保护第一责任人,对本行政区域的生态环境质量负总责,要做到重要工作亲自部署、重大问题亲自过问、重要环节亲自协调、重要案件亲自督办,压实各级责任、层层抓落实"⑤。明确责任、细化领导,落实各级党委和政府的生态环境保护的责任清单。同时,生态文明建设是一场攻坚战、持久战,领导干部要增强责任担当,各地党政负责人要发挥"关键少数"的带头作用,把生态文明建设的政治责任装在心上、担在肩上、抓在手上,在具体决策和工作中,严格按照生态环境保护的标准来决策;各级领导干部要充分发挥头雁效应,以身作则、率先垂范,以上率下带动整个社会进行生态保护,严格按照生态环境保护的要求审批项目,亲自部署、

①　《推动我国生态文明建设迈上新台阶》,载《求是》2019 年第 3 期。
②　《推动我国生态文明建设迈上新台阶》,载《求是》2019 年第 3 期。
③　本报评论员:《全面加强党对生态环境保护的领导》,载《中国环境报》2018 年 6 月 26 日。
④　李思辉:《生态环境保护落到实处关键在领导干部》,载《湖北日报》2018 年 5 月 7 日。
⑤　《推动我国生态文明建设迈上新台阶》,载《求是》2019 年第 3 期。

亲自过问生态环境保护工作。

全面加强党对生态环境保护的领导,要建立"以改善生态环境质量为核心的目标责任体系"①,党委领导作为地方生态环境的第一责任人,要强化责任和担当,严格落实"党政同责,一岗双责,失职追责"。强化考核问责。尽管生态文明建设已经受到党和国家的高度重视,然而,近年来,我国有些地区和部门仍然存在忽略环境保护问题,常常出现重视经济增长而轻视环境治理的现象。因此,必须建立体现生态文明要求的目标体系、考核办法,增强政府环境治理主导作用,改善政府环境治理效果。要根据具体情况设定反映符合绿色发展要求的国民经济体系建设情况的指标;设定反映节能减排指标;设定反映解决突出环境问题情况的指标;设定反映公众参与环保和社会满意度情况的指标等等。只有建立体现生态文明要求的目标体系、考核办法,形成督促各级党政干部推进生态文明建设工作的制度氛围和刚性约束,才能促进各级党政干部重视解决损害群众健康的突出环境问题,推进绿色发展,建设美丽中国。

全面加强党对生态环境保护的领导,要完善领导干部生态环境保护责任追究制度。《意见》指出,必须构建产权清晰、多元参与、激励约束并重、系统完整的生态文明制度体系,让制度成为刚性约束和不可触碰的高压线。② 要开展领导干部自然资源资产离任审计,考核结果作为领导班子和领导干部综合考核评价、奖惩任免的重要依据。③ 因此,要建立和完善领导干部生态环境保护问责制,建立和完善领导干部任期生态文明建设责任制、问责制和终身追究制,促进政府在环境治理体系中发挥主导作用。2016 年中共中央办公厅、国务院办公厅印发了《党政领导干部生态环境损害责任追究办法(试行)》(以下简称《办法》),并发出通知,要求各地区各部门遵照执行。《办法》规定对造成生态环境损害的责任者要依法追究领导干部的刑事责任。生态环境保护责任追究制度通过法律强制、政策激励和约束,对于一些盲目决策造成严重后果的领导干部要进行责任追究、终身追究制。建立生态环境保护责任追究制度,有助于促进政府相关环境治理决策的细致缜密,从而在权责明晰的情况下增强政府环境治理效果。完善生态环境保护责任追究制度,关键在落实。所以,落实好生态环境保护责任追究制度

---

① 《习近平谈治国理政》第 3 卷,外文出版社 2020 年版,第 366 页。
② 《中共中央国务院关于全面加强生态环境保护　坚决打好污染防治攻坚战的意见》,载《人民日报》2018 年 6 月 25 日。
③ 《中共中央国务院关于全面加强生态环境保护　坚决打好污染防治攻坚战的意见》,载《人民日报》2018 年 6 月 25 日。

是构建中国特色的环境治理体系的重点内容之一。

二、以政府为主导谋划环境治理体系建设

环境治理指生态环境的资源开发利用以及环境污染的防治与治理工作等。政府是环境治理中制度供给和体制机制构建最重要的主导力量。因此，要充分发挥政府在环境保护和治理中的主导作用，只有政府充分发挥主导作用，才能不断完善环境治理体系体制机制。强化政府在环境治理中的主导地位是加强生态文明建设的必然选择。政府在推动环境治理过程中起着关键作用，是推动环境治理的重要主体，以政府为主导谋划环境治理体系建设，主要体现在战略规划与决策机制方面。

政府在推进生态文明建设过程中扮演着主导性的战略规划与决策角色，是推进生态文明建设的核心力量。政府要从战略高度谋划生态文明建设。相比于企业和公众，政府具备更为强大的社会资源调动能力，更具有宏观高度，因而，政府是生态文明建设的战略引导者。政府应通过制定宏观战略规划，设计推进生态文明建设的运行轨道，明确推进生态文明建设机制构建过程中的主体参与、目标推进、机制完善、监督渠道等重要战略发展方向，为推进生态文明建设提供战略指引，为生态文明建设机制的构建提供战略规划设计，引导企业和公众参与到环境治理中来，推进生态文明建设。

环境战略规划、决策前要进行环境影响评价。环境战略规划、决策是政府推进生态文明建设的开端。政府在涉及生态环境等方面的规划、决策过程中，应当建立一套明确的、规范化的程序，并按照程序严格执行。在进行方针规划、决策前要进行环境影响评价，"对规划和建设项目实施后可能造成的环境影响进行分析、预测和评估，提出预防或者减轻不良环境影响的对策和措施"[1]。为了充分发挥环境影响评价从源头预防环境污染和生态破坏的作用，推动实现"十三五"生态文明建设和改善生态环境质量总体目标，2016 年 7 月，环境保护部印发了《"十三五"环境影响评价改革实施方案》，明确指出要以改善环境质量为核心，以全面提高环评有效性为主线，以创新体制机制为动力，以"生态保护红线、环境质量底线、资源利用上线和环境准入负面清单"（简称"三线一单"）为手段，强化空间、总量、准入环境管理，划框子、定规则、查落实、强基础，不断改进和完善依法、科学、公开、廉洁、高效的环评管理体系。[2] 政府组织环境影响评价工作要通过专家咨

---

① 《中华人民共和国环境影响评价法》，载《环境导报》2003 年第 17 期。
② 刘晓星：《用改革让环评制度焕发新活力》，载《中国环境报》2016 年 9 月 26 日。

询、部门协商、公众听证等多种形式进行集体讨论,对方案的内容进行整体考量,并做好风险评估,在充分调查并了解现实情况的基础之上,制定生态文明建设战略规划方案。环境影响评价本质是为规划决策服务,为降低规划决策实施的环境风险、预防和减缓不良环境影响或环境损害服务,是各级政府部门的决策参谋。政府在环评的基础上才能做到科学决策,才能促进决策的绿色化、规范化、责任化,从源头上推进生态文明建设。

政府应通过制定宏观战略规划,在涉及生态环境等方面的规划、决策过程中,应当建立一套明确的、规范化的程序,并按照程序严格执行。[①] 政府的环境治理主导地位有利于充分发挥政府在人力、物力、财力等方面的优势作用,有利于为环境治理体系提供强有力的物质、技术和经济保障,提高环境治理水平。在这种新型环境治理体系中,政府是战略、规划、政策、标准的制定者。改革环境保护体制机制,政府充分利用行政手段和市场手段,将可以放入市场的环境治理工作利用经济杠杆交由市场运作。建立和完善中国特色的环境治理体系体制机制,要坚持以政府的宏观管理为主导,即政府是环境治理工作的核心领导力量。政府在环境治理工作中应该扮演主导性的战略规划角色,应从战略高度推动环境治理体系建设,对环境治理工作进行长远战略部署,设计环境治理体系各方面运行轨道,明确该体系的目标推进、机制完善、监督渠道以及平台基础等重要内容,从战略高度谋划环境治理体系建设,利用体制机制促进企业发挥环境治理主体作用,促进社会组织和公众参与环境治理。

以政府为主导谋划环境治理体系建设,还涉及生态环境保护方面的决策民主化问题。环境问题与每一个社会成员息息相关。因此,充分发挥社会组织和公众的参与作用是十分必要的。而这就需要政府在涉及生态环境方面的决策民主化。政府在进行经济社会发展重大决策前“可以通过征求意见、问卷调查,组织召开座谈会、专家论证会、听证会等方式征求公民、法人和其他组织对环境保护相关事项或者活动的意见和建议”[②],为他们提供广泛交流、讨论以及合作的平台,通过多种形式的集体讨论,对方案的内容进行整体评估,使公众能够为相关决策的内容和结果进行有效评判并提出改进方案。政府以及有关部门要充分听取社会公众以及专家建议,将人民群众的需求纳入决策内容之中,统筹兼顾多方利益、综合平衡多项

① 秦书生,晋晓晓:《政府、市场和公众协同促进绿色发展机制构建》,载《中国特色社会主义研究》2017 年第 3 期。
② 《环境保护公众参与办法》,载《中国环境报》2015 年 7 月 22 日。

目标。

党的十八大以来,我国生态文明制度建设尤其抓住领导干部这一"关键少数"开展长效机制建设,在生态环境保护领域引入"党政同责"理念与原则,对于损害生态环境的领导干部,既要求"后果追责",又要求"行为追责",还强调"终身追责",改变了以往责任承担格局,形成对地方党委和政府科学决策、民主决策的倒逼机制,极大地推动党政领导干部牢固树立科学政绩观念和生态红线观念,同时也充分表明了中国共产党治理生态环境的魄力与能力。在制度建设的强力推动下,党政领导干部深刻认识党中央坚决打好污染防治攻坚战的鲜明态度、坚定意志、坚强决心,深刻认识到在生态环境保护上肩负的特殊责任,自觉把思想和行动统一到习近平生态文明思想上来,加强环境污染治理,坚持把解决突出环境问题作为当务之急,用实际行动扛起生态环境保护政治责任,坚决打好污染防治攻坚战,为建设美丽中国履职尽责。①

总之,当代中国的生态文明建设之所以取得显著成效,从根本上说与充分发挥中国特色社会主义制度优势是分不开的。中国特色社会主义制度在推进生态文明建设上彰显着独特优势。因此,在今后的生态文明建设过程中,需要充分发挥党在生态文明建设中的领导核心作用,最终将中国生态文明制度建设推向新的历史阶段。

第二节　深刻把握坚持和完善生态文明
制度体系的主要着力点

坚持和完善生态文明制度体系的最终目的在于促进人与自然和谐共生。世界各国在走向现代化的道路中付出的惨痛的环境代价已经充分表明,实现人与自然和谐共生必须走绿色发展道路。坚持和完善生态文明制度体系是推进绿色发展的可靠保障。为此,党的十九届四中全会提出了坚持与完善生态文明制度体系,促进人与自然和谐共生,其主要着力点包括实行最严格的生态环境保护制度等四个方面。

一、实行最严格的生态环境保护制度

实行最严格的生态环境保护制度,就是要保障生态环境质量只能更好、不能变坏。党的十九届四中全会明确提出:"健全源头预防、过程控制、损

---

①　本报评论员:《全面加强党对生态环境保护的领导》,载《中国环境报》2018 年 6 月 26 日。

害赔偿、责任追究的生态环境保护体系。"①因此,构建介入经济社会发展源头、过程和末端全过程的生态环境保护制度体系,将环境污染牢牢锁在制度闭环内,引导经济社会转向高质量的绿色发展,逐步实现生态环境质量的根本好转是当前坚持和完善生态文明制度体系的主要着力点之一。

第一,强化源头预防。源头预防是指采取有效措施从源头上控制污染产生,严格控制污染物排放,严把环境准入关口,是保护生态环境事半功倍的举措。强化源头预防,要加快形成约束性源头严防和激励性源头引导两个轮子一起转的制度格局。约束性源头严防制度涉及空间约束制度、目标约束制度和环境准入制度。空间约束制度是为各项国土空间开发利用行为划定界限的制度,是保护生态环境的第一道防线,要加快建立健全国土空间开发保护制度,完善主体功能区制度,严格按照各地区主体功能定位科学布局"三生"空间,建立和完善最严格的生态保护红线制度,加快划定生态保护红线、永久基本农田、城镇开发边界三条控制线,尽快建立起全国统一、权责清晰、科学高效的国土空间规划体系。目标约束制度是通过先行设定本地区环境质量改善目标约束地方政府行为的制度。强化源头预防,要健全以环境质量监测系统和指标体系为支撑的地方政府生态环境目标评价考核制度,改革完善主要污染物总量目标减排制度,将环境质量目标与政绩考评挂钩,以环境质量指标为硬性约束开展政府生态环境目标评价考核,划定环境质量底线,形成对政府决策行为的源头约束。环境准入制度是各级政府针对市场主体设定资源环境准入标准从而过滤不符合环保要求的污染企业的制度。强化源头预防,要在空间约束与环境质量目标约束的基础上加快健全企业环境准入制度,以各地区资源环境承载力为依据设置产业准入门槛,完善建设规划和项目的环境影响评价制度,全面提高环评有效性,加强空间约束、政府环境质量目标约束与企业环境准入制度的衔接协调。激励性源头引导制度主要涉及生产端和消费端,要完善促进绿色生产和消费的政策导向和法律制度,制定出台有利于推进产业结构、能源结构、运输结构和用地结构调整优化的相关政策②,大力推进生态产业化与产业生态化,积极构建绿色金融市场交易平台,吸引社会资本积极参与环保产业,为市场导向的绿色技术创新提供政策倾斜,推动形成绿色循环低碳的经济发展方式。

第二,强化过程严管制度。过程严管制度是以环境质量目标为导向对

① 《中共中央关于坚持和完善中国特色社会主义制度　推进国家治理体系和治理能力现代化若干重大问题的决定》,人民出版社 2019 年版,第 31 页。
② 中共中央办公厅　国务院办公厅印发《关于构建现代环境治理体系的指导意见》,载《中华人民共和国国务院公报》2020 年第 8 期。

从事经济活动的各类主体的排污行为实施全过程管控的一系列制度,重点针对工业企业这一主要固定污染源。党的十九届四中全会明确提出,要构建以排污许可制为核心的固定污染源环境监管制度体系。强化过程严管制度要进一步明确排污许可制在固定污染源环境监管制度体系中的基础地位,有效衔接环评审批制度,融合污染物排放总量控制制度,加强全过程环境监管执法,逐步形成对工业企业等固定污染源全生命周期的"一证式"监管模式,为打赢污染防治攻坚战提供有力保障。强化过程严管制度要有效衔接环评审批制度与排污许可证的核发。环评审批是审批机关对企业环境影响评价文件进行事前审查的制度,是环保部门开展环境监管的起点。排污许可证的核发要以环境影响报告及其审批文件为重要依据。强化过程严管制度要衔接环境影响评价文件与排污许可证的基本信息、管控要求和技术规范,探索整合排污许可证核发与环评审批的信息化管理平台。强化过程严管制度要通过排污许可制落实固定污染源污染物排放总量控制制度;要改革以往以行政区划分解污染物排放总量控制指标的方式,将控制指标逐个分解到各个企事业单位,落实到企事业单位排污许可证中的许可排放限值。强化过程严管制度要对环境质量达标区与不达标区实行差别化排放总量控制,对非达标区要根据区域环境质量目标、污染物总量控制目标等制定相应的污染物排放削减计划,分解载入各企事业单位的排污许可证中,逐步减少污染物排放量,推动区域环境质量持续改善。强化过程严管制度要加快健全排污许可证核发后的监管制度,制定排污许可监管条例,填补当前证后监管的空白地带。2020 年 12 月,国务院出台了《排污许可证管理条例》,进一步明确了排污管理和监督检查等具体事项,明确国务院生态环境主管部门负责全国排污许可的统一监督管理①,核查排放数据的真实性并判定排放是否达标,对于不按证排污和无证排污的行为依法予以严厉查处,对构成犯罪的追究刑事责任。此外,强化过程严管制度要建立信息公开和公众监督机制,鼓励公众举报无证和不按证排污的行为,推进环境公益诉讼,引导社会公众积极参与监督企事业单位的排污行为。

第三,强化后果严惩制度。后果严惩制度是指对造成环境污染的行为主体依法严厉惩处,同时对各类主体形成警示威慑,促使其不敢以身试法,主要包括生态环境损害赔偿制度以及各类环境保护法律规定的法律责任追究条款,是生态环境保护源头预防、过程严管制度的重要保障。强化后果严惩制度应从以下几方面入手:一是要完善生态环境损害赔偿制度,根据"环

---

① 《排污许可管理条例》,载《人民日报》2021 年 2 月 23 日。

境有价,损害担责"原则明确由造成生态环境损害的责任者承担赔偿责任,及时修复受损的生态环境,必要时实行货币赔偿。环境损害涉及污染物质进入环境介质后,会发生化学、生物等反应和变化,既有地理单元性,也有流动性。这就要求环境损害评估必须遵循一定的规范,按照科学的方法来确定①。因此,要加快研究制定专门的"生态环境损害赔偿法",在法律层面综合确定生态环境损害赔偿的核心规则,包括立法目的、适用范围、法律原则等基本规定,在此基础上要进一步细化赔偿磋商机制、诉讼制度、环境损害鉴定评估以及公众参与等方面的规范和程序。二是要加快建立健全环境法律制度体系,强化环境保护责任,扩大环境法律责任主体,进一步提高环境违法成本。要明确生态环境的责任主体包括"污染者"、"破坏者"、"受益者"、"主管者"、"利用者"和"消费者"②,在环境立法中将责任主体由污染企业扩张至政府、企业股东、贷款机构、环境服务企业以及消费者等,使其共同承担环境保护的主体责任。要在环境立法中强化责任制度,针对不同环境违法情形适当加大行政处罚力度,降低追究环境刑事责任的门槛,追究严重环境污染事件责任者的刑事责任,建立环境信用信息公开制度,将企业环境违法信息向社会公众公示,提高企业的环境违法成本,形成警示威慑,使后果严惩制度成为悬于各行为主体头顶的一把"利剑",倒逼政府、企业和公众自觉遵守生态环境保护的相关法律法规。

二、全面建立资源高效利用制度

从生态平衡遭到破坏的作用机理看,自然资源过度开发不仅对生态系统功能造成物理破坏,其低效的利用方式更对生态环境造成化学污染。所以,高效节约利用资源有助于污染防治,资源合理开发利用相对于防污治污更具源头意义。党的十九届四中全会提出全面建立资源高效利用制度,健全自然资源市场配置的基础性制度,完善政府监管制度和激励性政策体系,从资源利用角度推动我国经济走向高质量发展道路,保障我国自然资源长期可持续发展利用。

第一,要加快自然资源市场配置的基础性制度建设。全面建立资源高效利用制度,要加快自然资源市场配置的基础性制度建设,包括健全自然资源资产产权制度和落实资源有偿使用制度,推动形成统一、竞争、有序的自

---

① 吕忠梅:《环境司法理性不能止于"天价"赔偿——泰州环境公益诉讼案评析》,载《中国法学》2016 年第 3 期。
② 王江:《环境法"损害担责原则"的解读与反思——以法律原则的结构性功能为主线》,载《法学评论》2018 年第 3 期。

然资源产权市场,完善市场规则,健全价格体系,促进市场竞争,增强资源高效节约利用的内生动力。具体而言,应从以下几方面入手:一是要建立归属清晰、权责明确、流转顺畅的自然资源资产产权制度。自然资源资产产权由于其特殊性,可以产生市场化效应、资源配置效应、资本化效应与生态化效应。① 因此,只有建立完善的产权制度,有效维护所有权者权益,才能进行自然资源的市场化运作,激发所有者自觉保护自然资源的内生动力。其中,要完善自然资源产权界定制度,推进自然资源统一确权登记,明确界定全部国土空间各类自然资源资产的产权主体,划清各类自然资源资产所有权和使用权的界限,扩大使用权出让、转让、入股等权能。完善承包土地"三权分置"制度,加快建设用地地下、地表、地上使用权界定,完善探矿权、采矿权合一制度,有效衔接油气探采权和土地或海域使用权,探索立体分层设立海域使用权,探索在无居民海岛设立使用权等。此外,要创新自然资源资产所有权的实现形式,明确各类自然资源资产的产权主体。对于全民所有的自然资源,要明确国务院授权自然资源部代表行使其所有权人职责,委托省市级自然资源主管部门代理行使所有权人职责,健全全民所有自然资源资产收益分配制度,合理调整中央与地方收益比例和支出结构。对于农村集体所有自然资源,要明确农村集体经济组织代表集体行使所有权人职责,使农村集体经济组织成员依法享有收益分配权。二是要建立健全自然资源有偿使用制度,完善自然资源权益交易机制,推动形成竞争性合理利用全民所有自然资源的市场机制。其中,要明确全民所有自然资源资产有偿使用的市场准入规则,适当放宽准入条件,吸纳更多符合规定的主体积极参与资源流转交易,形成公平竞争模式。同时,要建立健全资源性产品的价格体系,合理确定自然资源的使用成本,综合考虑经济价值、生态价值和社会价值进行全成本定价,逐步引导自然资源使用者从自然生态系统的整体性出发进行自然资源估价。此外,要建立统一的公共资源交易平台,根据不同情形制定相应的自然资源权益交易规则,建立健全有偿使用信息公开和服务制度,有效维护国家所有者的权益。

第二,要构建适应市场配置资源的政府监管制度与政策体系。全面建立资源高效利用制度,要完善政府监管制度和激励性政策体系,构建适应市场配置资源的政府监管制度与政策体系,包括实行严格的自然资源总量管理和全面节约制度,改革自然资源监督管理体制,完善资源节约集约循环利

---

① 卢现祥、李慧:《自然资源资产产权制度改革:理论依据、基本特征与制度效应》,载《改革》2021 年第 2 期。

用的政策体系等,确保我国自然资源长期可持续发展利用。具体而言,应从以下几方面入手:一是要实行严格的自然资源总量管理和全面节约制度,合理设定各类自然资源消耗上限,采取自然资源用途管制措施避免对自然资源的无序开发。其中,要实行最严格的耕地保护制度和土地节约集约利用制度,完善耕地占补平衡机制,全面实行建设用地减量化管理和总量控制,健全用水总量控制制度,完善省市县三级取用水总量指标控制体系,建立严格的能源消耗总量与强度双控制度,分级落实国家能源消耗总量控制目标,对森林、草原、湿地、沙地、海洋资源等实行严格管控,保障自然资源节约集约高效利用。二是要改革完善自然资源监督管理体制,按照自然资源所有者与管理者分开的原则,设立国有自然资源资产管理机构统一行使全民所有自然资源资产所有权人职责,另设专门机构统一行使全部国土空间用途管制职责。这一方面有利于充分发挥市场主体的能动作用,另一方面有利于统筹山水林田湖草统一监管、统一保护。三是要健全资源节约集约循环利用的政策体系,加快制定资源循环利用产业总体发展规划,引领产业发展方向,要运用经济激励型政策鼓励循环型工业、农业和服务业发展,加大财税和金融政策支持力度,大力扶持资源再生利用产业化,同时要由点到面逐步在全社会推行垃圾分类和资源化利用制度,建立相应的社会型激励奖惩机制,推动形成覆盖全社会的资源循环利用体系。

三、健全生态保护和修复制度

环境污染、资源减损不仅会造成一定空间域环境质量的下降,更重要的是会影响生态系统自我运行、自我调节的能力,打破人与自然界的平衡关系。因此,以环境质量改善为导向的防污治污与生态系统保护修复是一体两面的关系[1],要强化污染防治与生态保护的联动协同效应,以"保存量"和"促增量"为导向健全生态保护和修复制度体系,保障重要生态系统不再受到破坏,确保生态环境资源存量不减少,提升生态资源及产品供给能力。

第一,要构建以"保存量"为导向的生态系统保护制度。健全生态保护和修复制度,要构建以"保存量"为导向的生态系统保护制度,重点建立以国家公园为主体的自然保护地体系,健全国家公园保护制度,保护国家重要生态空间的原真性、完整性和生态功能的可持续性。具体而言,应从以下几方面入手:一是要整合重构我国自然保护地类型与空间布局,加快构建自然保护地体系。其中,要评估与整合现有交叉重叠的各类型自然保护地,打破

---

① 吴舜泽:《生态文明制度建设的里程碑》,载《学习时报》2020 年 3 月 13 日。

行政区划分割、资源要素分割的壁垒,遵循生态系统完整性将其归并优化为保护强度从高到低的国家公园、自然保护区和自然公园三大类型,并将其中生态功能重要、生态环境敏感的保护地纳入生态保护红线管控范围,进一步研究制定各类自然保护地评价标准以及遴选、设立的法定程序。2020年6月,我国出台首个生态修复综合规划《全国重要生态系统保护和修复重大工程总体规划(2021—2035年)》,提出构建青藏高原生态屏障区、黄河重点生态区、长江重点生态区、东北森林带和北方防沙带"三区两带"为骨架的国家生态安全屏障。二是要构建统一的自然保护地分级管理体制,摆脱"九龙治水"的体制障碍。要在国家层面设立专门管理机构对自然保护地实行全过程统一管理,同时建立自然保护地分级设立、分级管理的体制,各级自然保护地管理机构要全面履行生态保护、自然资源资产管理、用途管制、公共服务等管理职责,对于需要多部门协调配合的自然保护地管理事宜,由国家自然保护地管理机构牵头开展联席会议统筹解决。三是要建立一套监管有力的自然保护地生态环境监督考核制度,建立对各类自然保护地生态环境的监测预警机制,及时评估和预警生态风险,建立对自然保护地生态空间管理与保护成效的考评机制,将考评结果纳入保护地管理机构及相关部门领导干部生态文明建设的目标评价考核体系,压实领导干部的主体责任。同时,要开展自然保护地综合执法,定期开展"绿盾"专项监督检查,及时发现并严厉惩处损害自然保护地生态空间的违法违规行为。

第二,要构建以"促增量"为导向的生态系统修复制度体系。健全生态保护和修复制度,要构建以"促增量"为导向的生态系统修复制度体系,包括建立生态修复工程规划与监管制度,健全生态修复责任的资金保障机制等,保障被破坏和污染的生态环境要素得到有效修复,使失衡的生态系统尽可能地恢复平衡,有效提升生态环境资源的供给规模与质量。具体而言,应从以下几方面入手:一是要编制各类生态修复工程规划,在实施修复前确定生态修复的对象、目标和具体要求。其中,要建立生态系统损害鉴定评估与排查机制,根据损害情形和修复紧急程度制定短期、中长期以及突发环境事件等的修复规划,保障生态修复工程有序实施。同时,要建立生态修复工程的效益评估、市场准入和监管制度,保障生态修复效果达到规划预期目标。二是要健全生态修复责任的资金保障机制,确保生态修复责任人有足够的资金完成生态修复工程。其中,要探索建立统一的生态修复保证金制度,对依法承担生态修复义务的权利主体收取相应的生态修复保证金,用于该当事人造成环境损害但未有效履行生态修复义务时,主管部门委托第三方完成生态修复。同时,要建立生态修复基金保障制度,保障责任人无法认定或无力修复的重要自然生态系统能够得到及时修复。并且,要拓宽生态修复基金来源,通过政府转移支付、企业缴纳生态补偿费用、社会募捐、贷款等方式筹措生态修复基金,形成有力的资金保障。进一步,要实行严格的生态修复基金管理制度,确保专款专用,严厉禁止生态修复基金的挪用、截留或非法侵占。此外,还应探索建立生态修复责任保险制度,有效保证生态损害责任人在责任发生后具有完成生态修复的资金来源。

四、建立生态文明建设目标评价考核和责任追究制度

坚持和完善生态文明制度体系,促进人与自然和谐共生,其核心仍然在于管好人的行为,要抓住地方党政领导干部这一关键少数,建立一套领导干部生态文明建设责任制度体系。只有建立体现生态文明要求的目标体系、考核办法,形成督促各级党政干部推进生态文明建设工作的制度氛围和刚性约束[1],才能从根本上转变领导干部的传统政绩观念。具体应从以下几方面入手。

第一,要建立体现生态文明要求的目标体系、考评办法和奖惩机制。领导干部政绩考评体系是经济社会发展的"指挥棒",直接影响地方政府的行为和领导干部的政绩观念,因而要从改革地方政府领导干部政绩考评体系入手,改变传统唯 GDP 论英雄的考评标准,引导领导干部树立绿色政绩观,主动发力破解生态环境难题。具体而言,要健全生态文明建设目标评价考核制度,建立体现生态文明要求的目标体系、考评办法和奖惩机制。要完善并落实生态文明建设目标体系,将资源利用、生态保护、公众满意度等目标纳入经济社会发展考评目标体系,建立一套可视化的绿色发展指标体系,完善监测与核算绿色发展各项指标的技术手段,为考核评价提供数据支撑。要建立完善生态文明年度评价制度,发挥年度评价对地区生态文明建设的积极引导作用,以绿色发展指标体系为依据实施年度评价并向公众公开成绩单,年度评价的结果则作为生态文明考核的重要依据。要健全生态文明考核办法,对各级党委政府、企事业单位、环保部门实现经济社会发展规划纲要中自然资源消耗、生态环境改善的约束性目标、中央要求的生态文明建设重大目标任务等进行每五年一次的考核,考核办法根据各地资源环境禀赋、主体功能和经济社会发展水平等因素的差异实行考核指标差别设计、分

---

① 秦书生、王艳燕:《建立和完善中国特色的环境治理体系体制机制》,载《西南大学学报》(社会科学版)2019 年第 2 期。

类设计,并生成考核报告,作为各级党政领导干部政绩综合考评、奖惩任免的重要依据,倒逼领导干部重视生态文明建设。

第二,要夯实党政领导干部生态文明建设的政治责任。政绩考评体系是"指挥棒",责任体系则是一把悬于领导干部头顶的"利剑"。落实到制度安排上,一要建好用好中央环境保护督查制度,对党政领导干部生态文明建设不作为、乱作为、慢作为等情况实行严肃追责。习近平在2018年生态环境保护大会上强调:"特别是中央环境保护督察制度建得好、用得好,敢于动真格,不怕得罪人,咬住问题不放松,成为推动地方党委和政府及其相关部门落实生态环境保护责任的硬招实招。"①要运用党中央权威对各省级党委和政府、国务院有关部门以及有关中央企业生态文明建设责任落实情况进行严肃督察,开展例行督查、专项督察和"回头看",建立各省、自治区、直辖市生态环境保护督察机制,延伸补充中央环保督察力量,形成警示威慑,传递党中央、国务院对加强生态文明建设的坚强意志和坚定决心。二要落实领导干部生态文明建设责任追究制度,严格考核问责,按照"党政同责、一岗双责、失职追责"的基本原则管吏治吏。习近平提出:"要建立责任追究制度,对那些不顾生态环境盲目决策、造成严重后果的人,必须追究其责任,而且应该终身追究。"②要落实地方各级主要领导干部是本行政区生态环境保护的第一责任人,对地区的生态环境质量负总责,将第一责任主体定位至各级党委和政府主要领导干部,其他有关领导承担职责范围内的责任。同时,要清晰界定追责情形,以领导干部自然资源资产和生态环境保护责任离任审计结果、生态文明目标考评结果、环境保护督察结果为依据,采取终身追责原则,严肃追究因盲目决策造成严重生态环境损害的领导干部。

总之,深入学习贯彻党的十九届四中全会精神,坚持和完善生态文明制度体系,就要坚决贯彻落实习近平生态文明思想,深刻把握主要着力点,着眼于改善环境质量、高效利用资源、保护生态系统、压实领导责任四个主要着力点完善生态文明制度体系,推进生态文明制度的体系化建设,力争形成一套系统完整、科学规范、运行有效的生态文明制度体系,为美丽中国建设提供可靠制度保障。全面加强生态环境保护工作,要坚持用最严格制度最严密法治保护生态环境,促进人与自然和谐共生。

---

①　习近平:《推动我国生态文明建设迈上新台阶》,载《求是》2019年第3期。
②　《习近平谈治国理政》第1卷,外文出版社2018年版,第210页。

第三节　深化改革促进生态文明体制机制优化

生态文明建设不单单是环境保护和资源节约等问题,它还涉及人民幸福、社会稳定、党的执政地位等问题,因此,要不断坚持和完善生态文明制度体系。2015 年 5 月印发的《中共中央国务院关于加快推进生态文明建设的意见》首次强调加快推进生态文明建设要以健全生态文明制度体系为重点。2018 年 6 月,中共中央、国务院发布《关于全面加强生态环境保护坚决打好污染防治攻坚战的意见》(以下简称《意见》)指出,"深化生态环境保护管理体制改革,完善生态环境管理制度,加快构建生态环境治理体系"①。打好污染防治攻坚战,推进美丽中国建设,坚持和完善生态文明制度体系,必须深化生态文明体制改革,优化体制机制,构建环境治理体系,建立和完善环境治理体系体制机制。建立和完善中国特色的环境治理体系体制机制是国家治理体系在生态环境保护领域的具体体现,是加强生态文明建设的必然要求,彰显出国家对环境治理体系建设的高度重视。当前我国打好污染防治攻坚战,解决环境污染和生态破坏问题,推进生态文明建设,必须坚持以习近平生态文明思想为指导,在坚持和完善生态文明制度体系,优化体制机制上下功夫,建立和完善环境治理体系体制机制。

一、建立和完善促进生态文明建设的环境管理体制

面对当前我国生态文明制度建设的法律法规、管理体制机制、社会参与机制等现实困境和最大瓶颈,最好的突破口在于改革体制,不断加快体制机制创新,加快建立和完善促进生态文明建设的环境治理体系管理体制,增强环境治理体系管理体制的针对性和有效性,破解生态文明建设困境。西方主要发达国家如英国、美国、德国等自工业革命以来,都先后经历了一段"先污染后治理"的过程。近年来,在多种机制的相互作用下西方主要发达国家逐渐改变"先污染后治理"发展模式并取得了一些成功经验。德国建立了政府规制、公民参与、企业合作相结合的高效环境治理体系。英国也通过法制规约、税费奖惩、完善设施规划等多种手段改善生态环境。目前国际上有关环境治理新模式、新思路的探索主要集中在多中心治理模式、互动式

---

① 《中共中央国务院关于全面加强生态环境保护　坚决打好污染防治攻坚战的意见》,载《人民日报》2018 年 6 月 25 日。

治理、源头治理、环境可持续治理等①多方面。西方主要发达国家的环境治理新模式以及在完善环境法律制度建设、构建协同高效的环境治理结构等方面的经验值得我国借鉴。我国要适应全球环境治理的新趋势,提高环境治理水平,就要转变传统的环境治理方式,建立和完善中国特色的环境治理体系体制机制。

(一) 建立和完善生态环境监管体系

第一,政府要从源头预防、过程管控、侵权追究等方面建立环境治理体系的管理制度。我国生态环境保护中出现的问题,一定程度上与体制不健全有关,没有形成从源头到末端的完善的、严密的生态制度体系,因此,我国要大力推进生态文明建设,要坚持全过程、全领域管控,构建起科学完备、运转有序的生态文明建设制度体系。政府要明确作为环境治理体系制度设计者和政策标准制定者的定位,转变政府职能,化身为环境治理的政策、标准的制定者和监督者。今年 3 月,中共中央印发《深化党和国家机构改革方案》,提出组建自然资源部和组建生态环境部,进一步完善生态环境监管体系。这是深化生态文明体制改革的重大举措,有助于解决生态环境领域中职责不清、交叉重复和多头治理等问题,有助于增强环境监管部门的权威性和环境治理的有效性,是推进生态环境领域治理体系现代化和治理能力现代化的深刻变革和巨大进步,对于建立和完善中国特色的环境治理体系体制机制具有重要的现实意义。党的十八大以来,中国努力构建宏观制度与微观制度相结合、源头管理制度与过程监管制度相协调、制度完善与法治健全相呼应的生态文明制度体系,着力强化制度的刚性约束功能。② 政府要建立和完善以源头保护为核心的环境管理制度、以过程补偿为核心的生态补偿制度和以末端修复为核心的生态修复制度。建立健全环境损害赔偿制度,要完善污染物排放监管机制,加大环境污染惩处力度,使污染者为环境污染破坏行为进行环境损害赔偿,以解决环境污染的外部性问题。同时,为了保证环境治理相关制度、安排、政策、规划等顺利从理论层面落实到实践层面,政府要以自身的社会资源整合运用能力优势为依托,"建立独立权威高效的生态环境监测体系,构建天地一体化的生态环境监测网络"③,对环境治理体系中的人、财、物等各项资源进行有效的调度指挥,安排配备环境

---

① 刘冬,徐梦佳:《全球环境治理新动态与我国应对策略》,载《环境保护》2017 年第 6 期。
② 丁卫华:《中国生态文明的制度自信研究》,载《河海大学学报》(哲学社会科学版)2020 年第 5 期。
③ 《中共中央国务院关于全面加强生态环境保护　坚决打好污染防治攻坚战的意见》,载《人民日报》2018 年 6 月 25 日。

治理相应的行政管理和执法人员,完善环境治理的相关财政预算体系规划,为构建环境治理体系的资金支持提供足够的保障,在环境治理中有效发挥监管作用。

第二,完善环境保护督察制度。习近平在第八次全国生态环境保护大会上指出要"加快推进生态文明顶层设计和制度体系建设,加强法治建设,建立并实施中央环境保护督察制度"①。环境保护督察是我国生态文明体制改革的重大制度创新和实践,是党中央、国务院推进生态文明建设和环境保护工作的重大制度创新,凝聚了全社会生态环境保护共识,是强化生态环保责任、解决突出环境问题的重要举措,并取得了一系列成效。2017 年 5月,习近平指出:"要健全自然资源资产管理体制,加强自然资源和生态环境监管,推进环境保护督察,落实生态环境损害赔偿制度,完善环境保护公众参与制度。要完善法律体系,以法治理念、法治方式推动生态文明建设。"②《意见》明确提出,要完善中央和省级环境保护督察体系,推动环境保护督察向纵深发展。③ 建立中央—省两级环境保护督察体系已经在很多地方进行了试点,并取得了一系列成效,得到广大人民群众的认可、地方支持和中央的肯定,因此,我们要将这些环保督察监管体制常态化、深入化、长效化。《关于加快推进生态文明建设的意见》中明确提出要以健全生态文明制度体系为重点,完善生态环境监管制度。完善环境保护督察制度,要建立相对独立的环保督察机构。《环境保护督察方案(试行)》明确建立环保督察机制,对生态环境保护督察工作进行了工作部署。《中央生态环境保护督察工作规定》对组织机构和人员,督察对象和内容、程序和权限、纪律和责任明确进行了规定。环保督察机构要对地方环境保护部门环境监督管理行为加强督导,在督察过程中发现其未履职尽责或参与环境保护违法违规活动等问题,应依法予以监督和纠正,还应就环境监督管理工作加强与相关部门沟通交流,共同推进环境治理工作。

第三,要建立健全环境治理社会监督反馈制度。建立健全环境保护社会监督反馈制度,就要通过立法形式明确社会组织和公众对政府环保工作和企业环境行为的监督权以及监督权的实施路径。我国的环境治理体系建设,正处于重要的转型期,管理体制建设不完备,环境治理的法律设计、政策

---

① 《坚决打好污染防治攻坚战　推动生态文明建设迈上新台阶》,载《人民日报》2018 年 5 月20 日。

② 《习近平关于社会主义生态文明建设论述摘编》,中央文献出版社 2017 年版,第 110 页。

③ 《中共中央国务院关于全面加强生态环境保护　坚决打好污染防治攻坚战的意见》,载《人民日报》2018 年 6 月 25 日。

制定、管理、执行等不完善。企业对环境保护和治理缺乏热情,社会组织缺乏对环境治理工作的监督效力等问题,公众则更多地将环境治理的希望寄托在政府身上,自身缺乏主动性、积极性。《意见》指出,"政府、企业、公众各尽其责、共同发力"①,"按照系统工程的思路,构建生态环境治理体系"②。中国特色的环境治理体系是一个多方面力量相互作用、相互合作形成的有机整体,社会组织和公众要充分了解企业环境信息,了解重点企业污染物排放情况,监督企业公开污染物排放自行监测信息,参与企业环境信用等级评定,同时对政府环保工作积极提出建议,及时反映存在的问题,对政府的失职行为给予批评,并且通过舆论监督反映社会对环境问题和环保工作的意见,促进政府主导性作用的发挥,促进企业在环境治理体系中主体作用的发挥。

在当前环境治理模式中,特别是传统治理中,政府对于公众在环境监督中发现的问题,往往没有及时进行合理分析研究,没有及时向公众反馈研究的进程以及结果。构建公众环境监督反馈机制,就是要解决上述问题,使公众的环境监督意见可以有效地反馈,并且在政府工作中明确对公众意见的处理办法和规章流程。另外,对于公众的环境监督意见的处理要秉持公开透明的原则,对处理工作进程进行跟踪,直至公众的意见被彻底解决。因此,要在统筹兼顾、全面规划、局部服从全局等原则下,明晰政府、企业、公众等各类主体的权责,以系统工程思维构建环境治理体系,形成全社会共同推进环境治理的良好格局,建立和完善中国特色的环境治理体系管理体制。

(二) 健全生态环境保护经济政策体系

传统的环境治理模式,缺乏对环境治理的有效激励。改革环境保护体制机制,要建立完善生态环境保护经济政策体系,从政策层面激励企业承担环境责任,推进绿色技术创新,促进企业绿色化升级转型。政府及有关部门要通过制定生态环境保护经济政策,引导企业生产经营的绿色化转向。

第一,要完善环境治理的财政制度。国家财政要加强对环境治理的资金投入,通过完善政策体系,逐步建立常态化、稳定的中央和地方环境治理财政资金投入机制,健全生态保护补偿机制。完善环境治理财政制度主要包括环境服务收费体系、环境污染收费体系、环境资源税收体系以及生态环境公共产品定价体系等方面内容。应当以政府财政投资为主导,从环境治

---

① 《中共中央国务院关于全面加强生态环境保护　坚决打好污染防治攻坚战的意见》,载《人民日报》2018 年 6 月 25 日。

② 《中共中央国务院关于全面加强生态环境保护　坚决打好污染防治攻坚战的意见》,载《人民日报》2018 年 6 月 25 日。

理财政补贴、转移支付以及生态补偿专项基金等多方面构建完善的环境治理财政制度;要完善金融扶持,设立国家绿色发展基金,在环境高风险领域研究建立环境污染强制责任保险制度,不断完善财政支持政策体系,形成稳健的促进绿色发展财政机制等等。同时,还要拓宽投融资渠道,建立全方位、多元化投资机制,为推进环境治理体系建设提供资金保障。

第二,要完善绿色税收、信贷政策。要对排污量大、资源消耗多的生产者征收环境税、资源税,对生产绿色产品的生产者适当减免税收。要通过完善环境税、资源税,并通过增值税、所得税、消费税等绿色税收政策等手段来引导和鼓励绿色生产和绿色消费。绿色信贷是指金融机构在进行贷款项目审核的过程中将企业是否符合环境检测标准、污染治理效果和生态保护作为衡量企业信贷资质重要标准的信贷活动。完善绿色信贷政策,能够推动企业积极参与环境治理。完善绿色信贷政策,建立健全环境治理政务失信记录,完善企业环保信用评价制度,建立排污企业黑名单制度,建立完善上市公司和发债企业强制性环境治理信息披露制度。[1] 要对绿色企业实施信贷政策倾斜,提供信贷资金的支持,对行业的经济利益格局进行二次调整和再分配,推动企业积极参与环境治理,推动企业绿色发展。同时绿色信贷政策对高污染高耗能企业形成了环境资金壁垒,影响其资金链条运转,从而实现利用信贷政策调整产业布局的目的。绿色税收、信贷政策利用经济杠杆来引导企业将污染成本内部化,从而从源头上遏制环境污染破坏严重的企业发展,有力地推动企业参与环境治理,助力生态文明建设。

第三,要充分运用市场化手段,强化企业环境治理主体地位,促进企业主动进行绿色化升级转型。要构建规范开放的市场,创新环境治理模式,健全价格收费机制。强化环保产业支撑,严格落实“谁污染、谁付费”政策导向,建立健全绿色市场机制。在企业的运行成本核算中,企业的人工成本、材料机器成本等都是十分明确的,然而环境污染成本却是模糊不清的。提高违法成本、降低守法成本,是推动企业绿色发展,强化企业环境治理主体地位的重要举措。因此,要充分利用排污权交易、排污收费制度、排污税制度等,将企业的环境污染成本内部化,变成企业看得见的运营成本。排污权交易使排污权成为商品在市场中流通,意味着企业的排污行为将为企业带来排污成本,以此来进行污染物的排放控制,从而减少排放量、保护环境[2]。

---

① 中共中央办公厅　国务院办公厅印发《关于构建现代环境治理体系的指导意见》,载《中华人民共和国国务院公报》2020年第8期。

② 潘俊强:《治污减排创效益》,载《人民日报》2017年5月13日。

总量控制原则限定了排污权的资源稀缺性,因此对有排污需求的企业而言,要么是通过排污权交易转让市场获得排污权,要么是通过企业的技术改进来缩减排污需求。

充分利用市场手段,把市场运行机制引入环境治理领域,健全绿色市场管理制度,进一步完善环境交易制度,实现绿色产业的市场化运作和发展,充分发挥市场在环境治理中的最大作用是政府环境管理的重要工作内容之一。只有在政府宏观管理的基础上引入市场机制,将行政手段与市场手段相结合,才能提升环境治理工作的质量和效果。企业进行生产经营活动,从本质上是为了追逐利益,然而只有企业的产品或服务通过消费者的市场需求成功售出,才能获得经济利益。在当今的市场经济中,供求关系相互影响、相互作用、相互制约。由于市场需求对企业的生产经营活动会产生重要影响,所以,消费者应当树立绿色消费、绿色生活理念,并切实投入到自己的实际行动中去,在消费时选择未被污染或有助于公众健康的绿色产品,以购买绿色产品为时尚,促进企业以生产绿色产品作为获取经济利益的途径。

政府采购绿色化是充分运用市场化手段,强化企业环境治理主体地位的重要体现。政府在进行采购的过程中,除了保证质量和效率,还要以社会的公共环境利益为出发点和落脚点,充分考虑政府采购的环境影响,根据环境承载能力、能源消耗总量、污染物控制总量的指标要求,对环境污染破坏型产品应当禁止采购,应当优先支持环境保护型产品的采购。政府的采购工作应与社会环境利益紧密结合,同时制定一系列绿色采购标准。政府采购绿色化,通过市场中的需求方的需求变化,引起企业供给方的产品供给结构、质量的变化,这体现了经济学中的需求对供给的巨大影响作用,将有效推动企业在充分考虑政府绿色化采购需求的前提下,实现自身的绿色化升级转型。同时,政府采购绿色化,对不符合环境标准的企业施加来自市场需求方的压力,而为符合环境标准的企业提供了具有倾斜性的政策优惠。所以,政府采购绿色化有利于推动企业参与环境治理,强化企业环境治理的主体地位。

（三）健全生态环境保护法治体系

法律是治国之重器,良法是善治之前提。习近平强调:"保护生态环境必须依靠制度、依靠法治。只有实行最严格的制度、最严密的法治,才能为生态文明建设提供可靠保障①"。习近平"最严格制度"和"最严密法治"的

---

① 《习近平关于社会主义生态文明建设论述摘编》,中央文献出版社 2017 年版,第 99 页。

提出切中时弊,从法治层面保障了生态文明建设。传统的环境治理模式,生态环境保护法律制度体系不完善。《意见》指出,要完善生态环境保护法律法规体系。① 保护生态环境必须完善生态环境保护法律制度,加强生态环境保护的相关立法、执法、司法队伍的建设,促进生态环境保护法治体系的健全和完善。

第一,健全生态环境保护法治体系,要进一步完善生态环境保护立法。生态环境保护法律制度具有极强的约束力,能够为企业和社会公众提供行为规范的标准。完善的生态环境保护立法是生态环境保护法治体系建设的基础。健全生态环境保护法治体系,首要是增强全社会生态环境保护法治意识,完善生态环境保护立法,依靠法治保护生态环境。党的十八大以来,我国环境保护法、大气污染防治法、水污染防治法、环境影响评价法、环境保护税法等多部重要相关生态环境保护法律完成修订。应加快科学的生态环境保护立法体系的建立,充分借鉴国外生态法治模式,构建中国特色社会主义生态法治体系,实现多元主体协同共治网络格局。要从执法者、司法者、守法者的视角全面审视生态环境保护法,统筹思考,不断丰富我国生态环境保护法律内容,完善与环境治理相配套的生态环境法律法规,使法律条款不断适应中国特色环境治理体系建设的需要,增强生态环境保护法律制度的协调性和可操作性。要推动建立健全土壤污染防治、固体废物污染防治、各生态环境资源开发利用及保护方面的法律法规。要加快建立和完善绿色生产、消费的法律制度,形成系统完整的绿色生产、消费法律体系,对企业的行为形成法律的刚性约束。要推动建立健全清洁生产促进法、循环经济促进法、现场检查制度、环境影响评价制度、排污申报登记制度、排污许可制度、限期淘汰制度、限期治理制度、重点企业监督管理制度、产品和包装物强制回收制度、清洁生产审核制度等一系列推动企业进行绿色化升级转型的环境法律制度体系,迫使企业推行清洁生产,推进绿色发展。要以《中华人民共和国环境保护法》为核心,同时对绿色生产、消费的立法空白领域进行补充,完善细化国家级绿色生产、消费法律法规,形成一个高效率、高水平、高覆盖的生态环境法律法规体系。

要充分发挥社会组织和公众的环境监督作用,使社会组织和公众参与环境监督机制发挥实质性作用,必须有相关的法律保障,必须加强立法,制定关于社会组织和公众参与环境治理的相关法律法规,要建立绿色政绩考

---

① 《中共中央国务院关于全面加强生态环境保护　坚决打好污染防治攻坚战的意见》,载《人民日报》2018 年 6 月 25 日。

核的制度保障体系和监督机制,建立一整套与严密的组织监督和广泛的民主监督相配套的有效制度,把制度约束与群众监督、社会监督和舆论监督结合起来①,保障社会组织和公众的环境监督权。因此,将社会组织和公众参与环境监督纳入法制化轨道成为当前加强社会组织和公众环境监督的一项重要任务。

第二,健全生态环境保护法治体系,要进一步完善环境执法制度,提升环境执法能力。完善环境执法制度,对企业的环境污染和破坏行为要严加查处,依法追究其法律责任。长期以来,我国一些地区和部门环境执法过程中存在有法不依、执法不严的现象。党的十八大和十八届三中全会提出要建立体现生态文明要求的目标体系、考核办法、奖惩机制;2015 年 8 月,中共中央和国务院印发了《党政领导干部生态环境损害责任追究办法(试行)》,不仅要建立和完善领导干部生态绩效考核制度,还要建立和完善责任追究制度,这就对环境保护职责的党政领导干部提出更高要求,"对不顾资源和生态环境盲目决策、造成严重后果的,要严肃追究有关人员的领导责任;对履职不力、监管不严、失职渎职的,要依纪依法追究有关人员的监管责任"②,严格责任追究,对没有履行或没有履行好相应责任的党政领导干部给予党纪国法的处罚。党的十八届四中、五中全会提出要用严格的法律制度保护生态环境;《中共中央国务院关于加快推进生态文明建设的意见》再次强调,要建立体现生态文明要求的目标体系、考核办法、奖惩机制。把资源消耗、环境损害、生态效益等指标纳入经济社会发展综合评价体系,大幅增加考核权重,强化指标约束,不唯经济增长论英雄。完善政绩考核办法,对违背科学发展要求、造成资源环境生态严重破坏的要记录在案,实行终身追责。③ 因此,要提高环境执法人员素质和能力,制定和完善相关环境执法法律法规,进一步健全环境执法机构,加大环保部门的强制执法力度。要赋予环境执法机构必要的强制执行权力和限期治理决定权,建立环境警察制度,多方执法机构实行信息数据共享,确立各部门联动的长效机制,对拒不执行环保处罚的企业,要联合电力、公安等部门采取限水、限电、限运等措施,形成一股强大的执法力量,严厉打击和惩处环境违法行为,真正做到有法可依,有法必依,执法必严,违法必究,切实维护法律的尊严,真正让绿色发展落到实处。

---

① 姜艳生:《对建立干部绿色政绩考核体系的思考》,载《领导科学》2008 年第 3 期。
② 《中共中央国务院关于加快推进生态文明建设的意见》,载《人民日报》2015 年 5 月 6 日。
③ 《中共中央国务院关于加快推进生态文明建设的意见》,载《人民日报》2015 年 5 月 6 日。

第三,健全生态环境保护法治体系,要加强司法保障体系建设。2014年习近平在中央政治工作会议上指出,必须深化司法体制改革,为生态文明建设提供司法保障。在生态文明体制改革进入攻坚区和深水区之时,必须创新改革方法,建立严格的环境司法制度。我国应强化环境司法制度建设,建立以检察机关为主体的诉讼制度,加大环境司法的力度,着重解决环境纠纷案件,及时查处破坏生态环境的犯罪行为并予以制裁。建立生态环境保护综合行政执法机关相关信息共享,强化对破坏生态环境违法犯罪行为的处罚,加大对破坏生态环境案件起诉力度,加强检察机关提起生态环境公益诉讼工作等等。① 党的十八届四中全会提出要完善确保依法独立公正行使审判权和检察权的制度,积极探索建立由检察机关提起的公益诉讼等新的机构和制度体系。以生态环境保护为内容的环境公益诉讼是推进环境保护法得以实施的重要环节。通过建立健全环境公益诉讼制度,社会组织和公众可以采取诉讼的方式解决环境问题,这是社会组织和公众参与环境治理的重要内容。环境公益诉讼一方面强调检察机关的环境保护职能,加强了其环境保护的社会责任,另一方面,有助于加快形成有关环境公益诉讼的主体、对象、范围及其程序的法律规定,完善环境公益诉讼制度体系。

建立健全环境公益诉讼制度,需要从民事诉讼与行政诉讼共同完善、环境公益诉讼相关法律条款细化、环境公益诉讼相关主体信息保密等几方面入手。环境公益诉讼的被诉对象不仅要包括污染破坏环境的企业,也应当包括在生态环境建设和环境治理中用权履责不恰当的环境行政机关和领导干部。关于环境诉讼的相关法律条款应逐渐细化,充分利用立法解释和司法解释对环境公益诉讼条款进行阐释。另外,还需要充分保障环境公益诉讼中相关人员主体的信息安全,做到信息保密,为公益诉讼提供良好的信息安全保障。要"建立生态环境保护综合执法机关、公安机关、检察机关、审判机关信息共享、案情通报、案件移送制度,完善生态环境保护领域民事、行政公益诉讼制度,加大生态环境违法犯罪行为的制裁和惩处力度"②。通过各环境相关部门的共同合作,推进环境信息共享和环境案件的处理。《意见》指出,要"加强生态环境保护的司法力量建设。整合组建生态环境保护综合执法队伍,统一实行生态环境保护执法。将生态环境保护综合执法机

① 中共中央办公厅 国务院办公厅印发《关于构建现代环境治理体系的指导意见》,载《中华人民共和国国务院公报》2020 年第 8 期。
② 《中共中央国务院关于全面加强生态环境保护 坚决打好污染防治攻坚战的意见》,载《人民日报》2018 年 6 月 25 日。

构列入政府行政执法机构序列"①。从环境保护立法、行政、司法队伍建设方面出发,增强环境保护的人力基础,为生态环境保护法治体系建设提供系统完善的人力资源。

(四) 加强生态环境保护能力保障体系建设

生态环境保护能力保障体系是构建中国特色的环境治理体系的重要内容。加强生态环境保护能力保障体系建设,可以为建立和完善中国特色的环境治理体系提供有力支撑。加强生态环境保护能力保障体系建设,要从发展绿色技术、建立健全生态环境风险防范体系以及环境污染的防治和处理机制、建立健全资源环境承载能力监测预警机制等几方面入手。

第一,发展绿色技术,为环境治理提供技术保障和支撑。加强关键环保技术产品自主创新,推动环保首台(套)重大技术装备示范应用,加快提高环保产业技术装备水平。② 要紧紧围绕着加快生态文明建设需要,联合开展关键性技术研究,促进绿色发展的技术,加快引导企业实现各种绿色开发技术、保护与利用各种自然资源的技术绿色化,建立资源节约型技术体系和生产体系,不断提高资源利用率,为生态文明建设提供有力的技术支撑,不断增强环境治理能力。提高生态环境保护能力需要大力发展绿色技术,为生态环境保护提供科技支撑。要逐步建立起多元化绿色技术创新市场体系,运用政府行政性力量和市场经济的经济运行杠杆,将政府和市场的力量整合形成耦合效应,促进绿色技术创新优化发展。另外,促进绿色技术的发展,必须加快对传统企业生产经营方式的绿色化改造,通过绿色技术的不断研发和投入使用,推动企业开发清洁生产技术和资源化技术,提高我国环境治理水平。

第二,构建生态环境风险的治理体系以及环境污染防治和处理机制。加强环境保护,维护生态环境安全必须构建生态环境风险治理体系,有效防范生态环境风险。习近平指出:"要把生态环境风险纳入常态化管理,系统构建全过程、多层级生态环境风险防范体系。"③生态环境风险具有多样性、复杂性和联动性,甚至某个风险要素的出现,都可能导致整个生态环境处于危险状态,因此,要根据生态系统的要素,严格管控生态环境风险,建立覆盖全面的规章制度,减少风险。构建生态环境风险治理体系要建立生态环境

①　《中共中央国务院关于全面加强生态环境保护　坚决打好污染防治攻坚战的意见》,载《人民日报》2018 年 6 月 25 日。

②　中共中央办公厅　国务院办公厅印发《关于构建现代环境治理体系的指导意见》,载《中华人民共和国国务院公报》2020 年第 8 期。

③　《习近平谈治国理政》第 3 卷,外文出版社 2020 年版,第 370 页。

风险防范管理机构,主要负责对现有以及潜在的生态环境风险开展评估,进行风险识别。生态环境风险评估的目的是预测可能发生的生态环境风险,从而规避风险,减少损失。进入大数据时代以来,以大数据技术为基础的生态环境风险评估结果应及时向社会发出预警,以便及时防范生态环境风险。要建立基于生态环境风险的综合决策体系,构建有效的生态环境风险防范路线图。要制定生态环境风险管理目标,建立风险监测网络及风险评估体系,制定综合性的生态环境风险管理战略,完善生态环境风险管理的支撑体系。① 要加强生态环境风险应对能力建设,强化生态环境风险管理,应对突发性的环境污染事件,政府要迅速部署实施污染处理方案,针对大气、水、土壤、海洋以及其他类型污染进行应急处理,建立跨区域跨部门的生态环境保护协调联动机制,为环境污染防治和处理提供高效的运转平台。

第三,建立健全资源环境承载能力监测预警机制。资源环境承载能力即资源环境容量,是指在保持生态系统良性循环的前提下,一个地区可以承载的最多人口、最大资源开发强度及污染物排放量。健全资源环境承载能力监测预警机制就是要在遵循客观规律和资源环境承载力基础上实现人与自然和谐共生目的。建立资源环境承载能力监测预警机制有利于政府合理规划自然资源的开发利用,有利于平衡生态空间和建设空间,有利于生态文明建设。2017 年 9 月中共中央办公厅以及国务院办公厅印发《关于建立资源环境承载能力监测预警长效机制的若干意见》,该意见从总体要求、管控机制、管理机制以及保障措施等方面全面部署了资源环境承载能力监测预警相关内容规划,这将推动实现资源环境承载能力监测预警规范化、常态化、制度化,引导和约束各地严格按照资源环境承载能力谋划经济社会发展②,标志着我国资源环境承载力监测预警工作逐步走向完善。

(五) 构建生态环境保护社会行动体系

生态文明制度建设不仅仅要依靠国家的宏观政策和法律法规,还必须强化社会组织和公民的生态保护意识。由于我国环境教育普及程度不高,多数公众缺乏环境保护的相关知识。甚至部分公众认为环境治理是国家和政府的事情,与自己没有什么关系,自己做不了什么促进环境治理的事情。因此,一部分公众主动参与环境治理的意识、能力和动力不足。构建中国特色环境治理体系,要通过体制机制改革,调动社会组织和公众参与环境治理

---

① 毕军等:《生态环境风险管理研究》,载《中国环境报》2015 年 11 月 11 日。

② 中办国办印发《关于建立资源环境承载能力监测预警长效机制的若干意见》,载《人民日报》2017 年 9 月 21 日。

的积极性,健全环境治理全民行动体系,提升社会共治能力,构建生态环境保护社会行动体系。

第一,加强社会组织建设,增强社会组织参与环境治理能力。在中国特色环境治理体系构建过程中,社会组织的力量是十分重要的。因此,应当从组织激励、组织管理等方面调动社会组织参与环境治理的积极性,推动社会组织为环境治理贡献力量。社会组织大多指消费者协会、环境保护协会等民间团体组织。如鼓励行业协会、商会发挥桥梁纽带作用,建立健全行业规范、管理制度,促进行业自律,积极推广应用绿色生产技术,推动形成资源节约、环境友好的行业秩序。加强对社会组织的管理和指导,积极推进能力建设,大力发挥环保志愿者作用①。长期以来,由于我国对社会组织发展重视不够,同时环境教育普及程度不高,社会组织在参与环境治理中存在着组织能力、经费、人员等方面的不足,参与环境治理的积极性不高等问题。可以说,社会组织未能在环境治理中发挥应有的作用。解决这一问题,必须加强社会组织建设。首先,按照法人地位明确、治理结构完善、筹资渠道稳定、制约机制健全、管理运行科学的目标建立社会组织,积极反映环境治理诉求,规范市场主体行为,提供优质的环境治理服务。其次,要加强社会组织人才教育培训,稳定专职工作人员队伍,提高专业化、职业化水平②,在开展环境保护政策知识和宣传、推动环境政策制定、促进绿色发展等方面发挥积极作用,成为环境治理的参与者,成为政府推进生态文明建设的重要助手。

第二,加强宣传教育,提高公众的环境治理参与意识。长期以来,环境治理一直主要是政府的责任,公众则大多处于环境治理的旁观者、环境治理成果享受者的角色中。因此,要把生态环境保护纳入国民教育体系和党政领导干部培训体系,推进国家及各地生态环境教育设施和场所建设,培育普及生态文化。③ 要多角度、多层次、全方位加强环境教育,普及环境科学知识,增强公众的环境治理责任感,鼓励公众自觉践行绿色生活方式,在全社会形成低碳节约和保护环境的社会风尚。要不断完善群众关于生态环境违法行为的有奖举报机制,激发人民群众主动参与生态环境保护的热情,营造全社会共同监督的氛围。公众发现任何单位和个人有污染环境和破坏生态行为的,可以通过信函、传真、电子邮件、"12369"环保举报热线、政府网站

---

① 中共中央办公厅 国务院办公厅印发《关于构建现代环境治理体系的指导意见》,载《中华人民共和国国务院公报》2020 年第 8 期。

② 廖鸿、许昀:《我国社会组织参与社会治理机制研究》,载《环境保护》2014 年第 23 期。

③ 《中共中央国务院关于全面加强生态环境保护 坚决打好污染防治攻坚战的意见》,载《人民日报》2018 年 6 月 25 日。

等途径,向环境保护主管部门举报①,提出环境保护意见和建议,积极参与环境治理。

第三,充分发挥新闻媒体的舆论监督作用。广播电视、报纸、网站等新闻媒体具有强大的传播力和社会影响力,对环境监督具有特殊优势。新闻媒体的舆论监督作用,体现在对企业的生产经营行为的监督和对政府及相关部门的用权履责的监督两方面。要建立完善生态环境问题主动公开机制,鼓励新闻媒体对各类破坏生态环境问题、突发环境事件、环境违法行为进行曝光。各类新闻媒体要积极发挥舆论监督作用,通过多种新闻媒体渠道对造成污染的企业进行曝光,对突出的环境问题进行及时信息披露,严厉批评污染环境和破坏生态的行为,进而有效约束不良企业污染环境和破坏生态的行为,有效抑制企业的不良行为动机②,实现对企业的有效监管。新闻媒体还要对政府及相关部门的环境责任进行监督,通过专门的信息报道,监督政府及相关部门积极履行环境责任,对造成严重环境问题的相关决策部门、决策人、责任人进行信息披露,促进环境管理部门加强环境监管,促使各类市场经济主体遵守环境法律法规。

第四,建立社会组织和公众参与环境治理的激励机制,增强社会组织和公众的环境治理参与动力。社会组织和公众在环境治理中的参与不足在一定程度上是由于激励机制缺失,缺乏相应的刺激政策。因此,需要相应的政策法规作为法律激励,刺激社会组织和公众更好发挥自身力量,在环境治理中增强积极性、主动性和创造性。政府应设计相应的激励机制,要通过激励作用刺激社会组织和公众参与环境治理工作。公众作为行为主体,其行为举动是具有目的性的。因此,应当利用公众行为的目的性即利用物质奖励的办法最大程度地激发公众对企业环境违法行为举报的勇气和热情,加大对举报者的激励。社会组织和公众参与环境治理激励机制的设计必须将公众对个人眼前利益的关注与环境治理的长远利益结合起来。只有这样,才能使社会组织和公众充分认识到环境治理的作用,从而增强社会组织和公众的环境治理参与动力。

社会性的公共力量在环境治理工作中越来越成为不可替代的重要组成部分。群众的力量是伟大的,社会组织和公众应当发挥自身的社会优势,在环境教育、环境信息公开、环境决策参与、环境监督、环境维权、野生动植物

----

① 《环境保护公众参与办法》,载《中国环境报》2015年7月22日。

② 秦书生、晋晓晓:《政府、市场和公众协同促进绿色发展机制构建》,载《中国特色社会主义研究》2017年第3期。

保护等方面发挥积极作用,从而推动环境治理体系的建设。

二、建立和完善环境治理体系良性运转机制

习近平曾指出:"环境治理是一个系统工程,必须作为重大民生实事紧紧抓在手上①"。生态环境保护与治理问题是一个综合性问题,生态文明建设是由诸多要素构成的系统工程,各个要素之间是相互联系、相互作用、相互制约,一个要素的发展变化影响并制约着其他要素的发展变化,共同制约着整体的发展。德国和美国等国家都建立起了政府—社会—市场协同高效的环境治理结构体系。在德国,联邦政府或地方政府负责出台相应的政策框架和治理方案,除了必要的强制措施和行政干预外,由社会和市场的力量来推进生态保护和环境治理工作。②《意见》指出,要"深化生态环境保护体制机制改革,统筹兼顾、系统谋划,强化协调、整合力量,区域协作、条块结合,严格环境标准,完善经济政策,增强科技支撑和能力保障,提升生态环境治理的系统性、整体性、协同性"③。总之,通过建立和完善促进生态文明建设的环境治理体系良性运转机制,树立全民生态保护意识教育,逐步消除人民群众思想层面的"雾霾",更好消除生态环境上的"雾霾"。因此,我们要加快构建中国特色环境治理体系,建立和完善其良性运转机制。

(一) 建立和完善环境治理体系协同促进机制

传统环境治理模式下相关政策法律对企业、公众参与环境治理的具体措施不完善,造成了企业、公众参与环境治理的动力不足。习近平在党的十九大报告中提出,要"构建政府为主导、企业为主体、社会组织和公众共同参与的环境治理体系"④。构建中国特色环境治理体系,政府、企业、社会组织和公众必须共同参与,发挥合力作用,才能构建出运行有效的环境治理体系运转机制,实现环境质量总体改善,从而推动生态文明建设。因此,在环境治理中,要坚持统筹兼顾,协同推动经济高质量发展和生态环境高水平保护、协同发挥政府主导和企业主体作用、协同打好污染防治攻坚战和生态文明建设持久战。⑤ 严明生态环境保护责任制度是抓手,企业、政府和相关部

① 《习近平关于社会主义生态文明建设论述摘编》,中央文献出版社 2017 年版,第 51 页。
② 孙智帅、孙献贞:《环境治理的国际经验与中国借鉴》,载《青海社会科学》2017 年第 3 期。
③ 《中共中央国务院关于全面加强生态环境保护　坚决打好污染防治攻坚战的意见》,载《人民日报》2018 年 6 月 25 日。
④ 《习近平谈治国理政》第 3 卷,外文出版社 2020 年版,第 40 页。
⑤ 《坚决打好污染防治攻坚战　推动生态文明建设迈上新台阶》,载《人民日报》2018 年 5 月 20 日。

门需落实环保责任,并对全社会的环保责任作出明确具体的要求。《意见》指出,政府、企业、公众各尽其责、共同发力,政府积极发挥主导作用,企业主动承担环境治理主体责任,公众自觉践行绿色生活。① 要明确政府、企业、社会组织和公众在环境治理体系中的角色关系,通过确立政府的环境治理主导地位,强化企业的环境治理主体地位,倡导社会组织和公众参与环境监督,改变以往环境治理模式中的政府包揽局面,构建政府为主导、企业为主体、社会组织和公众共同参与的环境治理体系的结构形态,形成政府、企业、社会组织和公众之间的良性互动机制,才能达到通过系统优化提升环境治理体系治理效果的目标。

习近平指出,坚持标本兼治和专项整治并重、常态治理和应急减排协调、本地治污和区域协作相互促进原则,多策并举,多地联动,全社会共同行动。② 整个社会生态环保的意识和能力逐渐增强,逐步形成共建、共治、共享的生态环境治理体系。政府要通过相关政策支持企业的绿色技术创新,支持企业的绿色化改造,通过政府和企业互动合作,推动企业资本的绿色化运作,并充分发挥市场机制作用引导企业向社会提供绿色产品和服务。企业则应当积极探索绿色化升级转型的途径,加强自身环境责任意识,在环境治理体系中充分发挥自身的源头治理,防治结合的优势。另外,企业应当通过合理优化生产运作成本,将环境治理成本内部化,努力寻求企业绿色化的经济增值效益,推动绿色生产和绿色消费。习近平强调:"各级领导干部要身体力行,同时要创新义务植树尽责形式,让人民群众更好更方便地参与国土绿化,为人民群众提供更多优质生态产品,让人民群众共享生态文明建设成果。"③生态文明建设是全体人民的共同事业,要不断健全公众参与环境保护机制,只有紧紧依靠人民群众,充分发挥其主体性力量和主人翁意识,才能共同推进生态文明建设。因此,政府还应致力于拓宽社会组织和公众参与环境治理工作的渠道,利用这些渠道形成政府与社会组织和公众间环境治理的良性互动机制,调动社会组织和公众参与环境治理的积极性,保障公众在环境治理中的知情权、监督权、索赔权、议政权。要充分发挥社会组织和公众参与环境治理的作用,不仅要监督企业环境治理情况,还要对政府履行环保职责进行监督,通过舆论监督等方式,反映社会对环境问题和环保

---

① 《中共中央国务院关于全面加强生态环境保护　坚决打好污染防治攻坚战的意见》,载《人民日报》2018 年 6 月 25 日。
② 《习近平关于社会主义生态文明建设论述摘编》,中央文献出版社 2017 年版,第 87 页。
③ 《培养热爱自然珍爱生命的生态意识　把造林绿化事业一代接着一代干下去》,载《人民日报》2017 年 3 月 30 日。

工作的意见。对于政府公布的环境影响报告书等,客观公正地提出意见;对于违反法律法规的建设项目,进行反对和抵制。① 公众还可以通过多种途径反映环保要求,参与环境治理。总之,在环境治理和保护问题上,生态文明建设是广大人民群众共同参与的事业,只有每位社会成员共同参与,充分发挥公民参与生态建设的知情权、参与权和监督权,才能将建设美丽中国转化为广大人民群众的自觉行动,转化为与人民群众紧密相关的观念、行为和生活方式,齐心协力、在全社会形成广泛共识,才能实现推进绿色发展、建设生态文明的目标。

（二）　建立和完善环境治理体系的反馈调节机制

传统的环境治理由于相关的环境信息公开缺少制度规定,未能做到全方位环境信息公开。甚至个别地方政府和一些企业还存在虚报、瞒报、造假的现象,难以达到通过环境信息反馈实现环境治理的目标。构建中国特色环境治理体系,各要素良性互动发挥合力作用,要充分调动公众参与的积极性和主动性,完善公众参与环境保护的反馈机制、激励机制和惩罚机制。还要建立及时有效的信息数据网络,建立和完善中国特色环境治理体系的反馈调节机制,使环境治理体系输出信息作为反应的初步结果,有控制地回馈到环境治理体系中去。环境治理体系的负反馈调节机制使环境治理体系成为具有自动调节功能的系统,形成彼此间良好的互动关系。因此,要建立和完善环境治理的信息数据网络,形成政府、企业、社会组织和公众相互沟通的反馈调节机制,使环境信息及时有效地传输,在政府、企业、社会组织和公众之间形成良性互动机制。如果没有相应的环境信息平台为基础,环境信息的反馈调节作用就无从实现。因此,必须建立基于环境信息平台的反馈调节机制来将环境治理体系的整个系统中的实际输出信息再导回到输入端,从而实现环境治理工作有序化开展,提高治理效果。

构建中国特色环境治理体系的反馈调节机制,必须建立健全环境信息公开制度。构建中国特色环境治理体系需要社会组织和公众在充分获取环境信息的情况下参与环境治理,因此,建立健全环境信息公开制度是促进中国特色环境治理体系良性运转的重要制度保障机制。建立健全环境信息公开制度需要通过立法来规定环境信息公开的具体要求和运作规则,从而有利于促进政府对掌握的环境信息进行真实的披露,有利于督促企业对自身生产经营的相关环境信息如实提供。建立健全环境信息公开制度,对于社会组织和公众充分了解环境状况、广泛参与环境治理、积极进行环境监督等

---

① 　夏光:《环境保护社会治理的思路和政策建议》,载《环境保护》2014 年第 23 期。

都有所助益,为环境治理多元共同参与提供制度保障。

　　总之,建立和完善中国特色的环境治理体系体制机制,必须全面加强党对生态环境保护的领导,建立健全生态环境保护领导体制和管理体制,构建生态环境监管体系、生态环境保护经济政策体系、生态环境保护法治体系、生态环境保护能力保障体系和生态环境保护社会行动体系。政府、企业、社会组织和公众之间增强相互联系,依托环境治理体系中的各种机制平台建设,共同发挥合力作用,形成良性互动关系,才能实现环境治理体系的整体优化,形成政府为主导、公众参与、企业主体、社会团体与大众媒介的参与统筹的共治格局,最终形成真正意义上的中国特色环境治理体系,建立和完善多元参与、运行高效、监督有力的长效生态文明建设和治理体制。

主要参考文献

1.《毛泽东选集》第 1 卷,人民出版社 1991 年版。

2.《毛泽东文集》第 7 卷,人民出版社 1999 年版。

3.《邓小平文选》第 1—3 卷,人民出版社 1994、1993 年版。

4.《江泽民文选》第 1—3 卷,人民出版社 2006 年版。

5.《江泽民论有中国特色社会主义》(专题摘编),中央文献出版社 2002 年版。

6.《胡锦涛文选》第 1—3 卷,人民出版社 2016 年版。

7.《习近平谈治国理政》第 1—4 卷,外文出版社 2018、2017、2020、2022 年版。

8.《十一届三中全会以来重要文献选读》(上),人民出版社 1987 年版。

9.《十三大以来重要文献选编》(上、中),人民出版社 1991 年版。

10.《建国以来重要文献选编》第 1 册,中央文献出版社 1992 年版。

11.《十五大以来重要文献选编》(上),中央文献出版社 2000 年版。

12. 国家环境保护总局、中共中央文献研究室编:《新时期环境保护重要文献选编》,中央文献出版社、中国环境科学出版社 2001 年版。

13. 中共中央文献研究室、国家林业局:《毛泽东论林业》,中央文献出版社 2003 年版。

14.《邓小平年谱 1975—1997》(上),中央文献出版社 2004 年版。

15.《邓小平年谱 1975—1997》(下),中央文献出版社 2004 年版。

16.《十六大以来重要文件选编》(上、中、下),中央文献出版社 2005、2006、2008 年版。

17. 中共中央文献研究室编:《十七大以来重要文献选编》(上、中、下),中央文献出版社 2009、2011、2013 年版。

18.《三中全会以来重要文献选编》(上),中央文献出版社 1982 年版。

19.《毛泽东年谱(1949—1976)》第 2 卷,中央文献出版社 2013 年版。

20. 中共中央文献研究室编:《习近平关于全面深化改革论述摘编》,中央文献出版社 2014 年版。

21.《〈中共中央关于全面推进依法治国若干重大问题的决定〉辅导读本》,人民出版社 2014 年版。

22.《2013 中国环境状况公报》,中华人民共和国生态环境部 2014 年版。

23.《2014 中国环境状况公报》,中华人民共和国生态环境部 2015 年版。

24.《习近平关于协调推进"四个全面"战略布局论述摘编》,中央文献出版社 2015 年版。

25. 环境保护部编:《向污染宣战:党的十八大以来生态文明建设与环境保护重要

文献选编》，人民出版社 2016 年版。

26.《习近平关于社会主义生态文明建设论述摘编》，中央文献出版社 2017 年版。

27. 曹前发：《毛泽东生态观》，人民出版社 2013 年版。

28. 陈晓红等：《生态文明制度建设研究》，经济科学出版社 2018 年版。

29. 杜明娥、杨英姿：《生态文明与生态现代化建设模式研究》，人民出版社 2013 年版。

30.《国内外环境保护法规与资料选编（内部发行）》（上册），上海市环境保护局 1981 年版。

31.《改革开放中的中国环境保护事业 30 年》编委会：《改革开放中的中国环境保护事业 30 年》，中国环境科学出版社 2010 年版。

32. 胡鞍钢：《中国：创新绿色发展》，中国人民大学出版社 2012 年版。

33. 李军等：《走向生态文明新时代的科学指南——学习习近平同志生态文明建设重要论述》，中国人民大学出版社 2015 年版。

34. 刘建伟：《新中国成立后中国共产党认识和解决环境问题研究》，人民出版社 2017 版。

35. 宁大同、王华东：《全球环境导论》，山东科学技术出版社 1996 年版。

36. 彭和平：《制度学概论》，国家行政学院出版社 2015 版。

37. 曲格平：《梦想与期待——中国环境保护的过去与未来》，中国环境科学出版社 2007 年版。

38. 曲格平、彭近新：《环境觉醒：人类环境会议和中国第一次环境保护会议》，中国环境科学出版社 2010 年版。

39. 秦书生：《中国共产党生态文明思想的历史演进》，中国社会科学出版社 2019 年版。

40. 沈满洪：《生态文明制度建设研究》（上），中国环境出版社 2017 年版。

41. 唐坚：《制度学导论》，国家行政学院出版社 2017 版。

42. 徐祥民：《中国环境法制建设发展报告》2010 年卷，人民出版社 2013 年版，第 20 页。

43. 余文涛、袁清林、毛文永：《中国的环境保护》，经济科学出版社 1987 年版。

44. 张梓太：《环境保护法》，河海大学出版社 1995 年版。

45. 中国科学院可持续发展战略研究组：《2013 中国可持续发展战略报告：未来 10 年的生态文明之路》，科学出版社 2013 年版。

46. 中共北京市委党史研究室：《社会主义时期中共北京党史纪事》第 7 辑，人民出版社 2012 年版。

47.［美］道格拉斯·C.诺思：《制度、制度变迁与经济绩效》，杭行译，格致出版社、上海三联书店、上海人民出版社 2008 年版。

48.［美］J.唐纳德·休斯：《世界环境史：人类在地球生命中的角色转变》，赵长凤、王宁、张爱萍译，电子工业出版社 2014 年版。

49. ［日］青木昌彦：《比较制度分析》，周黎安译，上海远东出版社 2001 年版。

50. 蔡木林、王海燕、李琴、武雪芳：《国外生态文明建设的科技发展战略分析与启示》，载《中国工程科学》2015 年第 8 期。

51. 曹俊：《开征环境保护税，与生态环境保护关系多大?》，载《中国生态文明》2018 年第 2 期。

52. 常纪文、常杰中：《关于修改〈野生动物保护法〉、健全禁食野生动物名录制度的思考》，载《环境保护》2020 年第 6 期。

53. 常纪文：《生态文明建设评价考核的党政同责问题》，载《中国环境管理》2016 年第 2 期。

54. 常晓薇、孙峰、孙莹：《国外环境教育及其对我国生态文明教育的启示》，载《教育评论》2015 年第 5 期。

55. 陈德钦：《生态文明制度体系建设内在特征与时代价值探析》，载《湖州师范学院学报》2021 年第 3 期。

56. 陈硕：《坚持和完善生态文明制度体系：理论内涵、思想原则与实现路径》，载《新疆师范大学学报》(哲学社会科学版)2019 年第 6 期。

57. 陈夏娟：《〈巴黎协定〉后全球气候变化谈判进展与启示》，载《环境保护》2020 年第 Z1 期。

58. 陈英姿：《实施可持续发展战略对我国环境政策体系的影响分析》，载《人口学刊》2004 年第 6 期。

59. 陈志成：《略谈法律在环保中的作用》，载《湖北环境保护》1980 年第 3 期。

60. 陈竺：《中国每年因空气污染导致早死 35 万—50 万人》，载《福建质量管理》2014 年第 Z1 期。

61. 成长春：《完善促进人与自然和谐共生的生态文明制度体系》，载《红旗文稿》2020 年第 5 期。

62. 程翠云，杜艳春，葛察忠：《完善我国生态安全政策体系的思考》，载《环境保护》2019 年第 8 期。

63. 《大连城市环境综合整治的情况和体会》，载《中国环境管理》1988 年第 5 期。

64. 董茜、邓毅、高燕、詹丽：《中国国家公园的社区共管模式特征及管理分类——基于社会资本理论》，载《环境保护》2019 年第 24 期。

65. 董瑞强：《无废之城》，载《齐鲁周刊》2019 年第 4 期。

66. 窦玉珍：《〈中华人民共和国土地管理法〉浅析》，载《西北政法学院学报》1987 年第 1 期。

67. 樊宝敏、董源：《中国历代森林覆盖率的探讨》，载《北京林业大学学报》2001 年第 4 期。

68. 樊元生：《加强水污染的防治》，载《内蒙古水利科技》1988 年第 4 期。

69. 方世南：《建国 70 年来我国生态文明制度建设回眸与展望》，载《新时代马克思主义论丛》2019 年第 2 期。

70. 方世南：《习近平生态文明制度建设观研究》，载《唯实》2019 年第 3 期。

71. 方印、徐鹏飞：《大数据时代的中国环境法治问题研究》，载《中国地质大学学报》（社会科学版）2016 年第 1 期。

72. 高利红、孟琦：《法律实效性视角下的环境保护立法》，载《湖南社会科学》2013 年第 5 期。

73. 高阳、刘路路、王子彤、朱文洁：《德国土壤污染防治体系研究及其经验借鉴》，载《环境保护》2019 年第 13 期。

74. 郭超、张喆、范仲奇、涂震江：《我国土壤污染防治法规管理体系》，载《节能与环保》2019 年第 5 期。

75. 何瑞琦：《谈谈排污收费与环境管理》，载《重庆环境保护》1982 年第 3 期。

76. 贺克斌：《我国大气污染防治区域协作机制》，载《中国机构改革与管理》2018 年第 1 期。

77. 胡德胜：《西方国家生态文明政策法律的演进》，载《国外社会科学》2018 年第 1 期。

78. 黄茂兴、叶琪：《生态文明制度创新与美丽中国的福建实践》，载《福建师范大学学报》（哲学社会科学版）2020 年第 3 期。

79. 黄森：《统筹山水林田湖草系统治理，探索柴窝堡湖生态环境保护新路径》，载《环境保护》2018 年第 14 期。

80. 黄蓉生：《我国生态文明制度体系论析》，载《改革》2015 年第 1 期。

81. 黄新焕，鲍艳珍：《我国环境保护政策演进历程及"十四五"发展趋势》，载《经济研究参考》2020 年第 12 期。

82. 黄毅、邓志英：《我国重金属污染区耕地轮作休耕存在的问题及对策——以湖南省为例》，载《环境保护》2019 年第 13 期。

83. 姜艳生：《对建立干部绿色政绩考核体系的思考》，载《领导科学》2008 年第 3 期。

84. 蒋金荷、马露露：《我国环境治理 70 年回顾和展望—生态文明的视角》，载《重庆理工大学学报（社会科学）》2019 年第 12 期。

85. 金璐：《生态文明下大庆生态文明制度建设路径选择》，载《边疆经济与文化》2015 年第 2 期。

86. 兰莹、秦天宝：《〈欧洲气候法〉：以"气候中和"引领全球行动》，载《环境保护》2020 年第 9 期。

87. 李爱年、周圣佑：《环境法学专业特色高校智库的探索》，载《智库理论与实践》2019 年第 02 期。

88. 李爱年、周圣佑：《我国环境保护法的发展：改革开放 40 年回顾与展望》，载《环境保护》2018 年第 20 期。

89. 李洪涛、朱亚冠、凌浩宇、王彪、魏迎松：《进口固体废金属管理及再生金属原料风险评估》，载《科技视界》2021 年第 15 期。

90. 李建波：《马克思主义中国化与党的生态文明建设思想的形成》，载《中共石家庄市委党校学报》2015 年第 10 期。

91. 李娟：《中国生态文明制度建设 40 年的回顾与思考》，载《中国高校社会科学》2019 年第 2 期。

92. 李时荣、张永民：《我国海洋环境的法律保护》，载《海洋环境科学》1982 年第 2 期。

93. 李艳芳、李程：《江苏响水"3·21"特别重大爆炸事故对我国固体废物监管执法与立法的启示》，载《环境保护》2020 年第 Z1 期。

94. 李长莎、苏小明：《近十年关于生态文明正式制度和非正式制度建设研究综述》，载《中共珠海市委党校珠海市行政学院学报》2016 年第 1 期。

95. 李挚萍：《环境基本法的发展脉络——从"人类环境会议"到"环境与发展会议"》，载《中国地质大学学报》（社会科学版）2012 年第 2 期。

96. 李挚萍：《论以环境质量改善为核心的环境法制转型》，载《重庆大学学报》（社会科学版）2017 年第 2 期。

97. 梁兴印、陈正良：《论我国生态文明制度建设的历史演进》，载《中共宁波市委党校学报》2016 年第 3 期。

98. 林禹秋、杨朝霞：《我国环境立法的六大问题——基于生态文明观的检视》，载《环境保护》2019 年第 15 期。

99. 刘冬、徐梦佳：《全球环境治理新动态与我国应对策略》，载《环境保护》2017 年第 6 期。

100. 刘希刚：《习近平生态文明思想整体性探析》，载《学术论坛》2018 年第 4 期。

101. 刘孜：《认真贯彻新修订的〈中华人民共和国大气污染防治法〉推动我国环保产业的发展》，载《中国环保产业》1995 年第 3 期。

102. 鲁晶晶：《美国联邦海洋垃圾污染防治立法及其借鉴》，载《环境保护》2019 年第 19 期。

103. 鲁长安、盛玉全：《大气污染防治的中国经验对雾霾治理的启示》，载《云梦学刊》2017 年第 2 期。

104. 罗典荣：《10 年来我国环境立法的发展—纪念〈环境保护法（试行）〉颁布实施 10 周年》，载《环境保护》1989 年第 8 期。

105. 吕梦醒：《生态环境损害多元救济机制之衔接研究》，载《比较法研究》2021 年第 1 期。

106. 吕偶然、罗文英：《青少年生态文明教育之学校教育路径探析—基于国外生态文明教育的启示与借鉴》，载《海南广播电视大学学报》2017 年第 3 期。

107. 吕学都：《利马气候大会成果分析与展望》，载《气候变化研究进展》2015 年第 2 期。

108. 马骧聪、陈振国：《论海洋环境保护法》，载《法学研究》1983 年第 2 期。

109. 聂国良、张成福：《中国环境治理改革与创新》，载《公共管理与政策评论》2020

年第 1 期。

110. 聂时铖:《适应新形势突围水污染—解读〈中华人民共和国水污染防治法〉》,载《今日新疆》2008 年第 16 期。

111. 彭本利、李爱年:《我国土壤污染防治立法回溯及前瞻》,载《环境保护》2018 年第 1 期。

112. 彭建新:《广东省 1958 年大炼钢铁的情况及后果》,载《广东史志》1994 年第 2 期。

113. 彭守约:《略论水污染防治法》,载《环境科学与技术》1985 年第 1 期。

114. 秦书生、晋晓晓:《政府、市场和公众协同促进绿色发展机制构建》,载《中国特色社会主义研究》2017 年第 3 期。

115. 秦书生、吕锦芳:《习近平新时代中国特色社会主义生态文明思想的逻辑阐释》,载《理论学刊》2018 年第 3 期。

116. 秦书生、王曦晨:《改革开放以来中国共产党生态文明制度建设思想的历史演进》,载《东北大学学报》(社会科学版)2020 年第 3 期。

117. 秦书生、王艳燕:《建立和完善中国特色的环境治理体系体制机制》,载《西南大学学报》(社会科学版)2019 年第 2 期。

118. 秦书生、于欣:《改革开放后党的人与自然和谐共生思想的历史演进》,载《哈尔滨工业大学学报》(社会科学版)2019 年第 4 期。

119. 邱启文、温雪峰:《赴日本执行"无废城市"建设经验交流任务的调研报告》,载《环境保护》2020 年第 Z1 期。

120. 渠彦超、张晓东:《绿色发展理念的伦理内涵与实现路径》,载《青海社会科学》2016 年第 3 期。

121. 沈百鑫、郑丙辉、王宏洋、王海燕:《德国水治理的基本理念和〈水平衡管理法〉总则规定研究》,载《环境保护》2016 年第 12 期。

122. 沈满洪:《生态文明制度的构建和优化选择》,载《环境经济》2012 年第 12 期。

123. 沈满洪:《生态文明制度建设:一个研究框架》,载《中共浙江省委党校学报》2016 年第 1 期。

124. 沈月娣、朱成:《湖州市生态文明制度发展历程研究》,载《湖州师范学院学报》2017 年第 11 期。

125. 孙芬:《生态文明视阈下中国生态制度建设的路径选择》,载《阅江学刊》2012 年第 5 期。

126. 孙佑海、王甜甜:《解决生活垃圾处理难题的根本之策是完善循环经济法制》,载《环境保护》2019 年第 16 期。

127. 孙佑海:《黄河流域生态环境违法行为司法应对之道》,载《环境保护》2020 年第 Z1 期。

128. 孙智帅、孙献贞:《环境治理的国际经验与中国借鉴》,载《青海社会科学》2017 年第 3 期。

129. 谭颜波：《国外生态文明建设的实践与启示》，载《党政论坛》2018 年第 4 期。

130. 王彬、冯相昭：《我国现行流域立法及实施效果评价》，载《环境保护》2019 年第 21 期。

131. 王超英：《依法使用土地　保护土地资源——〈中华人民共和国土地管理法〉简介》，载《人民司法》1989 年第 4 期。

132. 王光华、夏自谦：《论生态幸福指数》，载《林业经济》2012 年第 8 期。

133. 王江：《环境法"损害担责原则"的解读与反思——以法律原则的结构性功能为主线》，载《法学评论》2018 年第 3 期。

134. 王金南、雷宇、宁淼：《改善空气质量的中国模式："大气十条"实施与评价》，载《环境保护》2018 年第 2 期。

135. 王开泳、陈田：《新时代的国土空间规划体系重建与制度环境改革》，载《地理研究》2019 年第 10 期。

136. 王伟：《排污许可的行政主导模式及其转向——兼评〈排污许可证管理暂行规定〉》，载《生态经济》2018 年第 3 期。

137. 王远桂：《福建省采取措施保护海洋环境》，载《环境管理》1983 年第 3 期。

138. 王韵杰、张少君、郝吉明：《中国大气污染治理：进展·挑战·路径》，载《环境科学研究》2019 年第 10 期。

139. 魏彩霞：《改革开放以来我国生态文明制度建设历程及重要意义》，载《经济研究导刊》2019 年第 6 期。

140. 魏旭：《荷兰土壤污染修复标准制度述评》，载《环境保护》2018 年第 18 期。

141. 吴根义、宋江燕、张震宇：《非规模畜禽养殖污染防治政策建议》，载《环境保护》2020 年第 8 期。

142. 吴景城：《〈大气污染防治法〉的基本原则和法律制度》，载《中国环境管理》1987 年第 6 期。

143. 吴婧、王文琪、张一心：《国内外环境影响评价改革动向及改革建议——以多源流框架为视角》，载《环境保护》2019 年第 22 期。

144. 吴静、朱潜挺：《后〈巴黎协定〉时期城市在全球气候治理中的作用探析》，载《环境保护》2020 年第 5 期。

145. 吴舜泽、王东、马乐宽、徐敏：《向水污染宣战的行动纲领——〈水污染防治行动计划〉解读》，载《环境保护》2015 年第 9 期。

146. 吴晓军：《改革开放后中国生态环境保护历史评析》，载《甘肃社会科学》2004 年第 1 期。

147. 武建勇：《生物遗传资源获取与惠益分享制度的国际经验》，载《环境保护》2016 年第 21 期。

148. 武维华：《全国人民代表大会常务委员会执法检查组关于检查〈中华人民共和国渔业法〉实施情况的报告——2019 年 12 月 24 日在第十三届全国人民代表大会常务委员会第十五次会议上》，载《中国人大》2020 年第 8 期。

149. 夏光:《环境保护社会治理的思路和政策建议》,载《环境保护》2014 年第
23 期。

150. 夏光:《生态文明与制度创新》,载《理论视野》2013 年第 1 期。

151. 向往、秦鹏:《节约集约利用理念在黄河水资源保护立法中的应用探析》,载
《环境保护》2020 年第 Z1 期。

152. 谢校初、战立彦、杨兴:《从 1998 年洪灾中分析我国生态保护立法的不足与完
善》,载《湖南教育学院学报》1999 年第 3 期。

153. 徐尚勇、张鹏、朱玉宽:《打赢节能减排攻坚战》,载《绿色视野》2010 年第
12 期。

154. 杨朝飞:《增产节约、增收节支与环境保护》,载《环境保护》1987 年第 5 期。

155. 杨世迪、惠宁:《国外生态文明建设研究进展》,载《生态经济》2017 年第 5 期。

156. 杨延华、唐大为:《中华人民共和国环境保护法颁布、实施》,载《环境保护》
1990 年第 2 期。

157. 袁晓玲、邸勍、李政大:《改革开放 40 年中国经济发展与环境质量的关系分
析》,载《西安交通大学学报》(社会科学版)2018 年第 6 期。

158. 袁涌波:《国外生态文明建设经验》,载《今日浙江》2010 年第 11 期。

159. 张君周:《机场噪声管理的"平衡做法"及我国立法规制》,载《环境保护》2019
年第 24 期。

160. 张坤民:《中国的环境法律制度》,载《中国环境管理》1992 年第 6 期。

161. 张连辉、赵凌云:《1953—2003 年间中国环境保护政策的历史演变》,载《中国
经济史研究》2007 年第 4 期。

162. 张牧遥:《论自然资源使用权上公共价值的制度实现》,载《学术交流》2021 年
第 02 期。

163. 张平、黎永红、韩艳芳:《生态文明制度体系建设的创新维度研究》,载《北京理
工大学学报》(社会科学版)2015 年第 4 期。

164. 张平华:《欧盟环境政策实施体系研究》,载《环境保护》2002 年第 1 期。

165. 张乾元、冯红伟:《中国生态文明制度体系建设的历史赓续与现实发展:基于
历史、现实与目标的三维视角》,载《重庆社会科学》2020 年第 1 期。

166. 张硕、姚子伟:《海洋突发环境事件应急响应体系:现状及建议》,载《环境保
护》2020 年第 11 期。

167. 张艳、潘文慧、朱影:《我国环境保护经济政策的演变及未来走向》,载《世界经
济文汇》2000 年第 1 期。

168. 张永民:《加强立法保护我国海洋环境》,载《环境管理》1983 年第 1 期。

169. 张云飞:《"四个一":新时代生态文明前进的科学路标》,载《思想政治教育研
究》2019 年第 5 期。

170. 张志越:《我国发展循环经济的路径选择》,载《马克思主义与现实》2006 年第
4 期。

171. 张忠利:《改革开放 40 年来生态环境监管执法的回顾与展望》,载《中国环境管理》2018 年第 6 期。

172. 张卓元、路遥:《以调整经济结构为主线促进经济发展》,载《当代财经》2000 年第 10 期。

173. 赵书言:《化学农药的土壤污染与治理》,载《化学工程与装备》2011 年第 8 期。

174. 郑军、周国梅、杨昆、石峰:《中国珠三角地区与韩国大首尔地区大气环境管理比较研究》,载《环境保护》2016 年第 10 期。

175. 钟健生、徐忠麟:《生态文明制度的冲突与整合》,载《政法论丛》2018 年第 3 期。

176. 周宏春、季曦:《改革开放三十年中国环境保护政策演变》,载《南京大学学报》(哲学·人文科学·社会科学版)2009 年第 1 期。

177. 周伟:《生态环境保护与修复的多元主体协同治理——以祁连山为例》,载《甘肃社会科学》2018 年第 2 期。

178. 朱建堂:《中国共产党领导人生态伦理思想论析》,载《湖北大学学报》(哲学社会科学版)2010 年第 6 期。

179. 朱训:《关于〈中华人民共和国矿产资源法〉贯彻实施情况的汇报(摘要)》,载《矿产保护与利用》1992 年第 5 期。

180. 邹权、王夏晖:《"无废指数":"无废城市"建设成效定量评价方法》,载《环境保护》2020 年第 8 期。

181. 毕军:《生态环境风险管理研究》,载《中国环境报》2015 年 11 月 11 日。

182. 迟全华:《从政治高度深刻认识绿色发展理念重大意义》,载《光明日报》2016 年 4 月 10 日第 6 版。

183.《裁量有公式 执法更公平》,载《人民日报》2019 年 6 月 3 日第 12 版。

184. 方世南:《生态安全是国家安全体系重要基石》,载《中国社会科学报》2018 年 8 月 9 日。

185. 寇江泽:《2016 年底前全面整改违建项目》,载《人民日报》2014 年 11 月 28 日。

186. 寇江泽:《京津冀煤炭消费量要负增长》,载《人民日报》2017 年 3 月 31 日第 14 版。

187. 寇江泽:《"大气十条"目标全面实现》,载《人民日报》2018 年 2 月 1 日。

188. 李思辉:《生态环境保护落到实处关键在领导干部》,载《湖北日报》2018 年 5 月 7 日。

189. 穆虹:《坚持和完善生态文明制度体系》,载《经济日报》2019 年 12 月 16 日。

190. 聂晓葵:《筑牢生态文明体系的"四梁八柱"》,载《经济日报》2020 年 11 月 10 日第 11 版。

191. 潘俊强:《治污减排创效益》,载《人民日报》2017 年 5 月 13 日。

192. 王尔德:《减排数据上去了,环境质量却下降了》,载《21 世纪经济报道》2014

年 3 月 4 日第 17 版。

193. 王子墨:《山水林田湖是一个生命共同体》,载《光明日报》2015 年 5 月 12 日。

194. 吴舜泽:《生态文明制度建设的里程碑》,载《学习时报》2020 年 3 月 13 日。

195. 许先春:《大力推进新时代生态文明制度体系建设》,载《中国环境报》2020 年 4 月 8 日。

后　记

　　本书研究中国生态文明制度建设发展史,阐明了中国生态文明制度建设的发展历程,总结了中国生态文明制度建设的基本经验,对于推进我国生态文明建设具有理论借鉴和启示。

　　本书是我主持完成的 2020 年国家社会科学基金后期资助重点项目"改革开放以来中国生态文明制度建设的发展历程研究"(项目批准号:20FKSA003)的结项成果。一些博士生、硕士生参与了相关研究工作。主要参加者有朱双鹏、詹鑫、卢文艳、艾万丽、王曦晨、王艳燕、王新钰等。

　　本书的出版还得到了辽宁省"兴辽英才"计划项目的资助,本书除了参考本人近几年发表的一些论文外,还参考了国内一些学者的论著,在此表示感谢!因学识、能力和时间的限制,一些观点和论证还可能存在不足,恳请各位专家学者和读者赐教!

秦书生

2022 年 7 月

责任编辑:崔继新

封面设计:石笑梦

图书在版编目(CIP)数据

改革开放以来中国生态文明制度建设发展历程研究/秦书生 著. —北京：
  人民出版社,2023.12

ISBN 978－7－01－025207－0

Ⅰ.①改…　Ⅱ.①秦…　Ⅲ.①生态文明-制度建设-研究-中国
　Ⅳ.①X321.2

中国版本图书馆 CIP 数据核字(2022)第 202390 号

改革开放以来中国生态文明制度建设发展历程研究

GAIGE KAIFANG YILAI ZHONGGUO SHENGTAI WENMING

ZHIDU JIANSHE FAZHAN LICHENG YANJIU

秦书生　著

人民出版社 出版发行

(100706　北京市东城区隆福寺街99号)

北京中科印刷有限公司印刷　新华书店经销

2023 年 12 月第 1 版　2023 年 12 月北京第 1 次印刷

开本:710 毫米×1000 毫米 1/16　印张:17.25

字数:300 千字

ISBN 978－7－01－025207－0　定价:88.00 元

邮购地址 100706　北京市东城区隆福寺街 99 号

人民东方图书销售中心　电话 (010)65250042　65289539